MANUEL

DE L'ÉLEVEUR DE

BÊTES A LAINE

PAR

FÉLIX VILLEROY

Cultivateur au Rittershof (Bavière-Rhénane)

PARIS
LIBRAIRIE AGRICOLE DE LA MAISON RUSTIQUE
26, RUE JACOB, 26

MANUEL

DE L'ÉLEVEUR DE

BÊTES A LAINE

OUVRAGES DU MÊME AUTEUR

Manuel de l'Éleveur de chevaux, 2 vol. in-8... 12f »»

Manuel de l'Éleveur de bêtes à cornes, 1 vol. in-18.. 1 25

Laiterie, Beurre, Fromages, 1 vol. in-18...... 3 50

MONTEREAU — IMPRIMERIE DE L. ZANOTE.

MANUEL

DE L'ÉLEVEUR DE

BÊTES A LAINE

PAR

FÉLIX VILLEROY

Cultivateur au Rittershof (Bavière-Rhénane)

PARIS

LIBRAIRIE AGRICOLE DE LA MAISON RUSTIQUE

26, RUE JACOB, 26

1866

Seu caro, seu corium, fatus, fimus, alea, chorda
Lanave, lac ve deest? — Omnia prestat ovis.
(OWEN, cité par Olivier DE SERRES).

Sa chair, celle de ses agneaux et son lait pour notre nourriture, sa laine pour nos vêtement, sa peau transformée en parchemin, des osselets pour jouer, des cordes pour nos luths, de l'engrais pour nos champs : toutes ces choses la brebis nous les donne.

Et vous, heureux bergers, veillez à leurs besoins.
Leurs toisons et leur lait vous payeront vos soins.
Et moi, puissé-je orner cette aride matière!
Viens, auguste Palès, viens soutenir ma voix.
(VIRGILE, traduction de DELILLE).

INVOCATION A PALÈS

Déesse des pâturages, des bergers et des troupeaux.

Bienfaisante Palès, sois favorable à celui qui chante tes fête sacrées, et qui a toujours montré pour ton culte un zèle religieux.

Peuple, va chercher tes offrandes purifiées sur l'autel de Vesta. Berger, purifie tes troupeaux qui ont brouté l'herbe aux premières lueurs du jour. Que tes bergeries soient ornées de feuillage et de rameaux verts; que le soufre enflammé répande dans les étables se vapeurs colorées et provoque le bêlement des brebis. Brûle au milieu d'elles des torches résineuses, ainsi que le romarin et la sabine; que le laurier enflammé petille au milieu du foyer; que la corbeille remplie de millet accompagne les gâteaux préparés avec sa farine, car c'est le mets favori de la Déesse champêtre. Ajoute, enfin, le lait tiède, écumeux dans le vase même qui vient de le recevoir, et fais ton invocation à Palès.

INVOCATION DU BERGER

Protége ensemble, ô Déesse, le troupeau et son maître. Eloigne les accidents de mes étables. Si mes brebis ignorantes ont brouté l'herbe des tombeaux, si ma serpe a dépouillé un bois sacré de quelques rameaux, et que ma présence ait mis en fuite les Nymphes, ou le Dieu aux pieds de chèvre, si j'ai mis mon troupeau sous quelque temple champêtre à l'abri de la grêle ou de la pluie, s'il a terni le cristal d'une fontaine sacrée, ou troublé les bassins qui servent aux bains de Diane : Nymphes, Driades, et vous toutes, Divinités des bois, j'implore le pardon de ma faute.

Chasse loin de nous les maladies, conserve la santé aux hommes, aux troupeaux et aux chiens vigilants ; fais que, le soir, je ramène au bercail les brebis aussi nombreuses qu'elles l'étaient le matin, et que je n'aie pas la douleur de rapporter leurs toisons arrachées à la dent meurtrière des loups.

Loin de nous la faim cruelle. Qu'il y ait en abondance des herbes et du feuillage, de l'eau pour désaltérer les troupeaux et pour laver leurs toisons. Que ma main presse des mamelles toujours pleines. Que mes fromages se vendent bien. Que le bélier soit ardent, que sa femelle soit féconde, que de nombreux agneaux remplissent nos étables. Que mes nombreux troupeaux me donnent une laine douce et fine qui ne blesse pas la main délicate des jeunes filles.

Que ces vœux soient exaucés, et chaque année nous apporterons nos offrandes à Palès, la Déesse des bergers.

OVIDE.

INTRODUCTION

L'existence de la brebis remonte aux temps les plus reculés de notre histoire. La Bible atteste l'existence de la brebis en même temps que celle des premiers hommes.

Il y a des naturalistes qui ne font pas de la brebis une espèce à part, mais qui en font une variété de l'argali ou du mouflon. Ce qui est certain, c'est qu'il n'existe nulle part de brebis sauvage, et je dirai avec Buffon, « qu'on serait tenté d'imaginer que, dès les commencements, la brebis a été confiée à la garde de l'homme, qu'elle a besoin de sa protection pour subsister, de ses soins pour multiplier, qu'il paraît que cette espèce ne subsisterait pas par elle-même, que ce n'est que par nos soins et notre secours qu'elle a duré et pourra durer encore. »

Soit que la brebis provienne de l'argali ou du mouflon, avec lesquels elle a conservé si peu de ressemblance, soit qu'elle forme une espèce particulière, il est probable que l'Asie occidentale a été son berceau, et que de là elle se répandit avec l'homme dans toutes les parties du monde.

« C'est, dit encore Buffon, de tous les animaux

quadrupèdes le plus stupide, celui qui a le moins de ressources et d'instinct. Mais cet animal si chétif en lui-même, si dépourvu de sentiment, est, pour l'homme, l'animal le plus précieux, celui dont l'utilité est la plus immédiate et la plus étendue. Seul, il peut suffire aux besoins de première nécessité : il fournit à la fois de quoi se nourrir et se vêtir, sans compter les avantages particuliers que l'on sait tirer du suif, du lait, de la peau, des os et du fumier de cet animal, auquel il semble que la nature n'ait, pour ainsi dire, rien accordé en propre, rien donné que pour le rendre à l'homme. »

Je serai heureux si je peux aider à faire apprécier toute la valeur d'un animal qui joue un si grand rôle dans l'agriculture, à apprendre à le bien connaître et à lui donner les soins à l'aide desquels on peut le multiplier, le perfectionner et en tirer tout le profit qu'il est susceptible de nous donner.

MANUEL
DE
L'ÉLEVEUR DE BÊTES A LAINE

CHAPITRE PREMIER

HISTOIRE NATURELLE DE LA BREBIS

§ 1. — CARACTÈRES ZOOLOGIQUES DE LA BREBIS

D'après la division adoptée par Cuvier, on partage les animaux terrestres en deux classes :

Classes. — 1° Mammifères,
2° Oiseaux.

Et quatre ordres :

Ordres. — 1° Carnassiers,
2° Rongeurs,
3° Pachidermes,
4° Ruminants.

Enfin, les ruminants comprennent trois genres :

Genres. — 1° Chèvre,
2° Brebis,
3° Bœuf.

On connaît trois variétés de brebis :

Variétés. — 1° L'Argali, Ovis ammon,
2° le Mouflon, Ovis musmon,
3° la Brebis domestique, Ovis aries.

Ainsi, la brebis est un mammifère ruminant. Elle présente les caractères suivants : 8 dents incisives à la mâchoire inférieure, toutes larges, en forme de palettes, et rangées régulièrement ; 24 dents molaires, 12 de chaque côté. La mâchoire supérieure n'a pas de dents incisives, elles sont remplacées par un bourrelet, et les plantes qui servent à la nourriture de la bête, saisies entre ce bourrelet et les dents de la mâchoire inférieure sont coupées, ou cassées et arrachées.

Comment la brebis broute. — Si l'on observe les mouvements saccadés de la tête d'une brebis qui broute, on comprendra comment elle saisit les herbes tout autrement qu'une vache qui se sert surtout de sa langue, comme pour ainsi dire cueillir les plantes. La lèvre supérieure de la brebis est fendue, ce qui l'aide encore à saisir les herbes tout près de terre, et elle peut se nourrir en broutant là où la vache mourrait de faim. Comme elle ne mange pas seulement des graminées, mais aussi des plantes très-dures, telles que la bruyère, le genêt et autres, ses dents incisives sont garnies d'émail dans une plus forte proportion que celles de la vache. Elles sont aussi plus solidement fixées dans les alvéoles; elles sont concaves en dedans, convexes en dehors, et présentent la forme d'un instrument tranchant, la plus convenable pour leur destination.

Les dents mâchelières sont admirablement construites pour broyer les substances souvent ligneuses et dures qui servent à la nourriture de la bête.

Conformation générale du mouton. — La charpente osseuse du mouton est assez légère, comme le montre le squelette représenté par la gravure 1. Le pied est fourchu ou partagé en deux sabots, et est garni en outre par derrière de deux petits onglons. Certaines variétés ont des cornes, d'autres n'en ont point. Les brebis primitives, ou au moins les béliers avaient des cornes. Les cornets des Hébreux étaient faits avec des cornes de béliers. Les cornes, quand il y en a, sont rugueuses et contournées en spirale. Tout le corps de la bête est couvert de laine et de poils. On a amené les bêtes perfectionnées à être entièrement couvertes de laine plus ou moins fine; dans les bêtes primitives

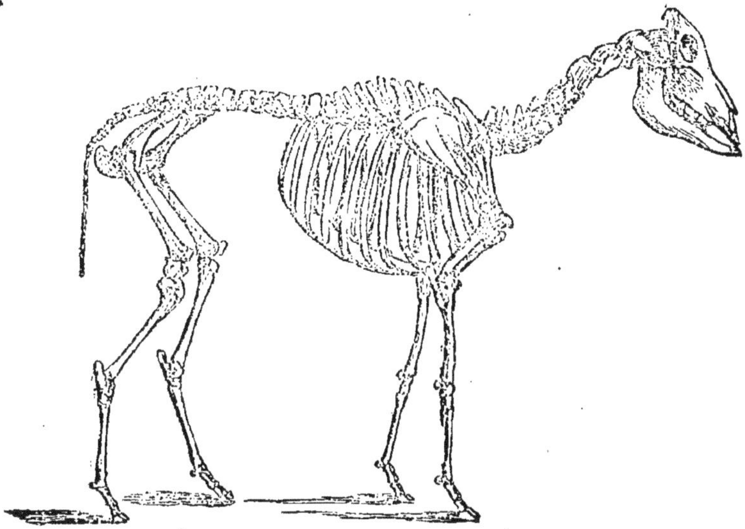

Grav. 1. — Squelette de mouton.

tout le corps était couvert de longs poils sous lesquels existait la laine.

La tête est busquée, et, au moins depuis le front, dégarnie de laine et couverte comme les jambes d'un poil fin et court. Les mérinos ont les jambes couvertes de laine.

La brebis a deux mamelles inguinales.

On nomme le mâle bélier; la femelle, brebis; le mâle qui a subi la castration, mouton. Les jeunes sont nommés agneaux mâles, agneaux femelles ou agnelles. Les bêtes d'un an sont antenais, ou antenaises.

L'espèce en général est désignée par le nom de ***bêtes à laine***, ou ***bêtes ovines***, quelquefois ***bêtes blanches***.

Comparaison de la brebis avec la chèvre. — La brebis a, sous certains rapports, beaucoup de ressemblance avec la chèvre ; il y a même des écrivains qui ont prétendu que la chèvre et la brebis ne sont que des variétés d'une même espèce, mais cette opinion est démentie par ce fait que les accouplements qui ont souvent lieu entre boucs et brebis, sont très-rarement productifs. Si la chèvre et la brebis étaient d'une même espèce, il y aurait des mélanges à l'infini, tels que ceux que l'on voit dans l'espèce des chiens, tandis que la chèvre et la brebis restent toujours des animaux bien distincts, avec leurs caractères propres [1].

Les différences organiques que l'on remarque entre elles sont que, dans la brebis, les cornes, quand elle en a,

[1] Le bouc et la brebis, le bélier et la chèvre s'accouplent ensemble. On a souvent de la peine à faire saillir une jument par un baudet. Le loup et le chien ont été accouplés, mais rarement et avec beaucoup de peine. Le lièvre et le lapin sont antipathiques ; mais si le bouc, dont la lascivelé est connue, se trouve avec des brebis en chaleur, il ne manque pas de les saillir. M. E. Gayot dit (*Journal d'agriculture pratique*, 5 mai 1863, p. 457) que de cet accouplement il résulte un métis, auquel il donne le nom de *chabin*, et qu'il y a des endroits où on s'adonne à la culture du *chabin* pour l'emploi tout spécial de sa peau, de sa fourrure, dont nulle autre ne remplit au même degré la même destination.

Ceci est tellement précis qu'on n'ose pas élever un doute, et cependant, dans un pays où il y a presque dans chaque village brebis et béliers, chèvres et boucs, je n'ai jamais entendu parler de produits incestueux de l'accouplement de la brebis et du bouc, et depuis que j'ai lu l'article de M. E. Gayot, beaucoup de bergers, que j'ai consultés, m'ont tous dit que si ces accouplements sont fréquents, ils sont toujours improductifs. Il faut donc croire que si ces accouplements sont productifs, c'est un fait exceptionnel, et que c'est un fait encore plus exceptionnel que leurs produits ne soient pas stériles. On a aussi des exemples de mules qui ont engendré.

Le *Journal d'agriculture pratique* (1839, p. 239) dit que M. Durieu, receveur des finances à Carcassonne, a fait venir des mouflons de Corse, et a donné à un mouflon femelle un bélier mérinos, qu'il en est résulté un métis fécond, tandis que l'on a fait toutes sortes de tentatives pour faire accoupler des boucs avec des femelles de mouflon, et que l'on a pas pu faire surmonter à ces animaux l'aversion qu'ils ont montrée les uns pour les autres. Ces faits tendent à prouver que le mouflon et la brebis peuvent être d'une même espèce, tandis que la chèvre et la brebis sont deux espèces différentes.

sont contournées en spirale, tandis que dans la chèvre elles s'élèvent verticalement, pour ensuite s'incliner en arrière à leurs extrémités. La tête de la brebis est busquée, le chanfrein décrit en saillie une légère courbe, tandis que dans la chèvre il est renfoncé. La chèvre a une longue barbe au menton, la brebis n'en a point, enfin la brebis est couverte de laine, et la chèvre est couverte de poils. On ne peut pas comparer à la laine le duvet que l'on trouve dans les chèvres sous les poils longs et grossiers qui forment l'enveloppe extérieure. La peau de la chèvre est beaucoup plus épaisse et plus forte que celle de la brebis.

Outre ces différences extérieures, il en existe de plus sensibles dans le moral des animaux. La brebis, emblème de la douceur, est faible ; elle est indolente, elle manque d'animation et de vie, elle est timide et craintive jusqu'à la stupidité. — « La chèvre, dit Buffon, est plus forte, plus agile, plus légère et moins timide que la brebis, elle est vive, capricieuse, lascive et vagabonde. »

Connaissance de l'âge du mouton par les dents. — Par les dents on connaît l'âge des bêtes. On distingue les dents incisives en pinces, premières mitoyennes, secondes mitoyennes et coins. Les deux dents du milieu sont les pinces ; celles qui de chaque côté touchent immédiatement aux pinces sont les premières mitoyennes ; après les premières mitoyennes, et aussi de chaque côté, sont les secondes mitoyennes, et enfin viennent les coins, un à chaque extrémité de la mâchoire.

L'agneau naît avec les dents incisives, ou elles sortent peu après la naissance. La gravure 2 représente une mâchoire d'agneau garnie de ses huit dents incisives.

Les pinces tombent à l'âge de un an à un an et demi, l'agneau prend alors le nom d'antenais (grav. 3). De deux ans à deux ans et demi, les premières mitoyennes tombent et sont remplacées par des dents d'adulte (grav. 4), et la bête est dite bête de quatre dents. De trois ans à trois ans et demi, a lieu la chute des secondes mitoyennes, et la bête devient bête de six dents (grav. 5). Enfin de quatre ans à quatre ans et demi a lieu la chute des coins, et la bête est bête de huit dents ou bouche faite (grav. 7).

Telle est la marche régulière de la dentition, mais elle

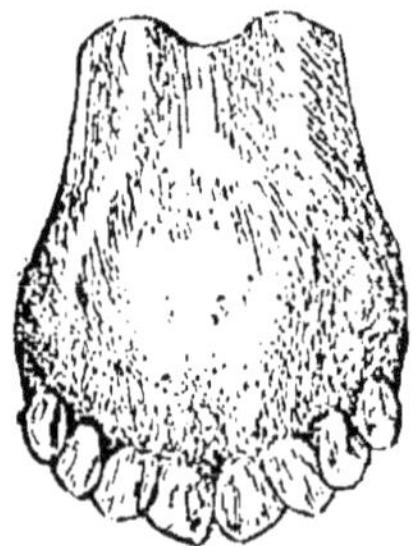

Grav. 2. — Mâchoire d'agneau garnie de huit dents incisives.

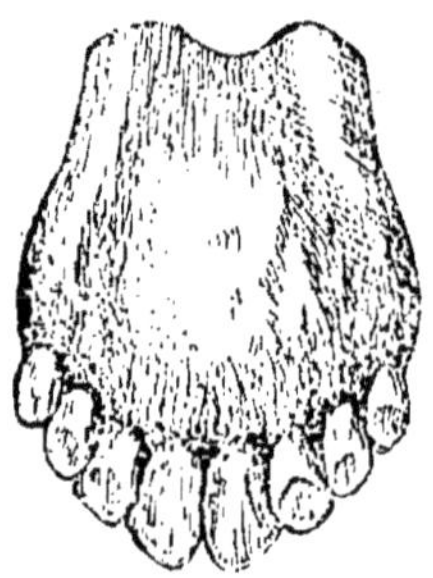

Grav. 3. — Dents d'un antenais de de 15 à 18 mois.

ne s'opère pas toujours avec cette régularité, et la chute des dents est souvent avancée ou retardée.

Il arrive souvent qu'en regardant peu attentivement la bouche d'une bête, on croit qu'elle a toutes ses dents d'adulte, tandis qu'elle en a seulement six; les coins, dents

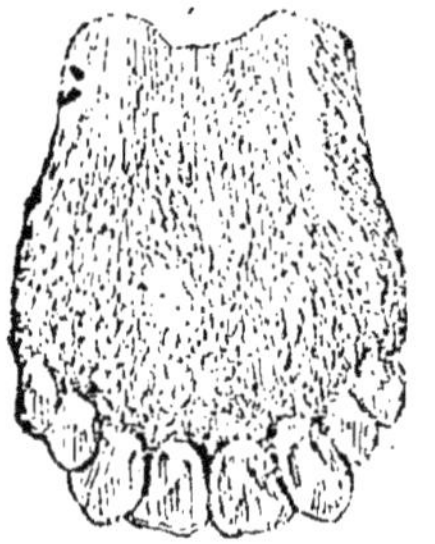

Grav. 4. — Dents d'un mouton de 2 ans 1/2.

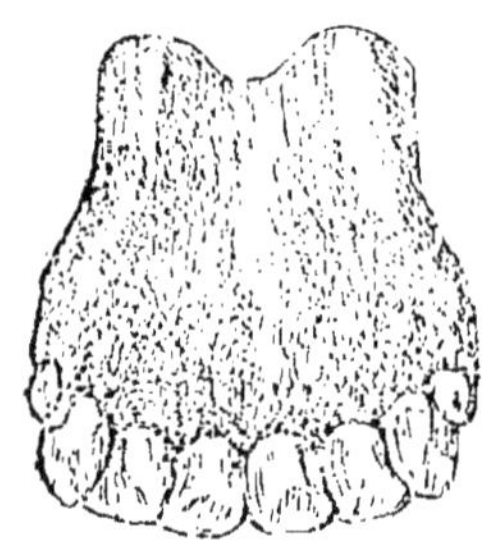

Grav. 5. — Dents d'un mouton de 3 ans à 3 ans 1/2.

de lait, sont alors cachés derrière les secondes mitoyennes, ainsi qu'on le voit dans la gravure 6, qui représente la mâchoire d'une bête de six dents, vue du côté intérieur. Les dents d'adulte étant plus larges que les dents d'agneau, les six secondes dents occupent autant de place qu'en occupaient les huit dents de lait.

Si on récapitule les phénomènes d'une dentition régulière, on a :

1re année, dents de lait, agneau;
2e — 2 dents d'adulte, antenais;
3e — 4 — bête de quatre dents;
4e — 6 — bête de six dents;
5e — 8 — bête de huit dents.

État des dents après que les bêtes sont hors d'âge. — Plus tard, les dents n'offrent plus que des indices incertains. A mesure que la bête vieillit, les gencives se retirent, les dents s'élèvent hors de leurs alvéoles, et paraissent être plus longues; elles deviennent jaunes et se dirigent en avant. Vers la huitième ou neuvième année, elles commencent à tomber, et souvent à dix ans elles sont toutes tombées. Il y a aussi des bêtes chez lesquelles au lieu de s'allonger les dents s'usent au niveau des gencives.

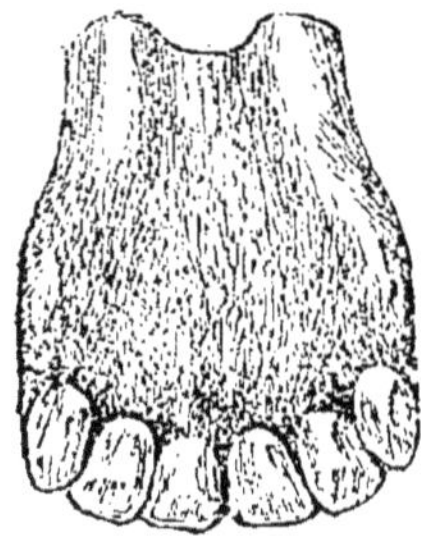

Grav. 6. — Dents d'un mouton après la chute des secondes mitoyennes.

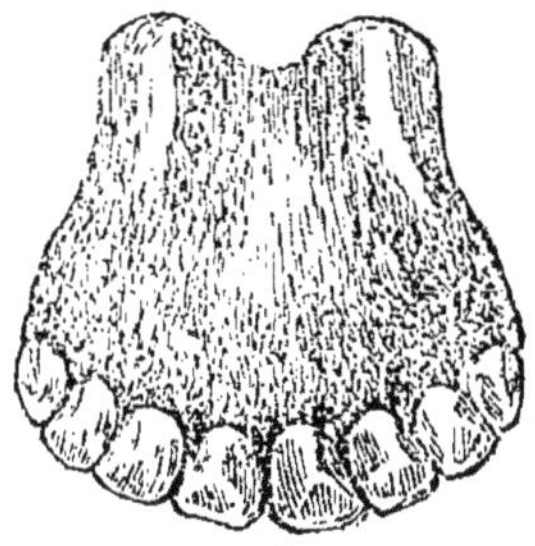

Grav. 7. — Dents d'un mouton après la chute des coins.

Lorsque les bêtes sont arrivées à cette époque où il n'y a plus de marque certaine de l'âge, ce sont l'état de conservation des dents incisives et l'état de santé que présente l'ensemble du corps qui servent de base pour les apprécier.

La nourriture a une grande influence sur l'usure des dents. Cette usure a lieu beaucoup plus rapidement chez les bêtes qui pâturent sur un sol sablonneux que chez celles qui se nourrissent sur un sol argileux. On rencontre souvent des brebis de huit ans et même moins, qu'on est obligé de réformer pour le mauvais état de leurs dents, tandis que d'autres se conservent bonnes jusqu'à l'âge de onze ou douze ans.

On a remarqué que les mérinos, plus lents à se développer, vivent aussi plus longtemps que les bêtes communes et conservent plus longtemps leurs dents. Mais généralement, à moins que ce ne soient des bêtes de prix dont on veut encore élever des agneaux, il n'est pas avantageux de garder les brebis au delà de l'âge de 5 à 6 ans. Après cet âge, le poids des toisons diminue et les bêtes sont plus difficiles à engraisser.

La brebis n'est complétement formée que quand la dentition est terminée. Cependant, à deux ans, les bêtes bien nourries ont ordinairement atteint la taille qu'elles doivent avoir.

Durée de la vie des brebis. — On fixe à douze ou quinze ans la duré de la vie naturelle des brebis; mais on ne les laisse pas arriver à cet âge. Des écrivains anglais citent une brebis qui avait encore produit un agneau dans sa quinzième année, et des moutons conducteurs qui, en Écosse, atteignent l'âge de vingt ans. Ces faits sont exceptionnels.

Couleur des brebis. — Les premières brebis doivent avoir été noires, ou brunes, ou tachées de brun et de blanc. C'est ce qu'on observe encore dans les troupeaux de bêtes communes. Comme la laine noire ou brune ne prend pas la teinture, il y a toute probabilité que les hommes, quand ils commencèrent à teindre la laine, cherchèrent à avoir de la laine blanche, et y arrivèrent par un choix longtemps continué des reproducteurs.

§ 2. — DE LA RUMINATION

Nous avons vu que la brebis fait partie des herbivores ruminants, ainsi nommés parce que les aliments descendus dans l'estomac sont de nouveau partiellement ramenés dans la bouche pour y subir une nouvelle mastication que l'on nomme rumination, après laquelle ils redescendent une seconde fois dans l'estomac.

Les ruminants, au nombre desquels sont encore la vache et la chèvre, sont pourvus de quatre estomacs, ou plutôt d'un estomac à quatre compartiments.

Les aliments, après avoir été grossièrement mâchés et mêlés d'une petite quantité de salive, descendent dans le premier estomac, le *rumen* ou la panse, où ils séjournent seize à dix-huit heures, jamais moins de quatorze heures, et quelquefois jusqu'à trente heures si le fourrage est dur et coriace. De là, après avoir été imprégnés de sucs gastriques, ils sont poussés dans le second estomac, le *bonnet*. Là ils séjournent plus ou moins longtemps; puis, par un mouvement vermiculaire de cet estomac, ils remontent par pelotes dans le gosier avec lequel cet estomac est en communication directe, et ils sont ramenés dans la bouche où ils subissent une nouvelle mastication. Cette rumination n'a lieu que quand la bête est en repos, ou soumise à un mouvement lent. Lorsque la bête est soumise à un mouvement rapide, ou forcée à des efforts pénibles, la rumination ne peut pas avoir lieu; mais dès qu'elle a un instant de repos, une bête bien portante commence à ruminer. Les aliments, après avoir été mâchés une seconde fois, arrivent par un canal particulier immédiatement dans le troisième estomac, le *feuillet*. La conformation de celui-ci est telle, que la pelote y est pressée et y subit une nouvelle préparation avant de passer dans le quatrième estomac, la *caillette*, d'où enfin elle passe dans les boyaux.

Le premier estomac, le *rumen*, est beaucoup plus grand que les autres; il occupe presque les trois quarts de la cavité de l'abdomen [1], depuis le diaphragme [2] jusqu'au bassin. Du côté droit, il est couvert par les intestins; du côté gauche, il touche à la paroi du ventre. C'est par cette raison que, dans le cas de météorisation, la ponction doit toujours avoir lieu du côté gauche.

[1] Abdomen, synonyme de ventre.

[2] Diaphragme, la cloison qui sépare la cavité de la poitrine de celle de l'abdomen.

On a longtemps cru que les aliments liquides ou suffisamment délayés pour n'avoir pas besoin d'être mâchés, descendaient immédiatement dans le troisième estomac; mais des expériences récentes ont fait voir que cela n'a pas toujours lieu, et qu'en règle générale, les aliments liquides descendent aussi dans le rumen, pour passer de là dans les autres estomacs, mais sans être soumis à la rumination.

Le rumen sécrète, surtout chez les brebis, une quantité considérable d'une liqueur qui humecte les aliments secs. C'est ce qui explique pourquoi ces ruminants peuvent, sans inconvénient, se passer longtemps de boisson.

Le rumen doit être rempli du tiers à la moitié pour que la rumination ait lieu, ou plutôt pour que les aliments puissent passer dans le second estomac.

On croit que quand les liquides sont avalés lentement et par petites portions, ils ne passent pas par le rumen mais descendent immédiatement dans la caillette. Ce qui est certain, c'est que les aliments liquides ne sont pas ruminés, non plus que ceux que prennent les bêtes sous forme de bouillie, comme farine, grain égrugé, résidus de distillerie: or, comme la rumination est une conséquence de l'organisation des animaux ruminants, et que l'absence de la rumination est pour eux contre nature et nuisible, il s'ensuit que leur nourriture ne doit pas consister uniquement en aliments liquides ou délayés, lors même qu'ils contiennent une suffisante quantité de principes nutritifs, mais qu'au liquide il faut toujours joindre une certaine quantité de solide, ne fût-ce que de la paille.

Après que les aliments ont été élaborés dans les estomacs, ils passent dans les intestins sous la forme d'une pâte claire. Le canal intestinal de la brebis est très-long; il a vingt-sept fois la longueur du corps de la bête.

CHAPITRE II

DES DIVERSES RACES DE BÊTES A LAINE

§ 1. — HISTOIRE ANCIENNE DE LA BREBIS [1]

Comme je l'ai déjà dit, nous trouvons la brebis compagne de l'homme dans les temps les plus reculés, et, de l'Asie, berceau de l'humanité, elle s'est avancée avec les hommes vers le Nord et s'est répandue dans toutes les parties du monde.

Les sauvages emploient pour vêtements les peaux de brebis ou de chèvres, ainsi que le faisaient les Scythes, les Gaulois, les anciens Bretons et encore aujourd'hui les Kalmouks et autres peuples de la Tartarie. Les anciens habitants de l'Europe orientale avaient cependant peu de moutons; leur pays couvert de forêts convenait mieux aux bêtes à cornes.

Si l'on remonte aux temps fabuleux, on trouve que c'est Minerve qui enseigna aux Athéniens l'art de filer la laine. Dans les temps historiques, les troupeaux jouent un grand rôle; les moutons de l'Arcadie faisaient l'orgueil de la

[1] Le mot *brebis* vient du latin *vervex*. On sait que dans la prononciation, le v est souvent changé en b. J'ai connu autrefois un vétérinaire gascon qui ne manquait pas de dire les *hervibores*. Dans le patois lorrain, on dit *berbis*.

Grèce, et les anciens Romains, dont les vêtements étaient de laine, perfectionnaient avec un soin particulier les toisons de leurs brebis. Leurs brebis habillées (*oves vestitæ*) en sont la preuve. Ces brebis étaient couvertes d'un vêtement destiné à conserver la propreté, la blancheur et la douceur de la laine. Ce fut seulement sous l'empire que le coton fut introduit à Rome, et bientôt les moutons dégénérèrent en Italie comme tout le reste.

La brebis chez les anciens servait d'holocauste.

Chez les Romains, on la sacrifiait principalement aux Furies. Les Romains sacrifiaient une brebis de deux ans (*bidens*) pour purifier les lieux frappés de la foudre. Les Egyptiens au contraire lui rendaient un culte.

L'agneau, — *agnus*, du grec *agnos*, chaste, pur, — était considéré dans les sacrifices comme une victime pure et agréable à Dieu.

L'agneau pascal était, chez les Juifs, l'agneau qu'ils immolaient le jour de Pâque en mémoire de la délivrance de leurs pères et de leur sortie de l'Égypte. L'agneau pascal devait être sans tache, être mâle et n'avoir pas plus d'un an.

Le bélier était, chez les anciens, consacré à Mercure, qui avait enseigné à tondre les brebis; on l'attribue aussi quelquefois à Cybèle.

§ 2. — FORMATION ET MODIFICATION DES RACES.

Nous avons vu que le naturaliste divise les animaux en classes, ordres, genres, variétés ou espèces. Le cultivateur commence sa division là où finit celle du naturaliste, et il distingue ses animaux en races, sous-races, familles et variétés, en donnant à ce dernier mot une autre signification que celle que lui donne le naturaliste.

Ce qu'on entend par race. — Par *race* on entend des animaux d'une même espèce, possédant, outre les caractères généraux de cette espèce, des caractères distincts qui leur sont propres, qu'ils doivent aux influences du sol, du climat, des aliments, du genre de vie auquel ils sont soumis et qu'ils transmettent à leurs descendants.

La faculté de transmettre à leurs descendants les caractères que possèdent les animaux reproducteurs, est une condition essentielle de race et suppose que ces caractères appartiennent aux animaux des deux sexes, appareillés ensemble pour la reproduction.

Quand on parle des principaux caractères que possèdent les animaux, on peut donner à cette idée un sens plus ou moins étendu : on peut l'appliquer aux formes du corps, ou aux services que rendent les animaux, ou à l'utilité qu'on en retire, ou à tous ces objets à la fois. De là il résulte que celui qui s'occupe d'une même espèce d'animaux peut admettre un nombre plus ou moins grand de races, selon les rapports sous lesquels il considère ces animaux.

On distingue dans les brebis :

1° Les races auxquelles on demande spécialement de la laine, en attachant peu d'importance à la viande ;

2° Races dans lesquelles l'objet principal est la production de la viande, en n'ayant que peu d'égard à la laine ;

3° Races qui fournissent la laine fine ;

4° Races à laine grossière ;

5° Races qui fournissent la laine à carder, que l'on nomme aussi laine courte ;

6° Races qui fournissent la laine à peigner, ou laine longue.

Chaque pays avait ses races. — J'ai déjà dit que les races sont le résultat des influences du climat, du sol, de la nourriture et du régime auquel les bêtes sont soumises. Chaque pays a ainsi ses races qui lui sont propres, parce que chaque pays ou les provinces d'un même pays, présentent des conditions différentes, desquelles résultent les diverses races. Dans les riches pâturages des Marches, on trouve les grandes et lourdes brebis à longue laine;

sous un climat plus chaud, dans un pays montagneux, où la pâture est moins abondante et plus substantielle, on trouve les brebis à laine courte et d'une taille beaucoup moindre. Dans les pays pauvres, où le climat est rude, la culture encore arriérée, comme par exemple les Ardennes, on trouve des races petites, robustes, qui portent une laine peu abondante et grossière.

Modification des races. — Les races peuvent aussi être le résultat des soins et de l'art des hommes; elles ne sont plus alors les produits du sol et du climat, et elles peuvent subsister, quoique avec des résultats plus ou moins avantageux, partout où elles trouveront les conditions nécessaires à leur existence.

Sous-races. — Une race qui occupe tout un pays peut, sans perdre ses caractères constitutifs, présenter des variations qui affectent particulièrement la taille des animaux, selon qu'un canton est plus ou moins riche, plus ou moins bien cultivé, et soumis à certaines influences du climat. C'est là ce qui forme les *sous-races.*

Les différences qui constituent les sous-races peuvent disparaître lorsque les animaux sont transportés dans un autre canton, et une sous-race peut être transformée en une autre sous-race en changeant les influences qui l'avaient produite. De même, par des soins bien entendus, on peut créer une sous-race.

Familles. — Après les sous-races viennent les *familles,* mot qui a à peu près le même sens. Dans l'espèce des chevaux, on a souvent appliqué le mot famille à toute la descendance d'un étalon célèbre.

Variétés. — Il naît quelquefois des animaux qui présentent des variétés de formes, de robes, etc. Si l'on accouple ces animaux entre eux, on peut *fixer* ces *variétés* et obtenir ainsi une sous-race nouvelle, qui, avec le temps, devient une race. C'est ainsi qu'a été récemment créée la race soyeuse de Mauchamp. On nomme, en Allemagne, *jeux de nature* les animaux qui naissent avec des particularités extraordinaires et qui n'existaient dans aucun de leurs ascendants.

Il ne serait pas possible, et il serait sans utilité, de décrire les races et sous-races en si grand nombre de bêtes à laine qui peuplent la terre ; j'indiquerai seulement les principales.

§ 3. — ORIGINE DES DIVERSES RACES DE BÊTES A LAINE.

Argali et mouflon.

Les naturalistes pensent généralement que notre brebis provient du *mouflon ;* quelques-uns ont cru qu'elle pouvait provenir de l'*argali*.

L'*argali*. — L'argali vit dans les parties montagneuses de l'Asie et particulièrement de la Mongolie, du Caucase et de la Sibérie. Il a la grandeur d'un daim, mais il en diffère essentiellement par sa conformation. Sa robe est, en été, d'un brun-rougeâtre, et en hiver d'un gris-brunâtre, avec un duvet blanc sous les poils extérieurs. Les jeunes naissent avec une toison grise, comme beaucoup d'agneaux métis. La tête du mâle est garnie de deux fortes cornes contournées en spirale et triangulaires à leur base. La femelle a aussi des cornes, mais elles sont plus courtes, minces et presque droites.

Mouflon. — Des naturalistes des temps modernes ont pensé que ce n'est pas l'argali, mais que c'est le mouflon (grav. 8) qui est le type primitif de nos bêtes à laine. On le trouve en Corse, en Sardaigne, dans les îles de Crète, de Chypre, et autres îles de l'Archipel grec ; il y vit à l'état sauvage dans les montagnes. Il a déjà été décrit par Pline ; Buffon le considérait comme identique avec l'argali.

Le mouflon vit en troupes de quarante jusqu'à cent

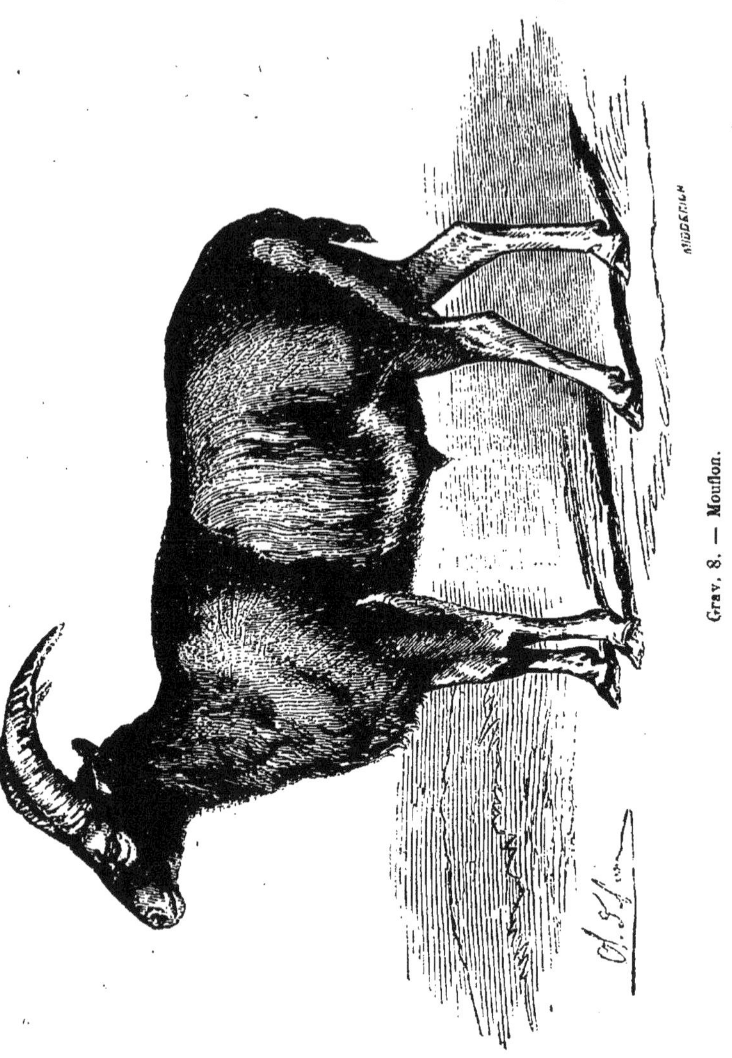

Grav. 8. — Mouflon.

bêtes, il est couvert d'un poil fin et peu long, avec un épais duvet court, mais frisé comme la laine du mérinos.

Races d'Asie et d'Afrique.

Brebis des patriarches. — Si l'on admet que de l'Asie, le berceau du monde, sont sorties les premières brebis pour se répandre avec les hommes sur presque toute la surface de la terre, on voit que le climat, les pâturages, les soins, ont amené entre elles des différences infinies. Les brebis qui peuplent aujourd'hui une grande partie de l'Asie appartiennent à la race que l'on croit avoir été celle

Grav. 9. — Brebis à grosse queue.

des patriarches, et qui se distingue par sa disposition à se charger de graisse dans les parties postérieures du corps, tellement qu'il peut se former sur les fesses des loupes de graisse. Ces brebis varient de taille et de poids, suivant les localités, et leur laine est grossière.

Race à grosse queue. — On regarde comme un dérivé

de cette race celle à grosse queue qui existe aussi en Asie et en Afrique. Dans cette dernière, la queue peut arriver à une grosseur monstrueuse. Elle est longue, plate et pointue; sa partie extérieure est couverte d'une longue laine; elle est formée, dit un voyageur anglais, le Dr Russel, d'une substance qui tient le milieu entre la moelle et la graisse, et qui peut, dans la cuisine, remplacer le beurre et l'huile. Dans la Barbarie, on tient ces brebis dans des enclos, et lorsqu'elles doivent en sortir, on fixe leur queue sur une planche garnie de petites roues afin qu'elles la transportent plus facilement. Elles fournissent 25 à 30 kilogr. de viande, dans lesquels la queue entre pour 7 à 8 kilogr.

La gravure 9 représente un de ces animaux, dessiné d'après nature au Jardin des Plantes de Paris.

Brebis des Tartares et Arabes nomades. — Les brebis sont la principale richesse des peuples nomades. Il y a des chefs tartares qui ont des troupeaux de trente jusqu'à cinquante mille bêtes, et les Arabes ont aussi des troupeaux considérables. Chez les deux peuples, les bêtes sont presque toutes d'une même race, celle des patriarches; mais la richesse ou la pauvreté du sol peuvent changer tellement les bêtes, qu'elles ne semblent plus appartenir à la même race. On trouve dans de bons pâturages de la Tartarie des bêtes d'une grande taille et d'un grand poids, mais l'amas de graisse à la partie postérieure du corps est insignifiant. D'après les relations des voyageurs, les riches pâturages salés, qui ne sont pas rares en Asie, contribuent surtout à faire arriver les bêtes à une grande taille et un grand poids. Elles peuvent arriver au poids de 100 kilogr. de viande, y compris 10 à 20 kilogr. de graisse.

Un produit particulier que les Tartares tirent de leurs troupeaux, consiste dans la vente de peaux d'agneaux. Beaucoup de ces peaux nous viennent d'Astrakan et sont connues dans le commerce sous le nom de cette ville. Pour les obtenir, les Tartares tuent les agneaux mâles peu après leur naissance, d'autres même tuent les brebis peu avant le moment où elles doivent mettre bas; la peau de l'agneau a alors plus de valeur que la brebis.

Brebis de Crimée. — Entre les races de l'Asie, les bêtes de la Crimée méritent une attention particulière. Outre une race à laine grossière qui habite les plaines, on en trouve dans les parties montagneuses une autre à laine

Grav. 10. — Brebis de Chypre.

fine, qui a encore été améliorée par des mérinos introduits par les Russes. Des quantités considérables de laine sont chaque année exportées à Odessa pour l'Europe.

Expédition des Argonautes. — Déjà, dans les temps anciens, les brebis de la partie montagneuse de la Crimée fournissaient une laine fine de belle qualité. Si l'on dégage les traditions historiques du merveilleux dont elles ont été chargées avant d'arriver jusqu'à nous, on pourra trouver que l'expédition des Argonautes pour la conquête de la toison d'or, avait pour but d'enrichir la Grèce des brebis à laine fine de la Tauride.

Brebis de Fez. — Parmi les races étrangères, on peut encore citer la brebis de Fez, qui diffère essentiellement de nos brebis d'Europe. Sa toison ressemble plus à du poil qu'à de la laine, ce qui a fait dire à un voyageur, le Hollandais Bosman : « Ici, en Afrique, les brebis sont couvertes de poils, et les hommes ont la tête couverte de laine. »

Brebis du cap de Bonne-Espérance. — On trouve des bêtes à laine dans toutes les parties de l'Afrique. Lorsque les Hollandais s'établirent au cap de Bonne-Espérance, en 1650, les Cafres avaient de nombreux troupeaux. Leur brebis à laine courte et grossière appartenaient à la race des patriarches, les peaux garnies de laine leur servaient de vêtements. Les mérinos ont depuis été importés au Cap et y prospèrent.

Brebis de Chypre (grav. 10). — La brebis de Chypre est encore à mentionner, remarquable par ses quatre cornes. Les deux du milieu sont droites et s'élèvent verticalement, les deux autres sont contournées en bas de diverses manières. Cette brebis a du reste peu de valeur, sa laine est longue, mais grossière.

Brebis de l'Amérique et de l'Australie. — Les bêtes à laine de l'Amérique et de l'Australie y ont été introduites par les Européens, et elles appartiennent surtout à la race du mérinos.

Races de l'Europe.

Si, négligeant toutes les autres races de l'Asie et de l'Afrique, qui ne présentent rien de particulièrement intéressant, nous passons en Europe, c'est en Italie, et surtout en Apulie et à Tarente, que se trouvait la race la plus remarquable des anciens temps. Les Romains lui donnaient des soins particuliers, et ils les poussaient si loin que, parfois, comme je l'ai déjà dit, pour conserver à la laine la propreté, la blancheur et la douceur, ils couvraient les brebis d'un vêtement de toile. Les brebis ont dégénéré en Italie comme tant d'autres choses, et les troupeaux actuels ne donnent plus qu'une laine grossière.

L'Espagne, qui, dans les temps modernes, a fourni au monde entier des types améliorateurs, était loin dans les temps anciens de la perfection à laquelle elle est arrivée depuis. Columelle, qui avait des propriétés en Espagne, y transporta des brebis de Tarente; et cependant l'Espagne devait déjà alors posséder des troupeaux remarquables par la qualité de leurs laines, car du temps des empereurs romains elle fournissait des draps estimés.

Les manufactures de draps, à peine connues alors dans le reste de l'Europe, existaient en grand nombre en Espagne après l'invasion des Sarrasins. Mais lorsque le roi Ferdinand, qui pour cela fut appelé le Catholique, et son successeur Philippe III, eurent expulsé de l'Espagne tous les Mahométans, entre les mains desquels était presque exclusivement la fabrication des draps, cette industrie tomba, et plus tard les efforts du gouvernement ne purent pas la relever.

Mérinos. — On peut s'étonner que la chute des manufactures de draps n'ait pas entraîné celle des troupeaux à laine fine. L'Espagne conserva longtemps la possession exclusive de ces troupeaux, dont l'exportation était défendue; depuis, c'est l'Espagne qui a fourni au monde entier des types de cette race précieuse, connue sous le nom de mérinos, et dont l'origine est inconnue. On ignore même l'origine du nom mérinos. On sait seulement que, comme je viens de le dire, à une époque très-reculée, des brebis de Tarente ont été importées en Espagne; on sait aussi qu'il y a été importé des béliers de l'Afrique; mais il n'y a pas de mérinos en Afrique.

Chourrous. — Outre les mérinos, il y a encore en Espagne des bêtes communes, à laine longue et grossière, — on les nomme chourrous, — et des métis provenant du mélange de ces bêtes communes avec les bêtes à laine fine.

Bêtes estantes et bêtes transhumantes. — Les mérinos se divisent en bêtes *estantes* et *transhumantes.* Les estantes ou sédentaires sont celles qui restent toute l'année dans le même lieu ; les transhumantes sont celles qui passent l'hiver dans les provinces du Midi et gagnent chaque printemps les montagnes pour y passer l'été.

Défauts de conformation des mérinos. — Le mérite des mérinos est uniquement dans leur toison. On n'a en Espagne aucun égard à la viande, et, par suite, on ne s'est pas occupé de la conformation des bêtes. On reproche aux mérinos que leur poitrine manque de largeur, qu'ils ont la côte plate, la tête très-forte. Chez les béliers, la tête est armée de grosses cornes contournées en spirale, et ils ont sous le cou un fanon fortement prononcé et plissé. Cette tête, ces cornes, ce fanon ont été longtemps considérés comme des beautés. On comprend que des bêtes ainsi conformées ne doivent pas être faciles à engraisser. On reproche encore aux mérinos que leur viande n'est pas de bonne qualité, que les bêtes sont délicates ; les fortes têtes des agneaux occasionnent souvent des accouchements difficiles, et les mères sont souvent mauvaises nourrices.

Malgré ces défauts, les mérinos, appréciés pour la finesse de leur laine, ont été transportés dans le monde entier et ils ont prospéré partout où ils ont été bien soignés. Ils se sont accomodés des chaleurs des tropiques et des froids du Nord, et ils se sont modifiés, selon que l'on a voulu obtenir un laine plus fine ou plus abondante, selon que l'on a attaché plus d'importance à la viande, en sacrifiant quelque chose de la finesse de la toison.

Migration des troupeaux. — Les mérinos doivent

avoir été en Espagne, il y a déjà plusieurs siècles, ce qu'ils sont aujourd'hui. Une loi du XIVe siècle règle leurs migrations et leur accorde des priviléges, qui sont déjà une lourde charge pour les propriétaires des terres que traversent les troupeaux et qui entraînent de nombreux abus sur toute la longueur du chemin qu'ils parcourent.

Après avoir passé l'hiver dans le Midi, ces troupeaux se mettent en route vers le 15 avril. On les conduit d'abord à des bâtiments où les bêtes doivent être tondues par divisions d'environ 1,000 bêtes ; qui peuvent être tondues en un jour. Après la tonte, la laine est suite de suite lavée à l'eau chaude ; les fabricants étrangers qui achètent les laines blâment ce procédé de lavage.

Avant la guerre qui a désolé l'Espagne au commencement de ce siècle, on estimait à cinq millions le nombre des bêtes transhumantes. Elles sont partagées en divisions dont chacune est sous la conduite d'un chef berger, *mayoral*, qui représente le *magister pecoris* des anciens Romains, et qui a sous ses ordres un certain nombre de bergers. Ceux-ci, avec les chiens, marchent sur les flancs des troupeaux composés de 2,000 à 3,000 bêtes.

Il faut aux troupeaux environ six semaines pour arriver à leur destination : ainsi près de trois mois pour l'aller et pour tout le retour, qui a lieu au mois de septembre. On conçoit que les agneaux, qui n'ont encore que trois à quatre mois, doivent souffrir de la fatigue du premier voyage, et, comme les brebis mérinos sont généralement mauvaises nourrices, et que beaucoup d'agneaux ont déjà été sacrifiés avant le départ, on compte qu'on n'élève pas plus de la moitié des agneaux qui naissent.

Un ancien privilége donne aux troupeaux transhumants, pendant leur voyage le droit de pâturage sur toutes les terres non encloses et communales qui ne sont pas ensemencées, et, en outre, ils ont droit à un chemin de 90 pas de largeur, sans égard pour la culture des terres.

Arrivés aux montagnes où ils doivent passer l'été, les

troupeaux y sont cantonnés par divisions d'environ 1,000 bêtes. Au mois d'août a lieu la monte; à la même époque, les bergers abattent la queue aux jeunes bêtes mâles et femelles nées au printemps précédent; ils les marquent à la face avec un fer rouge; ils abattent aux jeunes béliers l'extrémité des cornes, et ils en châtrent quelques-uns des plus beaux qui doivent servir de moutons conducteurs. Ces moutons, qui viennent à la voix du berger, servent à diriger tout un troupeau, et les chiens sont surtout destinés à le protéger contre les loups.

Avec une telle organisation, on conçoit que les mérinos en Espagne devaient rester stationnaires. La viande était comptée pour rien; la laine était l'unique produit, et sa qualité devait être égale et rester la même dans un troupeau où tous les reproducteurs étaient à peu près les mêmes. On ne castrait pas les béliers, dans l'opinion que les béliers donnent plus de laine que les moutons.

Par tout cela, on s'explique comment les mérinos ont pu être améliorés dans beaucoup de pays où ils ont été transportés. Au moyen d'un bon régime, et, par un choix intelligent des reproducteurs, on a pu agrandir la taille, améliorer la viande, augmenter le poids des toisons, ou obtenir de la laine plus fine que jamais ils n'en ont produit en Espagne.

Léonaises et sorianes, négretti, ségoviennes. — Les bêtes transhumantes se partagent en deux grandes divisions : les *léonaises* et les *sorianes*. Les léonaises ont la laine la plus fine, et parmi elles on place au premier rang les *négretti*. Parmi les bêtes estantes, celles de *Ségovie* ne le cèdent pas pour la finesse de la laine aux sorianes.

Les léonaises passent l'hiver dans l'Estramadure et ont leurs pâturages d'été dans le royaume de Léon et dans les montagnes de la Vieille et de la Nouvelle Castille. Les sorianes passent l'hiver dans l'Andalousie et la Nouvelle Castille; une partie passe l'été dans les montagnes des environs de Soria, tandis qu'une partie suit la vallée de l'Ebre et va dans la Navarre et jusqu'aux Pyrénées.

Les divers troupeaux de mérinos offrent bien quelques différences dans la conformation des bêtes, dans la finesse de la laine et dans le poids des toisons, mais au total ces différences ne sont pas très-sensibles.

Les troupeaux transhumants ont beaucoup diminué par suite des guerres et des troubles qui ont agité l'Espagne; il est probable que ces migrations cesseront totalement un jour. Les bêtes ainsi nourries ont besoin d'un espace relativement beaucoup plus étendu et leurs voyages causent de grands dommages à l'agriculture.

Exportation des mérinos prohibée. — L'exportation des mérinos a pendant longtemps été sévèrement prohibée en Espagne. La Suède obtint les premiers en 1723, la Saxe en obtint en 1765, et la France près de vingt ans plus tard, sous le règne de Louis XVI. La Prusse eut les premiers en 1782, le Danemark en 1797. — En 1799 la France exigea de l'Espagne, par le traité de Bâle, 5,500 brebis et béliers, et il en fut introduit encore beaucoup plus lorsque les armées françaises occupaient l'Espagne.

Aujourd'hui les mérinos sont répandus dans le monde entier. Partout ils se sont facilement acclimatés, et si on ne les a pas partout conservés purs, ils ont servi à faire des métis, et, par eux, bien des laines grossières ont été améliorées.

Mérinos en Allemagne. — Les mérinos ont acquis en Allemagne une grande importance. Ils y ont été perfectionnés pour la finesse de la laine, et, sous ce rapport, on est arrivé à un point qui sera difficilement dépassé (grav. 11 et 12).

Les troupeaux mérinos de la Saxe ont les premiers acquis une réputation, et c'est proprement là qu'a commencé l'ère nouvelle du perfectionnement apporté en Allemagne par les mérinos. En général, partout lors de leur introduction, on commit la faute de ne pas conserver la race pure, mais de la faire servir seulement à améliorer les races indigènes par des croisements. On croyait qu'originaires d'un pays chaud, les mérinos ne pourraient pas supporter le climat plus rude de l'Allemagne. L'expérience a prouvé que cette idée était tout à fait fausse.

Grav. 11. — Bélier mérinos d'Autriche.

Race électorale. — En Saxe seulement, dans les bergeries appartenant à l'Electeur, on suivit une autre route, et on multiplia la race pure des mérinos. Bientôt les laines de ces bergeries furent connues dans le commerce

Grav. 19. — Brebis mérinos d'Autriche.

sous le nom de laines électorales, et ce nom fut ensuite donné à toutes les laines de la Saxe, lorsque les éleveurs suivirent l'exemple de leur prince et s'efforcèrent d'atteindre le même but.

Exportation des laines d'Allemagne en Angleterre. — L'extension qu'a prise depuis cette époque la production de la laine en Allemagne a été démontrée par les chiffres suivants : L'exportation de la laine d'Allemagne pour l'Angleterre qui n'était, en 1800, que de 2,100 quintaux métriques, a été, en 1827, de 110,000 et, en 1838, de 138,000 quintaux métriques.

Les prix se sont élevés dans la même proportion.

Congrès de la laine à Leipzig. — Parmi les éleveurs de l'Allemagne, Thaer a eu le mérite de poser les principes de la *science de la laine* et de l'élevage des mérinos. Ce fut lui qui provoqua à Leipzig, sous le nom de *Wolle congrès* (congrès de la laine), la réunion des principaux producteurs de laine et manufacturiers de l'Allemagne. Cette réunion devait avoir surtout pour résultat de faire savoir aux éleveurs quel but ils devaient poursuivre dans la production pour satisfaire aux exigences des manufacturiers et en même temps de s'entendre sur les dénominations à donner aux diverses qualités de laine. A partir de là, les éleveurs saxons ne visèrent plus qu'à atteindre la plus grande finesse possible, sans avoir égard à la conformation des bêtes ni même au poids des toisons; mais aussi, avec ces sacrifices, ils arrivèrent à la finesse la plus grande qu'il semble possible d'obtenir.

Les éleveurs d'autres parties de l'Allemagne ne voulurent renoncer ni au poids des toisons, ni aux formes du corps des bêtes. La conséquence naturelle fut qu'ils restèrent bien en arrière des saxons sous le rapport de la finesse, mais que, par contre, ils conservèrent des bêtes plus fortes, plus robustes et qui portaient de plus lourdes toisons.

Ces deux directions différentes amenèrent à supprimer un grand nombre de dénominations confuses et à établir dans les mérinos deux grandes divisions. La première eut le nom de *infantado* ou *negretti* et représente le mérinos tel qu'il est venu d'Espagne ; la seconde fut appelée *electorale* et représente le mérinos tel que l'ont fait les saxons.

Infantados. — Les infantados ont en général une conformation qui indique la vigueur ; ils ne sont pas hauts sur jambes, leur corps est large, le front large, la tête est courte et fortement busquée. Ils ont sous le cou un fanon, et des plis à la peau du cou et des cuisses. Ils ont de la laine jusqu'aux joues et jusqu'aux sabots. Leur toison est épaisse ; la laine a beaucoup de nerf; le suint est abondant, consistant et difficile à dissoudre. Le poids moyen des toisons lavées à dos est de 1 kilogr. 1/2 Les brebis grasses arrivent au poids de 20 à 23 kilogr. de viande nette.

Les brebis électorales sont plus minces, plus étroites; elles ont la tête pointue, le cou mince et sans fanon, peu ou point de plis au cou ; la croupe avalée, les extrémités peu garnies de laine, quelquefois la tête et le ventre nus. La toison sur la bête est noirâtre, tirant sur le bleu ; la laine est égale sur tout le corps et d'une extrême douceur ; elle est chargée d'un suint huileux qui se dissout facilement dans l'eau. Le poids de la toison est au plus de 1 kilogr. lavée à dos. Les brebis fournissent 15 à 20 kilogr. de viande nette.

Les mérinos, je le répète, se sont répandus dans toutes les parties de l'Allemagne. Dans les provinces où la population est nombreuse et où les grains sont le principal produit de la culture, telles que les vallées du Rhin, du Mein, du Danube, l'élevage des bêtes à laine a moins d'importance. C'est pourtant de là que viennent en grande partie ces troupeaux de moutons gras qui vont alimenter les marchés de Sceaux et de Poissy. Ces moutons sont des métis mérinos, ou ils appartiennent à la grande race du Wurtemberg. Il en vient aussi beaucoup de la Bavière rhénane.

CHAPITRE III

RACES OVINES FRANÇAISES

On pourrait dire que la France est aujourd'hui pour les bêtes à laine dans un moment de transition. Les anciennes races, — chaque province avait jadis la sienne, — tendent à disparaître et, sur tous les points, on introduit les mérinos ou les races anglaises améliorées.

Races du nord de la France.

Le nord de la France, la Picardie, la Flandre, avaient la même race que la Hollande et le nord de l'Allemagne à l'embouchure de l'Elbe et du Wéser, et en général dans les Marches, ces grasses alluvions des vallées des fleuves et des rivages de la mer du Nord. Les riches pâturages y amènent la grande taille des brebis, et là où elles sont l'objet de soins intelligents, elle produisent une belle laine, longue, lisse et passablement fine. Là où la pâture est maigre, les bêtes sont plus petites.

Races du Sud et du Centre.

Dans les départements du Sud, les bêtes sont plus petites, à laine courte et ondulée.

Dans les montagnes qui bordent la vallée du Rhône et surtout dans les environs d'Arles, on trouve une race de brebis à laine très-fine. La seule plaine de la Crau, qui fournit un pâturage nourrissant, aromatique et salé, nourrit environ cent trente mille bêtes à laine. Les brebis d'Arles sont transhumantes; au mois de mai, on réunit les troupeaux et il gagnent les montagnes près de la frontière d'Italie et surtout aux environs de Barcelonnette. Là, ils passent l'été, et au mois de novembre ils redescendent dans leurs quartiers d'hiver. Par suite d'usages qui datent d'un temps immémorial, on accorde à ces troupeaux, comme aux brebis transhumantes d'Espagne, une route large d'environ 12 mètres et tous les autres droits qui découlent de celui de passage.

L'Auvergne, la Bourgogne, le Berry, la Champagne, avaient aussi leurs races particulières, dont la description serait sans intérêt, aujourd'hui que partout on cherche à les améliorer en introduisant des types étrangers.

La supériorité des laines de l'Espagne a longtemps fait croire que c'était par les seuls mérinos qu'on pouvait améliorer. L'importance de la viande n'était pas alors comprise, et les races, dont la production de la viande était le principal mérite, n'étaient pas encore connues, ou n'étaient pas appréciées.

Mérinos.

Mérinos importés par Colbert. — Le premier essai d'importation des mérinos en France a été fait par Colbert, vers le milieu de l'avant-dernier siècle. Cet essai échoua, parce que les mérinos avaient contre eux le préjugé général qui faisait croire qu'il leur fallait le climat de l'Espagne, parce que le besoin de laine fine n'existait pas assez pour qu'on pût la payer à sa valeur, parce que surtout, l'ensemble des circonstance agricoles n'était pas encore tel, que les cultivateurs pussent se livrer avec succès à l'élevage des mérinos.

Environ trente ans plus tard, un M. de Perce introduisit

de nouveau en France des mérinos et déjà avec plus de succès, car au moins ils attirèrent l'attention publique.

Croisements essayés par Daubenton. — En 1776, Daubenton entreprit une suite d'essais de croisements de différentes races, brebis de la Barbarie, du Thibet, flandrines, anglaises, françaises et espagnoles. Il n'est pas étonnant que Daubenton qui travaillait avec Buffon à son *Histoire naturelle*, ait adopté les idées du grand naturaliste sur l'importance des croisements. Daubenton poursuivit ses essais pendant sept années, et le résultat fut pour lui la conviction que c'étaient les mérinos d'Espagne qui convenaient le mieux pour l'amélioration des races françaises.

Fondation de la Bergerie nationale de Rambouillet. — Bientôt après fut fondée, en 1786, la Bergerie nationale de Rambouillet, où l'on établit un troupeau de mérinos. De Rambouillet, les mérinos se sont propagés dans toute la France. D'abord on donnait gratuitement des béliers et des brebis aux cultivateurs, mais ce moyen n'ayant pas réussi, on établit des ventes publiques à l'enchère.

Je ferai en passant une observation, c'est que les hommes sont disposés à faire peu de cas des choses qu'ils obtiennent trop facilement. Nous n'apprécions pas ce que nous avons près de nous, et nous allons souvent chercher bien loin ce qui vaut beaucoup moins. On ne doit pas donner les bonnes choses, on doit les vendre et les vendre le plus cher possible, pour les faire apprécier.

Prix de vente des mérinos. — Lorsque les bêtes de Rambouillet furent chaque année vendues à l'enchère, les cultivateurs vinrent les acheter, et l'enthousiasme finit par succéder tellement à l'indifférence, qu'en 1825 des brebis furent payées plus de 700 fr. et un bélier atteignit le prix de 3870 francs.

Les prix moyens des béliers ont été :

	Fr.
En 1797 de.	75.28
— 1818 —	1263.93
— 1834 —	328.15

De 1793 à 1834 le prix moyen des béliers fut de 462 fr. 16, et le prix des brebis de 183 fr. 83.

Lasteyrie (*Traité sur les bêtes à laines d'Espagne*) me fournit une partie des renseignements ci-dessus. Il croyait, — en l'an VII, 1799, — que les Anglais feraient de grands efforts pour multiplier chez eux les mérinos et produire les laines fines dont ils ont besoin : il s'est trompé dans ses prévisions.

Epoque brillante des mérinos en France. — Sous l'Empire, on s'occupa énergiquement de la multiplication des mérinos. La guerre d'Epagne amena un enchérissement considérable des laines, et des toisons ont été vendues 5 et 6 fr. le kilogr. L'époque brillante des mérinos fut de 1820 à 1825 : 300 mérinos furent vendus au prince Esterhazy pour 240,000 fr. J'emprunte encore ceci à l'ouvrage de Lasteyrie, que je viens de citer ; il ne dit pas si ces 300 bêtes sortaient des bergeries de l'Etat.

Bergeries nationales. — Outre celle de Rambouillet, neuf autres bergeries nationales, établies sur divers points de la France, devaient fournir aux cultivateurs des animaux reproducteurs et surtout leur faire voir comment les mérinos pouvaient prospérer dans des conditions différentes de climat et de sol.

Ces dix bergeries étaient : 1, Rambouillet, la seule, des dix bergeries nationales, qui existe encore aujourd'hui ; 2 Malmaison (Seine-et-Oise) ; 3, Perpignan (Pyrénées-Orientales) ; 4, Arles (Bouches-du-Rhône) ; 5, Saint-Genès-Champanelle (Puy-de-Dôme) ; 6, Saint-Georges-de-Reneins (Rhône) ; 7, Ober-Emmel, près de Trèves (Sarre) ; 8, Château de Perlan, près d'Aix-la-Chapelle (Roer) ; 9, château Clermont, près de Nantes (Loire-Inférieure) ; et 10, Cère, près de Mont-de-Marsan (Landes).

La plus grande difficulté était de convaincre les éleveurs que les mérinos pouvaient prospérer hors de leur pays natal, et qu'avec des soins intelligents, on pouvait les nourrir sur des pâturages français et dans les parties les plus septentrionales de la France. La répartition des dix bergeries nationales sur tous les points de l'Empire, était un moyen certain de lever tous les doutes.

Troupeau mérinos de Lancy. — Parmi les éleveurs qui contribuèrent le plus à éclairer et à instruire les cultivateurs, il faut placer au premier rang Charles Pictet, de Genève. Non-seulement sa bergerie, à Lancy, offrait un modèle des soins intelligents à donner aux mérinos, mais encore il apprenait comment on pouvait les améliorer et comment on pouvait obtenir un produit très-élevé d'un troupeau de mérinos. Les éleveurs, qui, à cette époque, entrèrent courageusement et avec intelligence dans la voie firent de bonnes affaires; les laines fines avaient des prix très-élevés, qu'elles n'ont pas conservés depuis.

Les éleveurs de mérinos suivaient alors deux directions: les uns visaient, comme les Saxons, à la superfinesse de la laine, sans avoir égard aux formes des bêtes; les autres, et c'était le plus grand nombre, se contentaient d'une moindre finesse, mais voulaient des toisons plus lourdes, des bêtes plus fortes et qui, par leur construction, avaient aussi une valeur comme bêtes de boucherie.

		fr.
Selon Ch. Pictet, le prix de la toison d'une bête anglaise était, en 1802 :	Lincolnshire.	11.00
	Dishley. . .	8.20
	Teeswater. .	9.00
	Southdown. .	6.00
Tandis que le prix de la toison d'un mouton mérinos naturalisé en France était de. . .		18.00
et le prix de la toison d'un bélier, de. . . .		30.40

« La toison, disait Pictet, est la rente de l'animal : le corps ne se vend qu'une fois. »

Ce raisonnement était juste, lorsque la laine fine avait une aussi grande valeur. Mais aujourd'hui cette valeur a considérablement diminué, la finesse de la laine produite ne compense pas la diminution de la quantité, et, enfin, si on élève des moutons qui, avant l'âge de deux ans, peuvent

ès à la boucherie, c'est aussi une récolte annuelle
duit un troupeau.

peau de Naz. — Le troupeau le plus distingué
a finesse, et je pourrais dire le seul dont on ait

Grav. 13. — Bélier mérinos du troupeau de M. Conseil-Lamy, à Oulchy-le-Château (Aisne).

conservé le souvenir, était celui de Naz, pays de Gex, département de l'Ain ; là on avait complètement sacrifié la viande. On produisait de la laine d'une extrême finesse, mais peu abondante, et des bêtes sans aucune valeur pour la boucherie. Ce troupeau avait une grande réputation. Depuis longtemps on n'en a plus rien entendu, et je suppose qu'il a cessé d'exister tel qu'il était alors.

A Rambouillet, on a suivi l'autre direction et elle s'est

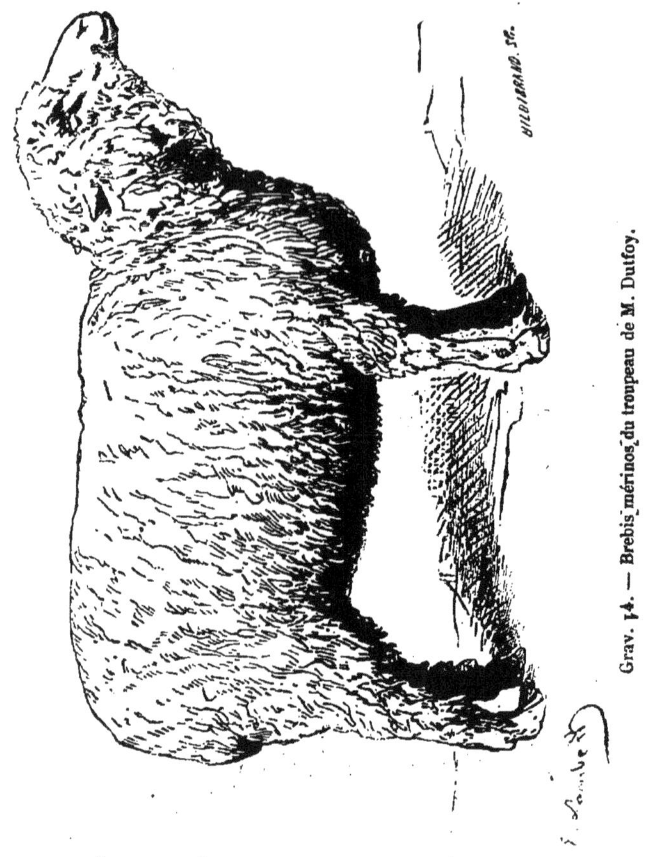

Grav. 14. — Brebis mérinos du troupeau de M. Dutfoy.

trouvée être la bonne, par suite de la diminution de valeur des laines superfines, et par suite de l'importance toujours croissante de la production de la viande. A part même la valeur de la viande, il est aujourd'hui reconnu qu'il est plus avantageux de produire des toisons moins fines, mais plus lourdes.

Remarquables troupeaux mérinos en France. — La France possède de remarquables troupeaux de mérinos dont les propriétaires ont mis en pratique les mêmes principes qui étaient suivis à Rambouillet. Les Expositions ont fait connaître le mérite de ces troupeaux. Non seulement les Australiens viennent leur demander des béliers, mais à l'Exposition de Hambourg, en 1863, les Allemands ont

Grav. 15. — Brebis mérinos du troupeau de M. Garnot.

rendu hommage à la supériorité des Français en leur achetant des béliers mérinos à de très-hauts prix.

Je citerai parmi les principaux éleveurs de mérinos MM. Bailleau-Lesueur, Conseil-Lamy, Darblay, Dargent, Dutfoy, Garnot, Godin aîné, Jappiot-Cotton, Achille Maitre, Noblet, etc. Il y en a bien d'autres, sans doute, dont j'oublie les noms; je regrette de ne pouvoir les citer tous et de ne pouvoir donner ici (grav. 13, 14 et 15) que les portraits de quelques-uns des animaux qu'ils ont présentés dans les Concours régionaux.

La gravure 16 représente un bélier avec ce fanon et ces plis que pendant un temps on a admirés. On disait que les bêtes ainsi conformées donnaient plus de laine ; il est incontestable que cette longue peau présente une surface à tondre plus grande que chez une bête qui a un cou mince;

Grav. 16. — Brebis à fanon du troupeau de M. Bailleau-Lesueur.

mais cette récolte de laine un peu plus abondante est tellement compensée par d'autres considérations, qu'il me semble hors de doute que les éleveurs doivent chercher à faire disparaître fanons et plis, comme je leur conseillerais, si cela était possible, de faire disparaître aussi les cornes, et de diminuer le volume des têtes.

Bergerie de Gevrolles. — Il y a encore à citer en France une race de création récente et issue de mérinos. C'est celle de la bergerie de Gevrolles, transportée aujourd'hui à Chambois (Haute-Saône).

Voici ce qu'a dit M. Barral (dans le *Journal d'agriculture pratique*) de la bergerie de Gevrolles : Cette bergerie a été établie pour améliorer la race de Mauchamp telle qu'elle était primitivement sortie des mains de M. Graux. Cette race mérinos soyeuse était remarquable par sa mauvaise conformation : jambes torses, poitrine étroite, épaules et fesses pointues, absence de gigots, tels étaient les caractères saillants de la constitution physique. — La toison était remarquable par une laine longue, droite, lisse, soyeuse, douce, fine, mais à laquelle on adressait de nombreux reproches. La laine n'avait pas d'homogénéité ; le bas des épaules et des cuisses ne présentait souvent que des mèches tellement cordelées qu'elles étaient impropres à tout service. D'un autre côté, la laine du dos par suite de sa longueur devenait moussue, se frisait et perdait les qualités pour lesquelles elle pouvait être recherchée. — Quelques années de soins bien entendus et un choix sévère des reproducteurs ont suffi pour modifier profondément la nature primitive de la race. La constitution si défectueuse des premiers animaux a disparu dans un grand nombre de ceux nés et élevés à Gevrolles ; nous avons vu surtout, — c'est toujours M. Barral qui parle, — un bélier magnifique rappelant par sa conformation les plus belles bêtes de la race de Dishley et dépassant par la largeur de sa poitrine, tout ce que nous connaissions de plus remarquable dans la race ovine.

La toison est améliorée aussi, mais il y a encore beaucoup à faire pour obtenir un ensemble complétement satisfaisant.

En même temps que les bêtes de Mauchamp, on a établi à Gevrolles un troupeau de mérinos de Rambouillet, on a croisé les deux races, et les avantages de ce croisement ne laissent aucun doute. Les métis ont une laine plus longue, plus douce, plus nerveuse que les mérinos de

Grav. 17. — Bélier negretti-rambouillet. — Bélier negretti-gevrolles. — Bélier soyeux de Gevrolles.

Rambouillet; puis la mèche ne reste pas fermée comme celle de ces derniers. La toison est un peu moins fine

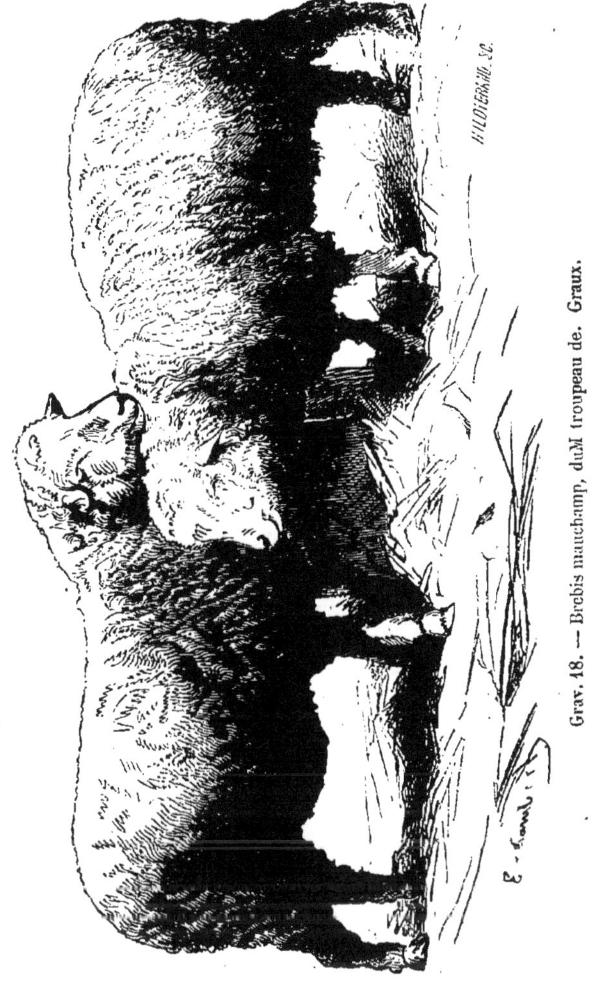

Grav. 18. — Brebis mauchamp, duM troupeau de. Graux.

que celle des bêtes de la race de Mauchamp, mais elle est plus égale, plus tassée, et ses qualités pour le peigne lui assurent une vente avantageuse. La gravure 17 représente un groupe de béliers issus de la souche de Gevrolles, et provenant du troupeau de M. Godin, de Châtillon-sur-Seine.

La toison des animaux métis mauchamp-rambouillet pèse plus que celle des animaux rambouillet du même âge, et la laine se paye exactement le même prix que celle du meilleur rambouillet du châtillonnais.

Race de Mauchamp. — Voici comment a été obtenue la race soyeuse de Mauchamp, aussi issue de mérinos.

M. Graux, fermier à Mauchamp, département de l'Aisne, possédait depuis fort longtemps un troupeau de mérinos. En 1828, une brebis mit au monde un agneau mâle dont la laine était droite, lisse, soyeuse et peu tassée. Ses cornes étaient aussi lisses. Cet agneau, très-petit à sa naissance, fut conservé et employé comme bélier. On conserva tous les béliers qui présentaient les mêmes caractères, et en 1833, les béliers à laine soyeuse furent assez nombreux pour faire le service de tout le troupeau. Ces béliers furent montrés pour la première fois en 1835 à une réunion du Comice de Rozoy (Seine-et-Marne). Ils avaient, dit M. Yvart, la tête démesurément grosse, le cou long, la poitrine étroite, les flancs longs, les genoux très-rapprochés, les jarrets forts, coudés. Par un bon choix de reproducteurs, ces formes se sont améliorées, et sous ce rapport, la nouvelle race de Mauchamp reproduit à peu près les formes de l'ancienne race mérinos (grav. 18). Les cornes ont disparu, d'où il résulte que la tête est beaucoup moins grosse. La laine, précieuse pour le peigne, se vend 25 p. 100 plus cher que celle des anciens mérinos, mais les toisons sont moins lourdes. Les toisons des antenaises soyeuses ont été de 14 p. 100 inférieures aux toisons des antenaises mérinos et la différence a été de 27 p. 100 pour les brebis nourrices. Ainsi, l'augmentation de valeur par la qualité serait balancée par la diminution en quantité.

M. Yvart avait été chargé par le gouvernement d'observer le troupeau de Mauchamp et de suivre les progrès de formation de la nouvelle race. Il était d'avis (en 1855) qu'un croisement des brebis de Rambouillet avec des béliers de Mauchamp devait donner de bons résultats, en produisant une laine à peigner fine et demandée par les manufacturiers français. Ces croisements ont été faits et ont donné jusqu'à présent des satisfaisants résultats.

CHAPITRE IV

RACES OVINES ANGLAISES

Les agriculteurs du continent qui ont voyagé en Angleterre ne font mention que de deux races principales de bêtes à laine, les leicester et les southdown. Les premières à laine longue, laine à peigner, et les secondes à laine courte, laine à carder. Ces deux races ont été, par des soins intelligents et soutenus, tellement améliorées, qu'elles sont considérées comme le but de perfection vers lequel doivent tendre tous les éleveurs qui veulent produire de la viande plutôt que de la laine. Mais on serait dans une grande erreur, si l'on croyait que toutes les bêtes à laine de l'Angleterre sont des leicester ou des southdown. On ne les trouve dans leur perfection que chez les grands propriétaires qui font valoir eux-mêmes leurs domaines, ou chez les riches fermiers. Comme sur le continent, on trouve dans les Iles Britanniques des races communes plus ou moins bonnes, plus ou moins défectueuses. L'auteur du livre *La Brebis* en compte quatorze.

Dans les divers districts, dit le même auteur, on trouve diverses variétés de brebis, qui conviennent parfaitement aux localités où elles existent. Personne ne connaît leur origine et elles semblent s'être formées sous les influences du sol, du climat et des pâturages qui les nourrissent.

Nombre de bêtes à laine en Angleterre et en France. — « David Low porte de 30 à 35 millions le nombre des bêtes à laine en Angleterre. La France en a à peu près le même nombre, mais la quantité de viande produite est bien plus considérable en Angleterre qu'en France. Les Anglais ont surtout des races de boucherie; leurs bêtes sont beaucoup plus précoces, plus faciles à engraisser et plus lourdes. La France possède de beaux troupeaux de mérinos, mais elle est encore bien en arrière pour la production de la viande.

Selon la nature de leurs toisons, on a partagé les brebis de l'Angleterre en deux grandes divisions: bêtes à laine *longue* ou laine à *peigner*, et bêtes à laine *courte* ou laine à *carder*. On peut dire qu'il n'existe plus dans les Iles Britanniques de bêtes à laine fine.

§ 1. — BÊTES A LAINE LONGUE.

Les bêtes à laine longue sont les leicestershire, que d'abord on a nommées dishley; les cotswold, les lincoln aussi nommées new-kent; les romney, et autres moins distinguées.

Toutes les bêtes à laine longue de l'Angleterre ont entre elles des ressemblances qui peuvent les faire considérer comme appartenant à la même famille. On remarque chez toutes l'absence de cornes, la même forme de tête, la même expression de physionomie, la face et les jambes blanches.

Race de Leicester ou de Dishley.

Au premier rang de races à laine longue est celle de Leicestershire. La race primitive était le leicestershire forest shepp, où Bakewell a pris les éléments de la race qu'il a créée.

Robert Bakewell, fermier né à Dishley en Leicestershire, en 1725, mort le 1er Octobre 1795, s'est rendu immortel, par la création de deux races, l'une de bêtes à cornes, l'autre de bêtes à laine, et surtout par la découverte et la mise en pratique des principes qui servent aujourd'hui de guide à tous les éleveurs rationnels.

On avait d'abord donné à la nouvelle race le nom de la ferme de Bakewell, Dishley. Depuis on la désigna sous le nom de new-leicester, ou simplement leicester.

Description des bêtes de Dishley. — Voici la description que les auteurs Anglais donnent des bêtes de la race de Dishley (grav. 19) : Tête fine et étroite, cou médiocrement long, poitrine large, descendant bas et saillante, le corps de la forme d'un tonneau, le dos droit, de manière que le garrot, le dos, la croupe et l'origine de la queue présentent une surface plate : les cuisses musculeuses et écartées l'une de l'autre, les jambes courtes et minces, la charpente osseuse légère et le poids des os peu considérable relativement à celui de la viande. La laine est douce et brillante, longue de 7 à 8 pouces (0m.18 à 0m.22). Le poids moyen des toisons est de 7 livres (3kil.175).

Les bêtes de la race de Dishley étaient essentiellement bêtes de boucherie ; elles étaient précoces, pouvaient être engraissées jeunes, engraissaient facilement et arrivaient à un haut point de graisse. Voici ce qu'en dit Georges Culley (*Observations on live Stock*) : « Dans la règle, les moutons sont livrés à la boucherie à l'âge de deux ans ; c'est à cet âge que leur vente donne le plus de bénéfice. Si on les garde plus longtemps, ils deviennent trop gras : un mouton de trois ans, avait sur les côtes une couche de lard épaisse de 7 pouces ; tout le dos, depuis la tête jusqu'à la queue, n'était qu'une bande de lard. Très-souvent des moutons de deux ans ont sur les côtes une couche de graisse de un pouce d'épaisseur ».

M. Yvart donne la différence de produit en viande et en graisse de deux béliers tués à l'Ecole d'Alfort, l'un de la race anglaise leicester, l'autre mérinos-mauchamp.

Le bélier anglais, pesant 55 kilogr., a donné 25 kilogr. de graisse qui put être enlevée à l'extérieur du corps, et seulement 7 kilogr. de suif; le bélier mérinos-mauchamp n'a pesé que 31 kilogr., n'a pas pu être dégraissé à l'extérieur, mais a donné à l'intérieur 15 kilogr. de suif, de

Grav. 19. — Brebis dishley.

sorte que le poids du suif égalait presque celui de la viande.

Principes de Bakewell. — Les principes d'après lesquels Bakewell opéra des prodiges étaient les suivants : Il trouva que des animaux à charpente osseuse légère avaient besoin de moins de nourriture que d'autres avec de gros os; il remarqua en outre qu'une lourde toison nuisait à l'engraissement; enfin, il trouva que parmi les petites brebis, il rencontrait beaucoup plus d'individus approchant de l'idéal qu'il s'était créé d'un mouton parfait pour l'engraissement, qu'il n'en trouvait parmi les grandes et lourdes bêtes. En conséquence, il choisit dans les troupeaux de son voisinage, sans avoir égard aux toisons, ni à la taille des bêtes, celles qui possédaient une charpente osseuse légère. En appareillant toujours ensemble les animaux les plus parfaits sans avoir égard à la parenté, il atteignit son but et il créa la race des moutons d'engrais.

Le Parlement d'Angleterre vient en aide à Bakewell.— Bakewell qui s'occupait aussi de l'amélioration des bêtes à cornes, n'en était pas arrivé là sans de grandes dépenses auxquelles sa fortune n'aurait pas pu suffire, et deux fois le Parlement d'Angleterre lui vint en aide. Mais quand il eut atteint le but et quand ses bêtes furent connues, il sut tirer un parti avantageux de l'enthousiasme qu'elles excitèrent. Il créa la Société de Dishley dont les membres s'engageaient à ne pas faire usage d'autres béliers que de la race pure de Dishley, à ne vendre ni brebis, ni béliers de cette race à d'autres qu'à des membres de la Société et à ne pas louer de béliers à moins de 10 guinées (261 fr. 50.)

Bakewell avant que la réputation de sa race fût établie, avait loué un bélier pour 16 shillings (20 fr. 16), et plus tard il a loué pour une année un seul bélier au prix énorme de 400 guinées (10,460 fr.); 200 et 300 guinées étaient des prix ordinaires. On lui payait souvent jusqu'à 10 guinées pour une saillie.

La Société de Dishley établit ainsi un monopole à son profit, et ses membres tirèrent de la nouvelle race des bénéfices considérables. Mais ce monopole était d'autant plus permis à Bakewell que cette nouvelle race était sa création, le fruit de longues observations, de soins longtemps continués et de grandes dépenses, et qu'il avait en outre travaillé dans une carrière où la concurrence était ouverte à tous.

Tous les troupeaux de l'Angleterre améliorés par les dishley. — Cette race perfectionnée se répandit rapidement en Angleterre, et il serait difficile d'y trouver aujourd'hui un troupeau qui n'ait pas du sang de Dishley en plus ou moins grande quantité. Elle fut employée non-seulement pour améliorer les races communes à longue laine, mais aussi celle à courte laine, et ce fait explique comment des southdown en conservant la tête et les jambes brunes, signe caractéristique de leur race, en conservant de bonnes qualités particulières à leur race, ont pu recevoir d'un mélange avec le sang des dishley des formes plus parfaites et une plus lourde toison.

Opinion de David Low sur Bakewell et la race qu'il a créée. — Voici ce que dit David Low de Bakewell et de la race qu'il a créée :

« Bakewell pour atteindre son but ne pouvait pas suivre un autre système que celui des alliances de famille. S'il eût pris ailleurs des reproducteurs, ils étaient moins parfaits que les siens et ils le faisaient rétrograder. Mais ce système longtemps prolongé tendait à rendre les animaux plus délicats, plus exigeants sur le régime, et moins prolifiques. Ces défauts étaient moins importants pour Bakewell que la perfection de formes qu'il avait obtenue et la faculté de produire, dans le temps le plus court, la plus grande quantité de graisse avec la moindre quantité de nourriture.

« On peut affirmer que la création de la race ovine new-leicester forme une ère dans l'histoire économique des animaux domestiques et suffit pour immortaliser celui qui eut à la fois le génie de la concevoir et le courage de l'achever. Il n'en résulta pas seulement la création d'une nouvelle excellente race, mais il en résulta surtout l'établissement de principes qui sont d'une application universelle dans la production des animaux de boucherie. Cette race a démontré qu'il y avait d'autres qualités que la taille des bêtes, que la nature et l'abondance de la laine, qui rendaient une race de moutons profitable à l'éleveur; elle a démontré qu'une disposition à s'assimiler facilement la nourriture et à obtenir une maturité précoce, sont des propriétés essentielles à considérer, que ces propriétés ont un rapport constant avec une conformation donnée, qui peut être transmise des reproducteurs aux produits et devenir constante dans une race.

« On rapporte que Bakewell disait qu'il ne s'occupait aucunement de la laine, et qu'il saisissait toutes les occasions de démontrer l'inutilité de la taille, comparée avec l'aptitude à l'engraissement.

« Le sacrifice que Bakewell n'hésitait pas à faire de qualités secondaires, était pour lui le résultat des circonstances dans lesquelles il se trouvait, et aujourd'hui que ces circonstances sont changées, ce sacrifice ne doit pas être poussé trop loin. Les éleveurs actuels peuvent se procurer des bêtes possédant les qualités qu'ils désirent, bêtes appartenant à la même race, mais à des familles différentes. On connaît aujourd'hui les inconvénients des accouplements en dedans (*in and in*) trop longtemps prolongés et on peut facilement les éviter; enfin, on sait qu'on doit toujours chercher à avoir des bêtes robustes, des brebis fécondes et nourrisant bien leurs agneaux. On sait qu'une laine longue et tassée est ordinairement unie à une constitution vigoureuse, et qu'une certaine taille chez le mouton est un élément du profit qu'on peut en obtenir.

« Les bêtes de Bakewell, quoique plus petites que celles de l'ancienne race à longue laine, appartiennent cependant encore par leur poids à la classe des grands moutons. Elles paraissent plus petites parce que leurs jambes sont plus courtes, leur corps plus rond et plus compacte. On peut en général estimer le poids des moutons de 11 à 16 kilogr. par quartier, lorsqu'ils sont engraissés dans la seconde année. La laine est de longueur moyenne, 15 à 20 centimètres et la toison pèse environ 3 à 4 kilogr. chez les moutons de 15 à 16 mois.

« La laine, comme celle de tous les moutons des grandes races de l'Angleterre, est longue, peu fine, et propre au peigne. »

Défauts de la race de Dishley — Si la race de Dishley se répandit rapidement, on ne tarda pas cependant à remarquer qu'avec une qualité précieuse, l'engraissement facile et précoce, elle avait aussi ses défauts. Les brebis de cette race ne peuvent pas aller chercher leur nourriture dans des pâturages éloignés ; il leur faut ou des enclos, ou de riches pâturages. Elles peuvent encore subsister dans des pâturages de qualité moyenne, mais elles n'y sont plus les mêmes que dans des pâturages de première qualité.

En même temps que la faculté d'engraisser a augmenté chez les brebis, celle de produire du lait a diminué et les agneaux sont généralement délicats. Les brebis de la race nouvelle n'étaient plus aussi fécondes que celle de l'ancienne, des brebis et des béliers stériles n'étaient pas rares. Lorsque l'engraissement était poussé trop loin, les consommateurs se plaignaient de l'excès de graisse pour les tables des riches, (*gentil tables*) ; on trouvait que la viande manquait de saveur et les bouchers trouvaient que la quantité de suif n'était pas satisfaisante. On reprochait à Bakewell d'avoir trop négligé les toisons pour s'occuper exclusivement de la viande.

Par suite de ces défauts, on renonça à la race pure de Dishley, mais elle servit à améliorer toutes les autres races de l'Angleterre. Aujourd'hui on peut dire que la race de Dislhey n'existe plus, ses formes et ses précieuses qualités ont été transportées à d'autres races, et d'habiles éleveurs ont fait disparaitre dans les leicester modernes une partie des défauts qu'on reprochait à ceux de Bakewell. Cette race actuelle fournit les bêtes les plus lourdes, elle possède à un degré éminent la faculté d'engraisser, elle est précoce, elle donne de lourdes toisons de laine à peigner, qui a sa valeur, mais elle exige une abondante nourriture, de riches pâturages, et la viande est beaucoup moins estimée que celle des southdown.

Race de Cotswold. — Une autre race à longue laine estimée est celle de Cotswold. Youatt croit que cette race a été aussi améliorée par le mélange avec les leicester. Il dit que si un éleveur tient plus à la production de la laine, il doit donner la préférence aux cotswold, mais que pour la viande les leicester sont supérieurs. La brebis cotswold est moins délicate et moins difficile pour la nourriture que la leicester.

Bakewell donnait le germe de la pourriture à ses brebis de réforme. — J'ai dit que Bakewell et les membres de la Société de Dishley ne vendaient ni brebis, ni béliers. Comme cependant tout éleveur a chaque année des bêtes à réformer, Bakewell prenait ses précautions pour que les brebis qu'il vendait pour la boucherie ne pussent pas être conservées pour en tirer race. Pour cela, il les faisait pâturer à l'automne sur des prés qui avaient été inondés pendant l'été : il savait qu'elles contractaient là le germe de la pourriture et devaient nécessairement être livrées à la boucherie.

Location des béliers. — Quant aux béliers, nous avons déjà vu que leur location était une spéculation très-lucrative pour ceux qui avaient élevé ces béliers, et elle était en même temps avantageuse pour ceux qui les prenaient en location. Le propriétaire du troupeau amélioré, certain de tirer un parti avantageux de ses béliers, ne craignait pas d'en élever un grand nombre et de faire des frais pour les amener à leur complet développement; il avait alors à choisir entre ces nombreux béliers ceux qu'il voulait garder pour le service de son troupeau; il pouvait voir comment produisaient chez d'autres fermiers ceux qu'il avait loués, les conserver l'année suivante, s'il le jugeait à propos, et faire ainsi continuellement d'utiles observations pour le perfectionnement de ses bêtes. De leur côté, ceux qui prennent les béliers en location, y trouvent l'avantage de ne pas avoir les frais de l'élevage, de pouvoir choisir des reproducteurs dans le troupeau arrivé à la plus haute perfection et de pouvoir changer ces béliers chaque année. C'est ainsi que ceux qui donnent les béliers en location et ceux qui les prennent trouvent leur avantage à cet arrangement.

Ce fut Bakewell qui le premier eut l'idée de louer les béliers au lieu de les vendre. Ce projet fut d'abord tourné en ridicule. J'ai déjà dit que les prix de location, d'abord très-bas, s'élevèrent rapidement avec la réputation croissante du troupeau. En 1786, la location de ses béliers lui rapporta rapidement près de 1000 guinées[1] ; — en 1789, il obtint 1200 guinées de trois béliers, 2000 guinées de sept autres et il fit encore, dans la même année plus de 3000 guinées, par la location du reste de ses béliers à la compagnie alors instituée sous le nom de Société de Dishley.

Pour la location, les béliers étaient exposés à Dishley à une époque déterminée, dans les derniers jours de juillet, ou au commencement d'août. Les éleveurs évaluaient eux-mêmes les béliers qui leur convenaient, et les offres étaient acceptées ou refusées sans aucune discussion ni enchère. Aucun engagement contracté n'était écrit, l'exécution des conditions était confiée à l'honneur des parties. Vers le milieu de septembre, les animaux étaient envoyés à leur destination dans des voitures suspendues sur des ressorts, et au commencement de décembre les détenteurs étaient tenus de les ramener en bon état. Mais si un bélier venait à mourir par une cause quelconque, la perte retombait sur le propriétaire.

Cet usage de louer les béliers s'est conservé en Angleterre, et Jonas Webb, le grand éleveur de southdown, louait chaque année ses béliers pour des sommes considérables.

Celui qui veut conserver en propriété un bélier qu'il a

1. La guinée vaut 26 fr. 47.

loué, peut le faire en payant un prix double du prix de location.

La location, des béliers, dit David Low, est une division du travail, extrêmement favorable au perfectionnement des races et à leur extension dans toute leur pureté.

§ 2. RACES A LAINE COURTE DE L'ANGLETERRE.

J'ai dit que les bêtes à laine en général forment deux grandes divisions. La première comprend les bêtes dont la laine est le principal produit, l'autre celle où l'éleveur a surtout pour but la production de la viande. Les bêtes de la première division se subdivisent en bêtes à laine longue ou laine à peigner, et bêtes à laine courte ou à carder. Mais nous avons aussi vu que si un des deux produits, laine ou viande, est particulièrement demandé, les éleveurs ne renoncent cependant pas à l'autre, et beaucoup veulent les deux à la fois. C'est ainsi que presque toutes les races de l'Angleterre ont été améliorées pour la boucherie, mais que les éleveurs ayant trouvé que Bakewell, dans la création de la race de Dishley, avait trop négligé la toison des bêtes, ils se sont occupés de l'améliorer et sont effectivement parvenus, sans nuire à la production de la viande, à obtenir plus de laine et de meilleure qualité.

Après avoir fait connaître les principales races à laine longue et dit comment elles ont été améliorées pour la production de la viande, j'ai à m'occuper des races à laine courte. Ces races sont celles de Southdown, Hampshiredown, Shropshiredown, Oxfordshiredown, et toutes les races de montagnes.

Races de Southdown.— Les Anglais ont une race à laine courte qui domine toutes les autres, c'est celle de Southdown (dunes du Sud.) Il n'y a pas très-longtemps que cette race a été améliorée, et dans les derniers temps elle a été portée à une perfection qui n'a été bien connue en France que par les admirables bêtes présentées par Jonas Webb au Concours de Paris en 1855 (grav. 20). Arthur Yonng

Grav. 20. — Bélier southdown, né chez Jonas Webb.

écrivait en 1776 que les southdown avaient un grand mérite pour la finesse de leur laine, mais que ce mérite était payé trop cher par de graves défauts de conformation. Ellmann, grand partisan et éleveur intelligent des southdown, dit de cette brebis de l'ancienne race que son apparence n'était nullement séduisante, qu'elle avait le cou long, et même un vide derrière de hautes épaules, le rein haut, les hanches basses, la queue attachée trop bas, les côtes plates, la poitrine étroite. Voilà certainement un portrait peu séduisant, mais qui doit nous inspirer une profonde admiration pour la puissance de l'intelligence humaine et en particulier pour les éleveurs, qui de cette ancienne race si défectueuse ont fait la race actuelle.

Youatt, dans un passage, dit que les croisements des southdown avec les leicester n'ont pas réussi, et dans un autre il dit que les béliers de la race de Bakewell ont beaucoup contribué à l'amélioration des southdown. Cette dernière opinion me semble être la vérité. Je crois que par la sélection seule, il aurait fallu beaucoup plus de temps, il aurait été presque impossible de faire d'une bête aussi défectueuse, une bête aussi parfaite de formes. En outre, en même temps que les formes s'amélioraient, la toison subissait aussi un changement, la laine devenait plus abondante et moins fine.

Quoi qu'il en soit, si nous prenons les southdown tels qu'ils sont aujourd'hui, nous voyons des bêtes que l'on dirait volontiers parfaites, telles qu'étaient les plus beaux béliers de Jonas Webb, et nous en voyons encore d'autres, chez lesquelles on remarque le vide derrière les épaules, d'autres qui n'ont qu'une toison peu serrée et légère, même le ventre dégarni de laine. Ceci prouve qu'il y a un grand choix à faire de la part de ceux qui veulent acheter des southdown pour en faire race, et qu'on peut recevoir de l'Angleterre des bêtes de race pure, mais très-défectueuses.

Les southdown réussissent partout. — Le caractère extérieur le plus saillant du southdown, c'est la couleur grise ou brune-noirâtre de la tête et des jambes. Originaires d'un pays où les pâturages ne sont pas riches, les southdown sont beaucoup moins difficiles à entretenir que les leicester, et partout où on les a transportés ils ont réussi quand on leur a donné des soins intelligents. Ils sont moins lourds que les leicester, mais ils sont aussi précoces, ils engraissent facilement et leur viande est d'excellente qualité; elle se vend dans les boucheries de Londres à un prix plus élevé.

Les southdown ont servi à améliorer par des croisement d'autres races, dans des cantons où l'on ne pouvait pas donner aux bêtes les riches pâturages qu'exigent les leicester.

Poids des toisons southdown. — Luccok n'estimait, en 1800, le poids moyen des toisons qu'à 2 livres ou un peu moins qu'un kilogramme; elles pèsent actuellement en moyenne 3 livres. Pour la finesse de la laine, Youatt a établi une très-intéressante comparaison entre les bêtes mérinos, leicester et southdown. Je la reproduirai plus loin en m'occupant de la laine.

Je compléterai ce qu'il y en à dire sur les southdown en reproduisant ce qu'en dit David Low.

Opinion de David Low sur les southdown. — Entre les moutons qui habitaient autrefois les montagnes, les dunes et les districts les moins fertiles de l'Angleterre, la race la plus importante et la plus généralement répandue, aujourd'hui, est celle qui habite la chaîne des collines méridionales de Sussex vulgairement appelées les dunes méridionales, Southdown. Les dunes méridionales de Sussex consistent en une rangée de petites collines calcaires de 8 à 10 kilomètres de largeur sur une longueur de 9 à 10 myriamètres le long de la côte et traversant à l'Ouest les terres calcaires de Hants. L'herbage de ces collines est court, mais très-convenable pour les moutons, en même temps que la sécheresse de l'air, l'élévation modérée du sol et la douceur du climat.

La race primitive des dunes n'était pas supérieure à celles de plusieurs autres districts de formation calcaire, mais au moyen d'un système d'élevage intelligent et d'une bonne alimentation, le mouton southdown est devenu pour les contrées qui lui conviennent le plus estimé entre toutes les bêtes à laine courte de l'Angleterre.

Les southdown modernes n'ont pas de cornes; la face et les jambes sont d'un gris-noirâtre, le corps est entièrement couvert d'une toison épaisse, à laine courte et frisée. La laine encadre bien la face et forme un toupet sur le front. La poitrine est bien développée, le dos et les reins sont larges, les côtes arrondies, le tronc symétrique et compacte. Les membres sont courts, la charpente osseuse est légère. Le cou, devenu plus court que dans l'ancienne race, en a conservé la forme arquée. Les animaux sont d'un tempérament docile et convenable pour le parc. Ils peuvent subsister sur l'herbage très-court des sols brûlants, ils fournissent une viande qui a toujours joui d'une grande réputation.

Entre les améliorateurs de la race southdown, John Ellmann occupe un des premiers rangs. Il commença ses expériences vers l'année 1780 et pendant plus de cinquante ans, il suivit avec persévérance, zèle et jugement son système d'amélioration. Il ne montra jamais cet égoïsme étroit que l'on regrette de trouver dans Bakewell, son contemporain. Il communiquait volontiers les détails de sa pratique. Il s'attachait à réunir la force de constitution et la bonne santé à la bonne conformation et à l'aptitude à l'engraissement. J. Ellmann termina sa longue et honorable carrière en 1832, âgé de 80 ans.

Depuis J. Ellmann on a continué à perfectionner la race southdown et on peut dire que ce perfectionnement est maintenant porté à la dernière limite sous le rapport de la précocité et de l'aptitude à l'engraissement. Parmi les éleveurs de southdown, c'est Jonas Webb qui a occupé le premier rang. Le Concours universel de Paris en 1855 a fait connaitre ses animaux d'une perfection de formes dont on n'avait pas l'idée en France.

Hampshire et Oxfordshiredown. — Avant de terminer le chapitre des bêtes à laine courte de l'Angleterre, je crois devoir reproduire ce que M de la Tréhonnais, rendant compte de l'Exposition de Noël à Londres, dit des races hampshire et oxfordshiredown [1].

« Parmi les moutons à laine courte, on remarquait surtout les hampshire et oxfordshiredown. Ces races (grav. 21) qui appartiennent à la même souche que les southdown ont le mérite d'être d'excellents animaux de rente. Ils ont peut-être moins de finesse que les southdown qui seront toujours préférés par les amateurs, mais pour le cultivateur de profession qui, avant tout, veut du rendement, les races hampshire et oxfordshiredown sont infiniment supérieures aux southdown.

« En effet, le rendement en est infiniment plus considérable pour un temps et une nourriture donnés. Ils sont plus développés, tout aussi précoces et donnent un tiers de plus en laine et en viande, et quant à la symétrie des formes aucune race ne leur est supérieure, tant l'amélioration que ces races ont subie depuis dix ans a été persistante et heureuse. »

Voilà certes un bel éloge. — M. de la Tréhonnais est rédacteur de la *Revue agricole de l'Angleterre*, collaborateur du *Journal d'agriculture pratique* dans lequel il publie la Chronique de l'Angleterre. M. de la Tréhonnais habite l'Angleterre, et moi j'en suis loin. M. de la Tréhonnais a vu les bêtes dont il parle et je ne les ai pas vues, cependant je crois pouvoir me permettre quelques observations, la question est assez importante pour être discutée.

La première observation, c'est que John Ellmann a travaillé pendant cinquante ans à l'amélioration des southdown ; d'autres éleveurs dont les noms ne nous ont pas été transmis, y ont travaillé après lui, sans atteindre le but ; c'est seulement J. Webb qui les a amenés au point de perfection où ils sont aujourd'hui, et selon M. de la Tréhonnais, dix années auraient suffi pour transformer

1. *Journal d'agriculture pratique*, n° du 20 janvier 1864.

deux autres races des dunes. Je suis bien éloigné de nier

Grav. 21. — Bélier hampshire.

ce qu'affirme M. de la Tréhonnais, mais si une amélioration aussi rapide a eu lieu, je ne crois pas possible qu'en aussi peu de temps on ait pu améliorer les races par elles-mêmes et je crois qu'il a fallu pour atteindre ce but recourir aux béliers southdown. Mais quels que soient les moyens par lesquels on a obtenu cette amélioration, ce qui est le plus extraordinaire c'est que des bêtes d'un aussi grand mérite aient été jusqu'à présent à peine connues de nom. S'il y a des propriétaires qui nourrissent des troupeaux en *amateurs*, comme on nourrit des oiseaux dans une volière, ce ne peut être qu'une infiniment rare exception, tous ceux en général qui ont des troupeaux veulent ce que M. de la Tréhonnais appelle du rendement, et si les races des dunes d'Oxford et de Hampshire sont infiniment supérieures aux southdown, rendent, à nourriture égale, un tiers de plus en laine et en viande, il est pour moi inconcevable que leur mérite ait été jusqu'à présent méconnu. M. de la Tréhonnais nous apprend que la race des dunes d'Oxford commence à s'implanter en France, et qu'il a dernièrement expédié au prince Napoléon un lot d'agnelles de cette race qui ne laissent rien à désirer sous tous les rapports. J'espère donc que bientôt, les Concours aidant, les éleveurs français pourront comparer, juger, et assigner à chaque race sa valeur réelle.

Avant de terminer ce chapitre, je résumerai encore l'opinion, sur les bêtes anglaises, d'un homme dont le nom fait justement autorité.

Voici ce que disait des bêtes à laine de l'Angleterre, il y a déjà plus de vingt ans, M. de Weckherlin, et les observations qu'il a faites, sont encore aujourd'hui d'une parfaite exactitude. Elles confirmeront ou compléteront ce que j'ai déjà dit.

« L'élevage des bêtes à laine a autant d'importance en Angleterre que l'élevage des bêtes à cornes.

« On estime que chaque année 1,200,000 moutons sont amenés à Londres au marché de Smithfield, et que cette consommation de la capitale est à peu près la dixième de celle de tout le royaume.

« On peut évaluer la totalité des bêtes à laine de la Grande-

Bretagne à environ 40 millions. Les évaluations varient de 32 à 40 millions.

« Si on laisse de côté les montagnes du Nord où le climat est plus rude et les terres plus pauvres, il n'y a pour les cultivateurs anglais, qui cultivent d'une manière rationelle, que deux races principales, les bêtes à laine longue, leicester, et les bêtes à laine courte, dites southdown.

« La production de la viande est l'objet important. La laine n'est qu'un objet tout à fait accessoire, et l'on sent encore aujourd'hui la justesse d'une comparaison qu'un éleveur anglais faisait à Thaer : « Pour l'éleveur anglais, la laine est à la viande, ce que dans la culture des céréales la paille est au grain, et il serait pour lui aussi peu convenable de vouloir obtenir de bonne laine aux dépens de la viande, qu'il le serait de chercher à obtenir beaucoup de paille aux dépens du grain. »

« On consomme en Angleterre beaucoup plus de viande que sur le continent, et elle se paye plus du double de ce qu'elle se paye en Allemagne, tandis que les prix de la laine sont à peu près les mêmes.

« J'ai vu payer au marché de Smithfield (c'est toujours M. de Weckherlin qui parle) :

Une paire d'agneaux gras, âgés de quatre mois				75 fr.
Une paire de moutons d'un an,	leicester			100
— — —	southdown			75
— — de 2 ans,	leicester	125	à	140
— — —	southdown	100	à	125
En moyenne, les moutons gras à laine longue pèsent		55	à	65 kil.
Ceux à laine courte, gras,	—	40	à	50

« Les leicester sont plus lourds, les southdown fournissent la meilleure viande et cette dernière qualité est tellement appréciée, que la différence de race amène une différence notable dans le prix d'un kilogramme de viande.

« Les bêtes à longue laine conviennent mieux à un sol très-riche; les southdown sont préférés dans des terres moins fertiles ; ils n'exigent pas autant de soins et réussissent avec une nourriture moins substantielle.

« Les leicester donnent une quantité de laine presque double; par contre la laine du southdown a une valeur presque double.

« En moyenne, les bêtes à longue laine donnent 3, au plus 4 kilogr. 1/2 de laine par bête à environ 250 fr. le quintal; les southdown en donnent 1 kilog. 75, à 400 ou 425 fr. le quintal.

« La longueur de la laine des leicester varie depuis 0m.33, chez les jeunes bêtes, jusqu'à 0m.11 chez les bêtes âgées.

« Les bêtes à longue laine du Lincolnshire et des bords de la Tees, sont plus grandes et plus robustes, fournissent plus de viande et de laine, mais l'une et l'autre, de moindre qualité, et ont également les os plus lourds, condition fâcheuse aux yeux des Anglais. »

§ 3. — RACES OVINES DE L'ÉCOSSE

Dans un pays qui, comme l'Angleterre, possède des races aussi distinguées que celles que je viens d'indiquer, les autres races doivent avoir peu d'importance. Elles ne peuvent plus être que des races communes abandonnées aux cultivateurs qui ne peuvent pas donner aux races perfectionnées la nourriture et les soins indispensables pour leur entretien. Je me bornerai donc à indiquer encore deux races de l'Écosse qui ont cela de particulier, qu'elles seules peuvent prospérer dans un pays où le climat est rude et où elles n'ont ordinairement d'autre nourriture que celle qu'elles peuvent trouver dans de maigres pâturages.

Brebis à tête noire (grav. 22). — La première est la brebis à tête noire, ainsi nommée parce qu'elle a la tête et les jambes noires. La face est souvent tachetée de blanc, ou mélangée de poils blancs. Leur laine est grossière et rude au toucher. Les béliers ont de grandes cornes contournées en spirale, beaucoup de brebis ont aussi des cornes. Les bêtes ont une structure ramassée, on les

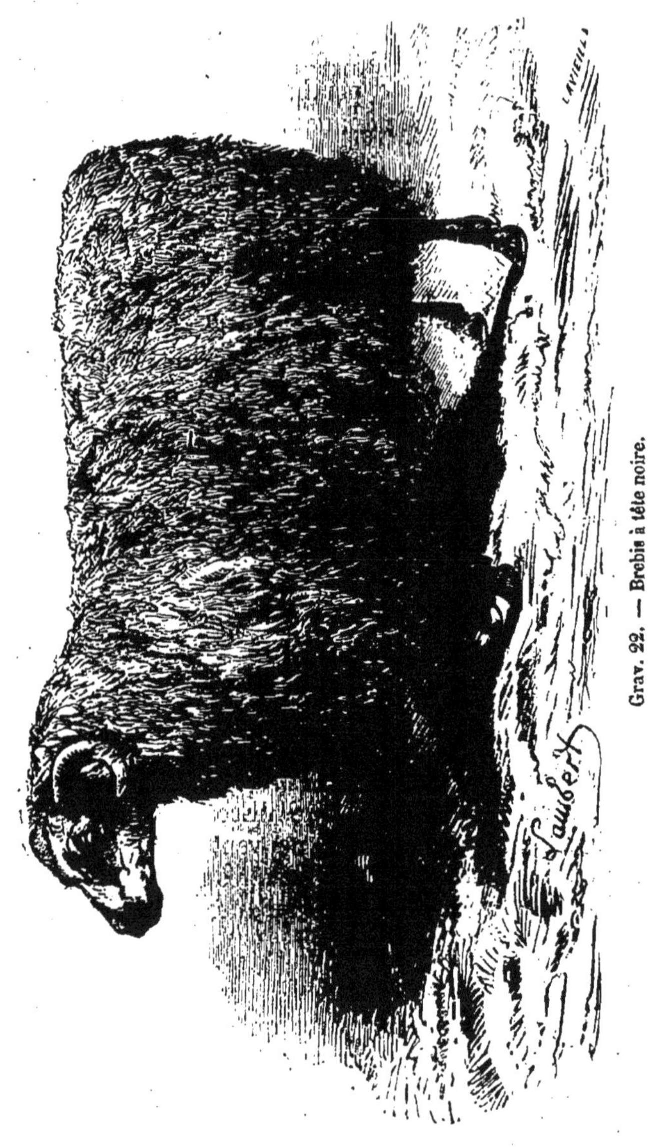

Grav. 22. — Brebis à tête noire.

nomme bêtes courtes, par opposition aux cheviot que

l'on nomme longues. C'est une race vivace, dure, capable de résister aux hivers rigoureux des montagnes où elle doit se nourrir. On l'a, dans les derniers temps, améliorée par un choix judicieux des reproducteurs; les croisements

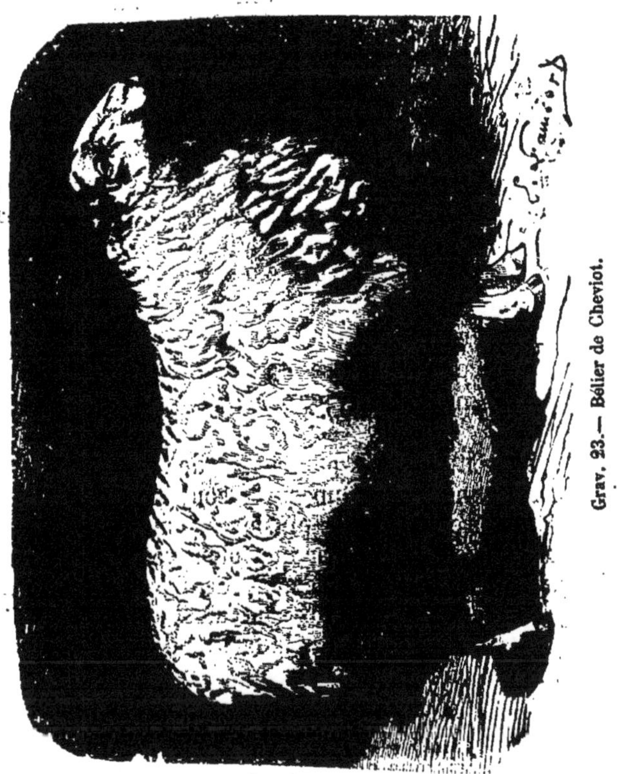

Grav. 23.— Bélier de Cheviot.

avec d'autres races n'ont pas réussi. Leur viande est estimée, et depuis que des communications régulières sont établies par les bateaux à vapeur, il en arrive beaucoup à Londres.

Race de Cheviot (grav. 23). Les hauteurs de Cheviot sont occupées par une autre race à laquelle elles ont donné leur nom. Les brebis de Cheviot sont estimées, il en a même été importé en France, mais leur principal mérite est de pouvoir supporter les rigueurs du climat de l'Écosse et d'y prospérer, sans avoir d'autre nourriture que celles qu'elles trouvent à la pâture, réduites souvent à gratter la neige avec leurs pieds pour trouver l'herbe qu'elle couvre. On a cependant commencé à leur donner plus de soins, à leur construire des abris pour l'hiver, et à faire quelques provisions pour les nourrir, au moins lorsque la terre est couverte de neige.

La brebis cheviot n'a pas de cornes; la face et les jambes sont blanches; le corps est long, plein derrière les épaules, la côte est ronde, les os sont fins, elle est couverte d'une épaisse toison de laine courte et grossière. La brebis cheviot est encore plus sobre que celle à tête noire, elle est plus précoce et plus facile à engraisser; sa viande est aussi de très-bonne qualité. Quoiqu'elle soit très-robuste, les éleveurs les plus expérimentés sont pourtant d'avis que la race à tête noire est la seule qui puisse résister sur les sommités les plus sauvages des monts Grampians.

Non-seulement dans les montagnes de l'Ecosse le climat est rude, mais les troupeaux y sont exposés à des tempêtes qui durent souvent plusieurs jours et pendant lesquelles la neige, chassée par un violent vent, couvre les brebis, qui périssent misérablement de froid et de faim. Les propriétaires de troupeaux sont ainsi exposés à de grandes pertes. Depuis que, par la facilité des communications, les bêtes ont acquis plus de valeur, on a construit dans les pâturages des hangars, ou au moins des abris, qui préservent les troupeaux d'être ensevelis sous la neige. On fait aussi des provisions pour leur nourriture d'hiver.

Pour que les bêtes aient moins à souffrir du froid et de la pluie, c'est un usage général de les couvrir d'un enduit composé d'un mélange de goudron et de beurre, mais comme cet enduit fait tort à la vente de la laine, il y a des propriétaires de troupeaux qui couvrent chaque bête d'une petite couverture. Stephens (*The book of the farm*), qui recommande ces couvertures, conseille de les faire en étoffe de laine que l'on trempe dans du goudron de houille

Grav. 24. — Mouton couvert des montagnes de l'Écosse.

(grav. 24). On les fixe sur les bêtes au mois de novembre, et on les ôte vers la mi-avril, puis on lave les bêtes.. Une semblable couverture dure cinq ans, et coûte 5 à 6 deniers selon la grandeur.

§ 4. — INTRODUCTION EN FRANCE DES BÊTES OVINES ANGLAISES.

La guerre avait pendant longtemps séparé la France et l'Angleterre; à la paix en 1814, les relations furent rétablies entre les deux pays. La renommée de Bakewell avait pénétré en France, on savait à quels admirables résultats il était arrivé, mais on ne savait pas encore apprécier la valeur des bêtes possédant la précocité et la disposition à engraisser. Dans les bêtes à laine, on ne voulait voir d'autre produit que la laine, tandis que Bakewell s'était occupé uniquement de la viande. Voici un acte authentique, que je cite pour faire voir combien étaient arriérés ceux qui étaient chargés par le gouvernement d'alors d'éclairer les cultivateurs.

Note sur les bêtes anglaises à laine longue, publiée sur l'invitation de M. l'inspecteur des troupeaux de la couronne.

« Le mérite de la laine anglaise consiste dans une longueur, un brillant, une souplesse, qu'on ne rencontre dans aucune laine de l'Europe. Ces qualités proviennent du régime auquel ces animaux sont habituellement soumis, de la manière de les gouverner, des influences atmosphériques auxquelles, il faut le dire, les moutons sont continuellement exposés sous le ciel nébuleux de la Grande-Bretagne.

« Ce régime et ces circonstances réunies maintiennent la toison dans un état de souplesse, de longueur, d'égalité, de brillant, que nous ne pouvons atteindre qu'en suivant exactement l'hygiène qui a créé toutes ces qualités. Dans ce sens, nous croyons rendre un véritable service aux propriétaires de troupeaux anglais, en publiant les instructions fournies à ce sujet par M. de Renneville, président de la Société pour l'amélioration des laines.

Voici ce que dit cet habile agriculteur :

« Pendant le printemps et l'été, éviter de tenir trop longtemps les troupeaux exposés au grand soleil et aux vents secs; les conduire sur des pâturages abrités par des bois, des plantations ou des arbres fruitiers, ou les rentrer sous des hangars pendant quelques heures de la journée.

« Compléter leur nourriture, en leur faisant consommer sur place des produits artificiels de nature aqueuse, comme les mélanges de luzerne et gramens, céréales vertes, navette en fleurs. Pendant l'automne et l'hiver, ne donner qu'une petite quantité de nourriture en grains, et ajouter à un tiers de la nourriture en bon foin les deux autres tiers en racines. La forte proportion de racines remplacera la nourriture au vert, elle est débilitante comme elle.

« Tous les troupeaux doivent être exposés, sinon à toutes les intempéries des saisons, du moins dans des étables tellement aérées que leur toison demeure constamment imprégnée de l'humidité de l'air.

« Enfin les défendre seulement contre les dangers d'un tel régime, par un peu de sel, ou une petite quantité de nourriture plus tonique.

« En suivant ce régime, il est à présumer que la laine croîtra continuellement en longueur et conservera ce moelleux qui n'est que l'absence de l'énergie. »

« Nous répétons avec M. de Renneville que ces animaux doivent être constamment exposés à l'air extérieur; en conséquence, il faut absolument renoncer au système de bergeries. Un appentis ouvert de tous côtés, établi dans un lieu clos, pour éviter la nuit l'attaque des loups, doit servir d'abri au troupeau. Le berger ne contraindra pas même toutes les bêtes à s'y réfugier, il les laissera libres de se coucher çà et là.

« Les départements du Nord ne jouiront pas seuls des avantages que ces races présentent à l'agriculture. La France, variée de climature, peut offrir dans beaucoup de provinces une pâture convenable aux diverses races de la Grande-Bretagne. »

Les jeunes gens qui liront ceci pourront se faire une idée des immenses progrès qu'a faits l'instruction agricole depuis quarante ans, mais ce qui est à remarquer, c'est que c'est surtout depuis quelques années que ce progrès est bien sensible, et c'est surtout aux Expositions universelles qu'on en est redevable.

Cette note me rappelle qu'il a été un temps où l'on admirait dans les mérinos ce qu'on voudrait bien leur ôter aujourd'hui. Le *Cours complet d'agriculture* de l'abbé Rozier (1809) dit que les mérinos ont de superbes proportions, une grosse tête, des cornes très-épaisses et très-longues, un fanon descendant très-bas, une peau plissée, principalement sur le cou. Il dit encore que des cultivateurs ont avancé que cette race est délicate et s'engraisse difficilement, mais qu'il est prouvé qu'en n'entreprenant pas d'engraisser le mérinos avant qu'il ait atteint la *sixième année*, on y parvient très-vite si on lui donne un bon pâturage. Je n'ajouterai aucune réflexion à ces citations.

Introduction en France d'un troupeau de la race Leicester. — Les Anglais, n'attachant qu'une importance secondaire à la laine que le commerce leur amène de toutes les parties du monde, ont trouvé plus avantageuse la production de la viande. Les succès obtenus par Bakewell pour l'amélioration des bêtes à cornes et des bêtes à laine, étaient connus et devaient attirer l'attention des cultivateurs français. En 1833, le gouvernement a fait acheter en Angleterre un petit troupeau de brebis à longue laine de la race leicester. Ce troupeau a été placé d'abord à Alfort, et chaque année des ventes publiques avaient lieu pour répandre cette race. Les Concours de Poissy ont fait voir quels excellents produits on peut obtenir du croisement des béliers leicester avec des brebis flandrines.

Introduction des Southdown. — Les Anglais avaient marché depuis Bakewell; la race qu'il avait créée n'était plus la plus parfaite, et il y avait encore d'autres races remarquables à longue et à courte laine. C'est surtout le

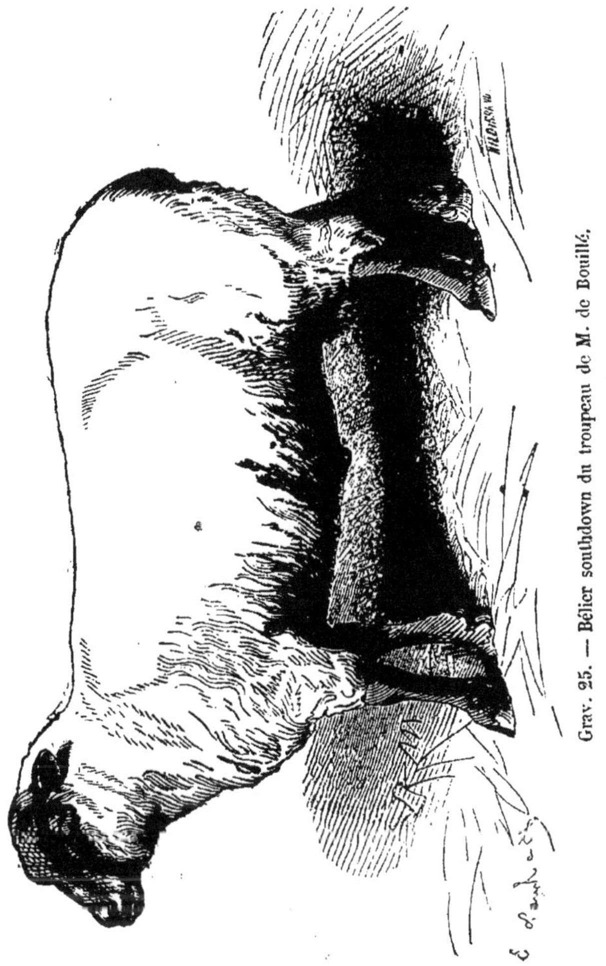

Grav. 25. — Bélier southdown du troupeau de M. de Bouillé.

Concours universel de Paris en 1855 qui les a fait connaître, et c'est surtout de cette époque que date l'introduction en France par les particuliers de bêtes anglaises. On a surtout introduit des southdown comme convenant mieux au climat et au sol de la France, et il y en a aujourd'hui de

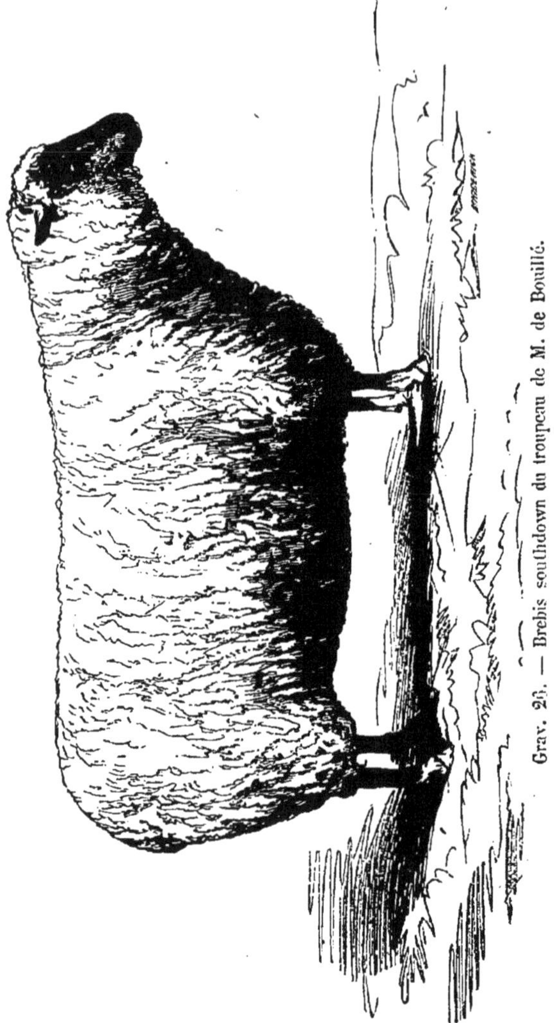

Grav. 26. — Brebis southdown du troupeau de M. de Bouillé.

très-beaux troupeaux, notamment chez M. le comte Ch. de Bouillé, dans la Nièvre (grav. 25 et 26) ; chez M. de

Béhague, dans le Loiret; chez M. le comte Robert de Pourtalès, dans Seine-et-Oise; chez M. Paul Cère, dans Seine-et-Marne, etc.

Outre ces troupeaux qui appartiennent à des particuliers, il y en a d'autres appartenant à l'Etat et dans les fermes de l'Empereur, et des ventes de béliers et de brebis ont lieu chaque année. Ces troupeaux ont été formés avec des bêtes de première distinction achetées en Angleterre, et les cultivateurs sont sûrs de trouver là des types améliorateurs ou d'excellentes souches.

La bergerie impériale du Haut-Tingry (Pas-de-Calais), dirigée par M. Dutertre, élève des races anglaises. On trouve dans la ferme impériale de Vincennes et à Fouilleuse, aux portes de Paris, deux beaux troupeaux de la race southdown.

CHAPITRE V

AMÉLIORATION DES BÊTES A LAINE

Beauté d'un bélier ou d'une brebis. — On entend souvent parler de la beauté d'un bélier ou d'une brebis. Ce mot beauté est tellement vague qu'il a besoin d'être défini. La beauté d'une bête ovine ne peut être que l'ensemble des formes les plus parfaites pour l'usage auquel elle est destinée, et à ce point de vue on ne peut trouver la beauté que dans une bête destinée à la boucherie, car les mérinos auxquels on ne demande que de la laine ne sont pas beaux, et si l'on fait abstraction de leurs toisons, ils sont de disgracieuses bêtes. Ce sont les bêtes anglaises améliorées, auxquelles on demande avant tout de la viande, les southdown, les leicester, qui présentent les formes les plus parfaites pour leur destination, et ce sont, en même temps, les bêtes qui plairont le plus aux non-connaisseurs, par la régularité de leurs formes et par des contours gracieux.

Importance de la capacité de la poitrine. — Un des points les plus intéressants à observer dans la structure de la brebis, comme de tous les animaux domestiques, c'est la poitrine. La poitrine a la forme d'un cône tronqué, dont le sommet est entre les épaules ; plus sa cavité est spacieuse, plus par conséquent elle offre de place pour le cœur et pour les poumons, plus l'animal est fort et robuste, mieux aussi il peut s'assimiler la nourriture nécessaire à l'entretien de la vie[1]. Or, comme avec la même circonférence un cercle renferme plus d'espace qu'une ellipse (un ovale), la poitrine qui se rapproche le plus de la forme ronde est la plus spacieuse et celle dont la conformation est la plus parfaite. Avec la poitrine de forme ronde, les côtes seront aussi bien arrondies, — des côtes plates sont toujours un grave défaut. — Et avec cette conformation de la poitrine et des côtes, la forme de tout le corps se rapproche de celle d'un cylindre. Comme le ventre forme toujours une proéminence et décrit une ligne courbe, Bakewell, le célèbre éleveur anglais, disait que le corps d'une bête bien conformée doit présenter la forme d'un tonneau. La ligne du dos doit cependant toujours être droite depuis le garrot jusqu'à la queue, et l'épine dorsale étant garnie de chair sur toute sa longueur, le dos présente une surface plate. De gros os sont un défaut, ils indiquent une nature grossière ; et comme la destination finale des bêtes est toujours la boucherie, et que les os ne sont pas de la viande, les Anglais ont cherché et sont parvenus à diminuer le plus possible le volume des os ; les engraisseurs anglais disent que tout ce qui n'est pas viande est inutile, ils ne veulent pas de cornes, pas de fanons, ils veulent aussi peu d'os que possible. Avec une charpente osseuse légère, la tête est petite, le cou est fin, il est exempt de ce fanon et de ces plis que, pendant un temps, on a admirés chez les mérinos.

Comme on doit demander que la poitrine ait une vaste capacité, on doit proscrire les animaux à gros ventre. M. Yvart a expliqué le rapport qui existe entre un gros ventre et les fonctions des organes contenus dans la cavité de la poitrine. Les animaux, dit-il, bœuf ou mouton, dont la peau a beaucoup d'étendue, qui ont beaucoup de fanon, ont aussi le tube intestinal très-développé, un gros

[1] Cuvier.

ventre, et leurs intestins pèsent sur les organes contenus dans la cavité de la poitrine[1]. Cette conformation explique pourquoi ils sont plus difficiles à engraisser.

On comprend qu'une bête qui a cette conformation d'un beau leicester ou d'un beau southdown sera admirée par le connaisseur, et qu'elle plaira aussi à l'œil du non-connaisseur par l'ensemble harmonieux et la rondeur gracieuse des formes; mais cette perfection n'a été obtenue que par de longs et persévérants efforts d'habiles éleveurs, et elle est le privilége d'un petit nombre de races.

Ce type étant connu, l'éleveur qui commence doit toujours l'avoir devant les yeux, comme le but de perfection auquel doivent tendre tous ses efforts.

Quelle que chose que l'on fasse, on doit toujours chercher à la faire le mieux possible, et si même on sait qu'on n'arrivera pas à la perfection, on doit toujours travailler énergiquement à en approcher le plus possible.

Le temps n'est pas encore loin de nous où l'on ne savait pas ce que c'était que cette perfection dans l'élève du bétail; chaque cultivateur suivait nonchalamment la route frayée; on ne savait pas à quelles améliorations on pouvait arriver, ni comment on pourrait y arriver. Les Anglais nous ont, les premiers, montré le chemin. Chevaux, bêtes à cornes, bêtes à laine, porcs, ils ont tout amélioré; on sait aujourd'hui à quels résultats on peut arriver, on sait quelles sont les règles à suivre, et ceux-là ne sont pas excusables qui n'emploient pas tous les moyens qui sont en leur pouvoir pour produire les bêtes qui conviennent le mieux à leur position et qui doivent leur donner le plus haut produit.

Quoique les règles à suivre pour l'amélioration soient bien connues et que je les aie déjà exposées pour les

[1] C'est par la même raison que les chevaux poussifs doivent être nourris avec des aliments contenant, sous un petit volume, beaucoup de principes nutritifs, afin que les intestins, réduits aussi au plus petit volume, n'exerçent pas une pression sur les poumons, qui ont besoin pour fonctionner d'un espace d'autant plus grand qu'ils ne sont pas dans leur état normal.

bêtes à cornes et les chevaux, je crois cependant devoir les reproduire ici, aussi brièvement que possible.

Sélection et croisement. — L'amélioration des animaux s'opère de deux manières, ou en choisissant les animaux les plus parfaits d'une même race pour les accoupler ensemble, c'est ce qu'on nomme *sélection*, ou en accouplant ensemble des animaux de deux races différentes, ce qu'on nomme *croisement*.

Dans le premier cas, la race, quelle qu'elle soit d'ailleurs, reste *pure* ou exempte de tout mélange de sang étranger. C'est ce qu'on nomme en allemand *reinzucht*, en anglais *thoroughbreed*.

Dans le second cas, on *croise*, on accouple ensemble des animaux de deux races différentes, et on obtient des *métis*.

Métis. — Si après avoir fait un *croisement*, on unit ensemble, pour les multiplier, les produits qu'on en a obtenus, on donne à cette opération le nom de *métissage*.

Bâtards. — On nomme *bâtards* les produits sans mérite d'un croisement irrationnel, et qui n'ont les caractères d'aucune race.

Multiplication en dedans. — Si dans dans la sélection on recherche, pour les accoupler ensemble, les animaux les plus parfaits sans avoir égard à la parenté, comme le père avec la fille, le frère avec la sœur, c'est la multiplication *en dedans*, en Allemand *inzucht*, en Anglais *in and in*. Je dirai plus loin quels inconvénients peuvent avoir ces alliances.

But du croisement. — On a recours aux croisements quand on veut introduire dans une race des qualités que possède une autre race, ou bien quand on veut corriger des défauts. On peut croiser ensemble deux races de mérite à peu près égal dans l'ensemble de leurs qualités, ou bien on croise en donnant à des femelles d'une race commune des mâles d'une race plus parfaite.

Rafraîchir le sang. — Si par l'emploi de mâles d'une race plus parfaite, on a obtenu d'abord le résultat désiré, mais qu'ensuite les produits de ce croisement éprouvent une dégénérescence ; ou si une race étrangère importée dégénère par suite des influences du climat ou du sol, on a de nouveau recours aux mâles de la race amélioratrice, et cela se nomme *rafraîchir le sang.*

Fixation des races. — Les produits d'un croisement quelconque sont toujours des *métis.* Mais si l'on poursuit un croisement en employant toujours des mâles d'une race amélioratrice, on obtient successivement des métis de première, deuxième, troisième, etc., génération. Par cet emploi prolongé des mâles on n'aurait jamais à la rigueur la race pure ; il reste toujours quelque chose du sang de la première femelle ; mais c'est à la fin une fraction tellement petite, qu'on finit par pouvoir considérer la race comme pure. Les Anglais pensent que c'est après la huitième génération qu'on peut considérer une race comme fixée.

Il ne faut cependant pas admettre cette opinion comme une vérité absolue ; Pabst s'est expliqué sur ce sujet d'une manière fort sage.

« Il n'est pas possible, dit-il, d'établir avec une précision mathématique, comme ont prétendu le faire quelques éleveurs, après combien de générations les caractères d'une race sont solidement fixés. La nature ne se laisse pas entraver par des formules ou des calculs mathématiques, et si nous pouvons suivre une partie de ses opérations, il en est beaucoup d'autres pour lesquelles elle travaille dans des voies secrètes où notre œil ne peut pas pénétrer. »

On comprend donc que ces calculs ne peuvent pas se faire avec une précision mathématique, et malgré un choix sévère des reproducteurs il naît quelquefois des animaux qui ne ressemblent ni au père, ni à la mère, mais à des ascendants à des degrés plus ou moins éloignés, et on voit alors reparaître des défauts dont on se croyait délivré.

Les Allemands ont un mot pour exprimer cet accident qui fait si souvent le désespoir des éleveurs : c'est un *rückschlag*, littéralement un *coup en arrière ;* c'est un pas rétrograde qui nous éloigne du perfectionnement auquel nous tendons.

Atavisme. — Dans l'espèce humaine, on a donné le nom d'*atavisme* (de *atavus*, aïeul) à cette influence des ascendants qui fait reparaître des qualités et des défauts qui n'existaient pas dans le père et la mère.

Cette influence des ascendants ne doit pas être confondue avec la *dégénérescence*, qui affecte toute une famille par défaut de soins ou de nourriture, ou par l'influence de causes locales.

Les coups en arrière sont surtout à craindre dans une race de récente création, qui n'est pas encore ce qu'on appelle *consolidée*, qui ne possède pas encore la *constance.*

Constance. — On entend par *constance* la propriété que possède une race de transmettre ses qualités non-seulement sous le rapport des qualités extérieures, mais encore pour les services que nous en attendons. Plus cette transmission est certaine, plus la race est estimée, comme possédant la constance au plus haut degré.

Races nobles. — On nomme *nobles* les bêtes qui, par les services qu'elles peuvent nous rendre et par la beauté de leurs formes, sont supérieures aux autres bêtes de leur espèce.

Races communes. — La qualification de race noble s'applique le plus souvent à une race entière, et, par opposition, on nomme *races communes* les races qui sont restées dans un état d'infériorité par les influences du climat, de la nourriture et de la négligence des éleveurs.

Races ennoblies. — On dit *ennoblies* les bêtes qui proviennent de l'alliance d'une race noble avec une race commune.

Principes qui doivent guider l'éleveur. — Dans mon *Manuel de l'éleveur de bêtes à cornes*, j'ai exposé en détail les principes qui doivent guider l'éleveur. Pour les bêtes à laine, les questions sont moins compliquées, d'abord parce qu'à ces dernières on ne demande pas de lait ni de travail ; on leur demande seulement de la laine, ou de la viande, et bien des considérations importantes, quand on veut élever une vache ou un cheval, peuvent être négligées, s'il s'agit d'élever une brebis.

Principes généraux de l'élevage. — Les principes de l'élevage peuvent être formulés en peu de mots. Le premier, le plus important, c'est que *les semblables produisent les semblables*, c'est-à-dire que si on emploie à la reproduction des bêtes défectueuses, on aura des produits défectueux, et que l'on doit toujours, quelle que soit l'espèce de bêtes qu'on élève, chercher à avoir pour souches les meilleures bêtes qu'on puisse se procurer. Deux bonnes bêtes d'une même race, accouplées ensemble, doivent donner des produits possédant les mêmes caractères qu'elles.

Si l'on unit ensemble deux bêtes de deux races différentes, mais toutes deux constantes, on doit supposer que le père et la mère exerceront sur le produit la même influence. — L'opinion que le mâle a sur les produits plus d'influence que la femelle doit être considérée comme dénuée de fondement. On y aura sans doute été amené, en observant les résultats obtenus dans des croisements où l'on emploie des mâles d'une race plus noble et ordinairement ancienne et constante.

Si l'on accouple ensemble deux bêtes appartenant à des races qui ne possèdent pas la constance au même degré, ce sera la race la plus constante qui exercera la plus grande influence sur les produits. — Il est pourtant à remarquer que parfois on rencontre des individus qui possèdent à un degré éminent la faculté de transmettre les formes et les qualités qui leur sont propres. Ce fait est souvent observé dans les haras.

L'accouplement de bêtes qui n'appartiennent pas à des races pures, et qui, par conséquent, ne possèdent pas la constance, comme l'accouplement de métis provenant de plusieurs races différentes, ne peut jamais donner que des résultats incertains.

Il ne doit pas y avoir une trop grande différence de conformation dans les bêtes qu'on accouple ensemble. — Ce principe s'applique non-seulement à la race, mais encore aux individus qu'on accouple ensemble. Si, par exemple, on accouple deux individus, dont l'un d'une race très-noble et l'autre d'une race tout à fait commune, on n'obtiendra pas dans leurs produits une fusion, mais le plus souvent un assemblage hétérogène des qualités de l'un et de l'autre et des animaux qui, ne convenant à aucune destination particulière, valent moins que des bêtes communes.

Si l'on fait saillir une brebis à laine grossière par un bélier mérinos à laine fine, il n'en résultera pas une bête portant une bonne toison métisse; mais, le plus souvent, une toison présentant un mélange des deux laines, tel qu'un drapier ne pourra pas en fabriquer une étoffe passable.

De même, on tombe souvent dans une grave erreur quand on veut grandir une race par l'emploi de mâles de grande taille avec des femelles de petite taille. On obtient par là des animaux plus grands, mais qui sont le plus souvent *haut-jambés*, décousus, et qui perdent en carrure et en force ce qu'ils gagnent en hauteur. On procède, au contraire rationnellement, en accouplant une grande femelle avec un mâle moins grand qu'elle. Le coffre d'une grande et surtout large femelle, offre un espace suffisant pour le développement du fœtus, et une bonne nourriture venant ensuite en aide, on obtient l'augmentation désirée de taille et de poids.

De ce principe, on ne doit pas conclure que la femelle

doit être plus grande que le mâle. Les béliers sont dans la règle plus grands et plus lourds que les brebis, mais on doit éviter d'accoupler un mâle d'une grande race avec une femelle d'une petite race.

Beaucoup d'éleveurs qui ont voulu améliorer leurs troupeaux par croisement ont éprouvé des mécomptes. Ils ont donné à des brebis d'une race commune, mais ancienne et constante, un bélier d'une race noble, et ils ont trouvé que les mères avaient sur les produits autant d'influence que le père, et que, par suite, l'amélioration était très-lente.

Création de la race de la Charmoise. — Malingié a démontré par les beaux résultats qu'il a obtenus à la Charmoise (grav. 27) comment on peut, au moyen de croisements, créer une race nouvelle qui devient constante en peu de générations. Le moyen consiste à croiser entre elles plusieurs races, puis aux femelles provenant d'un double ou triple croisement, et qui ne possèdent plus ni caractère spécial de race, ni constance, il faut donner un bélier de la race améliorante dont on veut faire prédominer les qualités. Si ce bélier est d'une race ancienne et constante, son influence l'emportera de beaucoup sur celle des femelles, et on arrivera rapidement à des résultats qui auraient été lents à obtenir, si les femelles eussent aussi appartenu à une race constante.

A quelles bêtes l'éleveur doit-il donner la préférence ? — On ne doit jamais aller au hasard ; quoi que l'on fasse, on doit toujours avoir devant les yeux un but certain.

Le cultivateur qui débute et qui se sent en position d'entretenir un troupeau de moutons cherchera d'abord quelles bêtes lui conviennent le mieux : moutons à engraisser, ou brebis portières. Si ce sont des brebis, à quelle race donnera-t-il la préférence, bêtes communes ou d'une race perfectionnée ? Dans ce dernier cas, s'attachera-t-il à la production de la laine ou de la viande ?

Les bêtes communes ne sont pas susceptibles de donner des produits aussi élevés que les bêtes améliorées, mais souvent ces produits sont plus certains. Si la laine a moins de valeur, si les bêtes sont moins précoces, elles coûtent

Grav. 27. — Bélier de la race de la Charmoise, du troupeau de M. Malingié.

beaucoup moins à entretenir et sont beaucoup plus robustes.

Je me suis souvent étonné que les bêtes puissent résister au régime de faim et de misère auquel elles sont soumises dans bien des villages. Le cultivateur qui n'a ni abondance de fourrages, ni des fourrages de première qualité; qui a des pâturages maigres, éloignés; qui veut que son troupeau parque le plus possible, celui-là fera prudemment de commencer avec des bêtes du pays, que souvent il pourra beaucoup améliorer par un bon choix de reproducteurs, et en donnant à son troupeau plus de soins que ses voisins n'en donnent aux leurs.

Le cultivateur aura-t-il un troupeau de moutons ou des brebis portières? — Il y a des pâturages où les moutons engraissent, mais sont exposés à la pourriture; là il faut nécessairement acheter des moutons maigres pour les engraisser et les revendre le plus tôt possible.

Commerce des moutons. — Le commerce de moutons peut, s'il est conduit avec intelligence, être très-lucratif. Je connais plusieurs marchands de moutons qui n'ont pas d'autres pâtures que celles qu'ils louent, souvent fort cher, et qui gagnent de l'argent en achetant des agneaux mâles, ou des antenais, pour les revendre quand ils trouvent une occasion favovorable; mais je ne suis pas d'avis que le commerce convienne au fermier.

Le fermier ne doit pas courir les foires; en négligeant la surveillance de sa ferme il perd souvent plus qu'il ne peut gagner sur un marché de moutons. Celui qui est marchand de moutons de son métier est généralement plus habile que le fermier, et les relations pour acheter et pour vendre sont ordinairement peu agréables. A moins qu'il ne se trouve dans une position exceptionnelle, je conseillerai au cultivateur d'avoir un troupeau de brebis et d'élever. Quelle race devra-t-il chosir ? Devra-t-il former son troupeau par croisement, ou acheter tout de suite un troupeau des bêtes auxquelles il aura donné la préférence?

Cette dernière question est une question d'argent et

chacun devra, à cet égard, consulter ses moyens. Quant au choix, il est borné à trois races. Mérinos, comme producteurs de laine, southdown ou leicester, comme producteurs de viande.

Il y a cinquante ans, on ne connaissait, comme race perfectionnée, que celle des mérinos, et les prix des laines fines étaient si élevés que les mérinos donnaient de grands profits. Les choses ont changé depuis, et les progrès de la fabrication des draps ont beaucoup diminué la valeur des laines fines. Les Saxons, qui avaient uniquement visé à la production d'une laine superfine, veulent aujourd'hui des toisons plus lourdes. En France, on n'a pas, en général, recherché l'extrême finesse, on a voulu des laines fines, mais abondantes; aujourd'hui on tend à un nouveau perfectionnement, on veut des bêtes qui soient bonnes pour la boucherie, en même temps qu'elles donnent un prodiut élevé par leur laine. Ce double résultat est difficile à obtenir, le temps nous fera savoir jusqu'à quel point on peut en approcher.

Pour la viande, les southdown sont la race la plus généralement adoptée, parce qu'elle est la moins exigeante pour la nourriture, tandis que les leicester veulent de riches et abondants pâturages.

On sait que les southdown donnent une laine plus fine, laine à carder, mais que leurs toisons sont moins lourdes que celles du leicester, qui donnent beaucoup de laine, une laine à peigner, beaucoup moins fine que celle des southdown.

Chacun se décidera pour la race qui lui convient le mieux, selon les circonstances où il se trouve placé. Si comme c'est assez ordinaire, on ne peut pas de suite acheter tout un troupeau d'une race perfectionnée, alors il faut nécessairement croiser, et avec de la persévérance on finit par arriver à un beau troupeau. On achète seulement des béliers de la race pure, ou bien si l'on peut avoir en commençant quelques brebis pures, on les multiplie, en évitant cependant de pousser trop loin la multiplication *en dedans*.

Alliances dans la même famille. — On sait que les alliances dans la même famille, trop longtemps prolongées, finissent par amener une dégénérescence. On peut obtenir aussi des bêtes plus parfaites de formes, mais plus délicates et qui finissent par devenir inféondes. C'est pour cela que la location des béliers est si en faveur chez les Anglais.

Croisements de races nobles entre elles. — Outre les croisements par lesquels on améliore une race commune au moyen de béliers d'une race perfectionnée, il y en a encore d'autres par lesquels on allie entre elles ces races perfectionnées. Ainsi on a uni ensemble les southdown et les mérinos, pour obtenir des bêtes donnant plus de laine que les southdown, et possédant plus que les mérinos la faculté d'engraisser; on a aussi croisé les southdown avec les leicester, et il y a en Allemagne des troupeaux très-distingués qui proviennent d'un croisement de southdown et de cotswold; ces derniers métis, moins parfaits que les southdown, ont cependant de belles formes, engraissent facilement et donnent beaucoup de laine.

Ces divers croisements, pour donner de bons résultats, exigent des soins intelligents et de la persévérance. Chaque éleveur se décidera selon la mesure de ses forces et les circonstances où il se trouve placé, sans oublier que de l'avis des éleveurs les plus expérimentés un croisement est toujours une opération délicate et difficile à conduire pour arriver à de bons résultats.

CHAPITRE VI

DES BERGERS

Importance d'un bon berger. — Le berger est l'homme qui a la garde des troupeaux de bêtes à laine au pâturage et qui les nourrit et les soigne à la bergerie. Jour et nuit, d'un bout à l'autre de l'année, le berger doit être avec son troupeau. D'un bon berger dépend en grande partie la réussite des bêtes qui lui sont confiées, et malheureusement les bons bergers sont rares.

Entre les habitants de la campagne, la vie du berger est une vie à part. Celui qui n'a pas été élevé avec les moutons acquerra difficilement les qualités nécessaires pour les bien gouverner, et d'un autre côté, les bergers fils de bergers et élevés par leurs pères ont des défauts de race et d'éducation qu'il est souvent impossible de corriger. Les propriétaires de troupeaux savent combien il est difficile de gouverner les moutons, pour celui qui n'en a pas l'habitude. C'est lorsqu'il est encore enfant que l'apprenti berger apprend à siffler, à parler aux moutons et à son chien, qu'il s'identifie pour ainsi dire avec les bêtes au milieu desquelles il doit passer sa vie. C'est aussi avec son père que le jeune berger apprend à soigner les agneaux, à les castrer, à tondre, à soigner une bête malade, etc.

Mais c'est là aussi qu'il puise les préjugés et les idées fausses qui sont plus tard si difficiles à déraciner.

Les écoles manquent pour former des bergers. — Nous avons des écoles d'agriculture où peuvent s'instruire les jeunes gens qui veulent devenir cultivateurs, il nous manque encore des écoles où puissent se former de bons valets de ferme, des charretiers, vachers, bergers, porchers. Espérons que ces écoles viendront à leur tour.

Défauts des bergers. — Le berger ne travaille pas, si ce n'est pour fourrager ses bêtes pendant l'hiver. Du printemps à l'automne, il est jour et nuit dehors, il mène une vie oisive et indépendante et il échappe presque continuellement à la surveillance du maître. De là il résulte que l'intelligence des bergers se développe dans une direction particulière; ils sont plus rusés, plus malins, et avec eux l'autorité absolue du maître ne convient pas toujours. Il faut d'abord que le berger qu'on emploie soit content de sa position et désire conserver sa place; il faut chercher à l'attacher à la ferme et à l'intéresser à la prospérité du troupeau, par son amour-propre et par des avantages pécuniaires. Il faut surtout se garder de s'exposer à sa rancune, bien ou mal fondée. Il se vengera alors du maître sur les bêtes, et en peu de temps il peut perdre son troupeau, en lui donnant le germe de la pourriture. Les exemples en sont malheureusement nombreux; en voici un dont j'ai eu particulièrement connaissance.

Un de mes parents avait un troupeau d'environ 300 bêtes; le berger avait compté sur une augmentation de salaire qu'on lui avait refusée et par suite il avait déclaré qu'il quitterait à la fin de son année, à la Saint-Michel, 29 septembre. Sur le point de partir, il dit aux domestiques de la ferme : « Je laisse le troupeau en bon état, mais au printemps prochain il y aura plus de peaux que de bêtes vivantes. » Et effectivement, au printemps suivant, plus de la moitié du troupeau avait péri. De même, par motif de vengeance, des bergers ont inoculé la gale au troupeau qui leur était confié. Si donc on a lieu de craindre le mauvais vouloir d'un berger, on ne doit pas attendre jusqu'à la fin de l'année pour le renvoyer ; on fait le sacrifice de lui payer son salaire pour l'année entière, et on le remplace immédiatement par un autre.

L'oisiveté est la mère de tous les vices. — Dieu a placé le travail près de l'homme pour gardien de la vertu. — Ces deux adages trouvent bien souvent chez les bergers leur application. Le bon berger n'est pas oisif lorsque ses bêtes pâturent et qu'il est occupé à les observer. Alors il ne doit pas même s'asseoir ; un berger qui a de l'amour-propre est honteux d'être surpris assis. Mais lorsque ses bêtes sont couchées et ruminent, lui aussi passe bien des heures étendu à l'ombre, et c'est alors que les mauvaises inclinations peuvent se développer.

Il y a certainement parmi les bergers des hommes honnêtes et qui méritent la confiance de leurs maîtres ; mais jusqu'à ce qu'on le connaisse bien, on doit toujours se méfier d'un berger et prendre avec lui ses précautions. C'est surtout lorsqu'il est près de changer de condition qu'un berger est dangereux. Il est de règle que le berger doit laisser le troupeau qu'il quitte dans le meilleur état possible, et faire ce qui dépend de lui pour que son successeur ne puisse pas l'entretenir en aussi bon état. Ceci ne semble être qu'une question d'amour-propre ; mais avec une conscience large elle mène loin, et toutes les bêtes dussent-elles périr au printemps suivant, cela ne l'inquiète pas du tout. Ce que tous font, c'est d'user et d'abuser de toutes les ressources de la pâture, de manière que s'il est possible, tout le troupeau soit gras à la Saint-Michel, époque de la sortie, et qu'ensuite son successeur ne trouve plus rien, ou le moins possible. Si le berger sortant pouvait épuiser toutes les provisions destinées à l'hiver suivant, il ne manquerait pas de le faire.

Un berger est fier d'avoir de beaux agneaux, aussi égaux que possible ; et dans une bergerie bien tenue, on ne laisse pas ordinairement durer la monte plus d'un mois. J'ai vu, chez un de mes voisins, par suite du changement de berger, naître des agneaux pendant près de six mois, d'où il résultait une grande augmentation d'embarras et de frais, et une différence dans la taille des agneaux, qui donnait à tout le troupeau une mauvaise apparence. Le propriétaire avait fait mettre des tabliers aux béliers, mais pendant la nuit le berger les leur mettait sur le dos ; le matin il les replaçait sous le ventre.

La première qualité à exiger d'un berger, comme de tous les serviteurs, c'est la probité. Beaucoup de bergers, surtout dans les communes, sont trop mal payés et souvent c'est le besoin qui les rend malhonnêtes. Dans ce cas, il font mourir, sans qu'on voie de lésion extérieure, des bêtes dont la chair approvisionne leur ménage, au lieu d'être enterrée ou jetée aux chiens ; ou ils sont d'accord avec un boucher qui leur achète des bêtes dont ils représentent la peau et qu'ils disent être mortes, ou bien ils échangent des bêtes grasses pour des maigres, ou encore ils vendent des agneaux qui naissent dans les champs et les brebis sont censées avoir avorté. Il est à ma connaissance qu'un berger louait, pendant la nuit, un beau bélier de son troupeau pour faire le service d'un troupeau voisin. Le soir, à 9 ou 10 heures, le bélier partait du parc et le lendemain matin on l'y ramenait. D'autres volent une partie de l'avoine destinée à leurs bêtes, etc., etc. Sans doute il est difficile que de semblables friponneries échappent à une surveillance sévère du maître, mais il y en a encore beaucoup d'autres dont l'occasion peut se présenter, et souvent on congédie un berger infidèle pour en prendre un autre qui ne vaut pas mieux. Un de mes parents qui avait un beau troupeau a renoncé aux moutons, uniquement pour échapper à tous les désagréments que lui causaient les bergers.

Bien des fermiers, pour économiser sur le salaire du berger, lui permettent d'avoir un certain nombre de bêtes qui lui appartiennent ; selon Stephens (*the Book of the Farm*), cet usage serait général en Angleterre. C'est un arrangement que je ne peux pas approuver. D'abord ce n'est pas une économie, puisque le fermier pourrait aussi entretenir ce même nombre de bêtes en sus de celles qu'il a déjà et en avoir seul le profit ; ce n'est pas non plus un moyen certain d'intéresser le berger à la prospérité du troupeau, et par là on ouvre la porte à bien des abus. Les anciens le savaient déjà lorsqu'ils disaient que « brebis de berger ne meurt jamais. » Si une des bêtes du berger périt, il est rare qu'il ne puisse pas la faire passer au compte du maître. Quand on rencontre un troupeau dans la campagne et qu'on voit une bête qui s'écarte des autres, qui entre dans les champs de trèfle ou de blé sans que le berger ni son chien pensent à la déranger, on peut être sûr que cette brebis appartient au berger, comme on peut être sûr que les brebis du berger auront toujours en hiver à la bergerie la meilleure part.

Si le berger est marié, il faut autant que possible que son ménage ne soit pas sous le même toit que la bergerie et qu'il n'y ait entre eux rien de commun. J'ai connu un berger auquel on avait donné, dans un coin de la bergerie, une place pour sa vache, avec la permission de prendre du foin pour elle ; il ne prenait pas seulement du foin, mais du grain, des racines, tellement que dans le premier hiver il avait pu engraisser l'une après l'autre deux vaches.

Tous ceux qui ont quelque chose doivent savoir qu'autour d'eux il y a toujours beaucoup de gens disposés à prendre leur part. Partout il y a des abus ; le talent du père de famille est de faire qu'il y en ait le moins possible. Il vaut bien mieux prévenir les abus que d'avoir à les réprimer ou à les punir.

Beaucoup de fermiers ont un berger nourri à la ferme, qui n'est pas marié, ou qui a sa femme dans le village voisin. Si l'on n'a qu'un petit troupeau et si les terres qu'il parcourt sont très-rapprochées de la ferme, on a ainsi de l'économie. Mais si le troupeau est un peu considérable et si les pâturages sont éloignés, on fera mieux d'avoir un berger marié, auquel on donne un logement et qui se nourrit avec sa famille. Un homme auquel il faut porter sa nourriture dans les champs coûte presque le double de celui qu'on nourrit à la maison, et le chien du berger, quand il est nourri aux dépens du maître, mange énormément. En outre, un berger non marié quitte souvent le parc pendant la nuit, et il n'y a pas longtemps que j'ai vu un exemple d'une perte considérable causée par des loups qui avaient attaqué un parc ainsi abandonné par le berger. Le troupeau était le matin dispersé dans plusieurs directions et à de grandes distances, beaucoup de bêtes étaient blessées et plusieurs dévorées.

Le berger qui a à la ferme sa femme, ses enfants et son ménage coûte plus cher, mais on est bien plus sûr de lui. Il s'attache à la ferme, et si son salaire est suffisant, il n'est pas tenté de voler son maître comme celui qui a quelquefois des enfants qui souffrent de la faim, et qui prend du pain et tout ce qu'il peut prendre pour le leur porter.

Préjugés contre la profession de berger. — J'ai dit que les bergers sont ordinairement fils de bergers. Il est difficile que cela soit autrement, parce qu'il y a encore presque partout un préjugé contre la profession de berger. Dans les pays où il y a encore des sorciers ou sorcières, ce sont les bergers ou bergères. Ce sont ordinairement les bergers qui, dans les villages, font le métier d'équarrisseurs, métier qui, autrefois, était regardé comme avilissant. Ecorcheur et bourreau étaient deux mots synonymes. Les idées se sont modifiées, mais il reste encore quelque chose des anciens préjugés, comme il reste encore chez les bergers beaucoup de leurs anciennes mœurs. Dans les fermes, c'est le berger qui fait le boucher; c'est lui qui saigne et dépouille les bêtes tuées pour le ménage de la ferme.

Que doit-on faire pour avoir un bon berger? — J'ai exposé les défauts des bergers et les chances mauvaises que l'on court avec eux; que devra donc faire le cultivateur qui a besoin d'un berger? — D'abord bien payer pour avoir à choisir, puis tâcher de faire un bon choix. Ne pas témoigner de méfiance au berger, mais le surveiller et ne lui accorder sa confiance que quand on le connaît bien, chercher à l'instruire, l'intéresser à la prospérité du troupeau par son amour-propre et des avantages pécuniaires.

Voici quel est le salaire du berger au Rittershof :

	fr.	c.
Logement avec un petit jardin, une chénevière de 12 ares et un pré de 4 ares	50 fr.	» c.
Seigle, 8 hectol. à fr. 13	104	»
Blé, 1 hectol.	16	»
Pommes de terre, 36 quint. mét. à fr. 2 50	90	»
Regain, 12 quint. mét. à fr. 3	36	»
Paille, 250 kilogr.	6	25
Houille, 15 quint. mét.	25	80
Fagots, 200	12	»
Laine, 2 kilogr.	5	»
Argent comptant	81	45
Pour chaque bête vendue grasse 6 kreuzers, environ	15	»
Total.	441 fr.	50 c.
Toutes les fournitures en nature lui étant rendues chez lui, les transports peuvent être évalués à	20	»
Ce qu'il reçoit des acheteurs comme pourboire des bêtes vendues	25	»
Il a la permission de prendre, dans les bois du propriétaire, des feuilles sèches pour la litière, et, pendant l'été, des mauvaises herbes pour la nourriture de sa vache	10	»
Total.	496 fr.	50 c.

Il plante chaque année autant de pommes de terre qu'il peut en fumer, on lui laboure le champ, on transporte le fumier et la récolte. Sa femme et ses enfants sont employés du printemps à l'automne comme journaliers.

A ces conditions, la subsistance du berger est toujours assurée, et ils ne sent pas les années de cherté ou de disette.

J'ai souvent entendu des Français s'étonner que les Allemands, qui envoient à Paris des moutons gras de cent à deux cents lieues de distance, trouvent en aussi grand nombre des hommes intelligents, dévoués et fidèles. Cet exemple vient à l'appui des principes que je viens d'exposer. Ces bergers sont bien payés, ils ont leurs étapes réglées, et, dans les auberges où ils s'arrêtent chaque jour, ils sont bien nourris aux dépens du maître; ils ont une vie selon leurs goûts, ils désirent la continuer et ils craignent de perdre leur place: tel est tout le secret de leur dévouement aux intérêts de celui qui les emploie.

Qualités d'un bon berger. — Un très-bon berger doit posséder des qualités que bien rarement on trouve réunies. Souvent exposé au froid et à la pluie, obligé de sortir de sa cabane au milieu de la nuit pour changer le parc de place, il doit être robuste et assez fort pour transporter facilement les claies. Couchant pendant plusieurs mois seul, au milieu des champs, souvent loin de toute habitation, il ne peut pas être peureux; non-seulement il doit avoir du courage, mais il doit encore être doué d'une grande douceur et d'une grande patience; un homme colère ne sera jamais un bon berger; il doit aimer ses bêtes et sa profession, il ne doit vivre que pour son troupeau.

« Pour remplir, dit M. Magne, les importantes et difficiles fonctions de berger, il faut des hommes intelligents, actifs, probes, laborieux, observateurs même; des hommes doux, naturellement bons et patients, vigilants, forts, jouissant d'une bonne santé, et surtout qui aient du goût pour leur profession. »

Le bon berger connaît toutes ses bêtes; il connaît la généalogie au moins des plus distinguées, et lorsque, au printemps, les mères revenant des champs et retrouvant leurs agneaux dans la cour de la ferme, 200 brebis et 200 agneaux courent et se cherchent en bêlant, on admire comme le berger connaît déjà assez les agneaux, âgés seulement de quelques jours, pour réunir la mère et l'agneau qui ne se retrouvent pas.

Connaissant toutes ses bêtes, les observant continuellement, il voit tout de suite s'il y en a une qui n'est pas dans son état normal, il sait ce qu'il lui manque et s'il peut lui venir en aide. Lorsqu'à l'automne le maître marque les brebis qui doivent être réformées, le berger les connaît déjà d'avance ; il sait lesquelles doivent être vendues par raison de leur âge, de leur santé, ou parce qu'elles sont stériles, ou parce que leur toison n'est pas ce qu'elle devrait être. Ces qualités d'un bon berger sont la suite d'une disposition innée ; les connaissances qu'il doit posséder sont le fruit de l'éducation.

La conduite du troupeau au pâturage est la partie la plus difficile de la tâche du berger, et la réussite du troupeau dépend en grande partie du talent du berger pour savoir conduire ses bêtes, s'en faire obéir sans les tourmenter, savoir choisir les pâturages selon la saison, selon les heures du jour et la température, et éviter ceux qui sont malsains.

Ici encore, comme en tant d'autres choses, l'agriculture perfectionnée a un immense avantage sur l'agriculture qu'on pourrait appeler sauvage. Dans la première, les bêtes mangent à discrétion dans des pâturages qui ont été ensemencés pour elles, et s'ils sont entourés de haies comme en Angleterre, il n'est pas même besoin de chiens ni de gardiens. Dans la seconde, des bêtes affamées trouvent à peine, dans de pauvres terres en jachère, de quoi ne pas mourir de faim, et le berger, aidé de deux chiens et armé de sa houlette avec laquelle il lance des mottes de terre et des pierres, a bien de la peine à les empêcher de faire irruption dans les champs ensemencés. Souvent elles pâturent dans des prés marécageux, ou d'autres endroits malsains, ou bien elles mangent des plantes auxquelles elles ne toucheraient pas si la faim ne les y forçait.

Plus le troupeau a de valeur, plus le propriétaire doit chercher à s'attacher un berger intelligent, honnête et dévoué. Cependant c'est toujours le propriétaire lui-même qui doit avoir la haute direction, c'est lui qui doit choisir les béliers, régler les accouplements, déterminer le temps de la monte, choisir les agneaux mâles qui ne subiront pas la castration, régler la nourriture, etc. Mais le berger étant presque toujours dehors, et échappant ainsi à la surveillance immédiate du maître, il faut d'abord qu'il ait, pour son maître, la soumission et la confiance suffisantes pour suivre exactement les ordres qui lui sont donnés, et il faut ensuite qu'il sache assez son métier pour bien diriger son troupeau au pâturage, et pour donner les premiers soins dans des cas de maladies, telles que coup de sang qui exige une saignée immédiatement pratiquée, la météorisation, etc. Il faut encore qu'il connaisse toutes les bêtes de son troupeau, pour savoir s'il y en a qui, pour des dispositions maladives, demandent des soins particuliers ou doivent être réformées, quelquefois être livrées immédiatement à la boucherie. Ce qui est difficile à obtenir des bergers, c'est qu'ils n'administrent pas des remèdes, souvent même dangereux, parce qu'ils contrarient la nature que la médecine doit seulement chercher à aider, et c'est de détruire en eux des préjugés fortement enracinés parce que, dès l'enfance, ils leur ont été transmis par leurs pères. On pourra faire la remarque que les bergers n'ont aucune confiance dans les vétérinaires, et si le propriétaire est dans le cas d'appeler un vétérinaire, on doit s'attendre que le berger fera ce qu'il pourra pour ne pas suivre ses prescriptions ; raison de plus pour que le propriétaire soit en état de se passer du vétérinaire et de donner à son troupeau les soins qu'exigent les cas de maladie.

Costume et habitudes des bergers. — Aujourd'hui, les bergers n'ont plus de costume, ils portent la blouse du cultivateur et de l'ouvrier. Autrefois, les paysans de ce pays-ci (Bavière rhénane) portaient un habit de grosse toile d'étoupe, à longs pans, qui garantissaient leurs jambes de la pluie, et le luxe des bergers consistait à garnir cet habit d'un passe-poil bleu. Un chapeau en feutre à très-larges bords protégeait leurs épaules. Ils avaient, en outre, ce que devraient encore avoir les bergers actuels, une espèce de baudrier en cuir qui, passant sur l'épaule droite, se terminait sur la hanche gauche, où les deux extrémités étaient réunies par un large anneau auquel tenait une très-légère chaîne qui servait à attacher le chien ; et à ce baudrier était cousue une grande poche en cuir, qu'ils portaient ainsi sans en être embarrassés, et dans laquelle ils pouvaient loger leurs provisions. Les bergers d'aujourd'hui ont tous un manteau que n'avaient pas ceux d'autrefois, mieux vaudrait encore une peau de bique. Il n'y a pas longtemps, j'ai rencontré un gardeur de porcs qui portait sur son dos, en sautoir, un parapluie. Le parapluie était jadis un meuble de luxe. Aujourd'hui, son bas prix le met à la portée des plus petites bourses.

Dans mon enfance, les bergers tricotaient, et tout en tricotant la laine que leur femme avait filée, ils avaient l'œil sur leur troupeau, qui n'en était pas pour cela plus mal gardé. Les bergers de la génération actuelle croient qu'il est au-dessous d'eux de tricoter.

Dans l'antique agriculture pastorale, et surtout dans les climats méridionaux, les hommes auxquels était confiée la garde des troupeaux avaient encore bien plus de loisirs, et avaient une vie beaucoup plus douce que nos bergers actuels. Ce sont eux qui doivent avoir été les premiers musiciens, les inventeurs de la flûte de Pan, du galoubet et autres instruments primitifs. Nos bergers modernes savent tout au plus jouer des airs en plaçant entre leurs lèvres une feuille d'arbre. Les sons de cette musique ne seraient pas désagréables s'ils n'étaient pas souvent faux.

Dans la Bavière rhénane les gardeurs de porcs ont encore un antique instrument, qui a probablement été un perfectionnement de la corne dont se servent encore dans beaucoup de villages les pâtres, pour prévenir de leur passage, afin que chacun ait à lâcher les bêtes qui doivent aller au pâturage avec le troupeau commun. L'instrument dont je parle est fait d'un morceau de bois long d'environ un mètre, arrondi, et qui s'élargit en entonnoir à une de ses extrémités. Ce morceau de bois étant scié en deux dans sa longueur, on y pratique d'un bout à l'autre une rainure, puis on rapproche les deux moitiés, on les fixe et on les maintient ensemble par une lanière d'écorce prise sur un jeune cerisier et contournée en spirale. On a ainsi une sorte de trompe dont les sons ne sont pas désagréables et s'entendent de très-loin. On conçoit que c'était le pâtre lui-même qui fabriquait cet instrument, qui avait pour lui le grand mérite du bon marché; mais il fallait de vigoureux poumons pour en faire usage. Beaucoup de pâtres ont aujourd'hui une trompe en fer-blanc.

Un talent indispensable au berger, comme il l'est aussi au chasseur dans les pays de forêts, c'est celui de siffler. Il y a des bergers qui ont ce talent d'une manière remarquable. En mettant un ou deux doigts dans la bouche, on peut moduler des tons qui s'entendent de très-loin, et que comprennent les moutons et les chiens.

Il y a encore une autre musique, c'est celle des clochettes, que l'on entend avec plaisir dans les montagnes. Il en faut trois, sur des tons différents, pour en obtenir le meilleur effet. Les bergers ont soin de les suspendre au cou des plus belles bêtes. Elles sont surtout utiles au parc pendant la nuit; leur bruit avertit le berger lorsque le troupeau est effrayé, et il aide à le retrouver s'il a forcé le parc. Dans un pays entre-coupé de ravins et de bois, il peut arriver qu'une partie du troupeau s'égare, les clochettes aident ainsi à le retrouver. Je pourrais encore dire que les clochettes d'un troupeau qui pâture contribuent à animer un paysage, qu'on aime à les entendre, enfin qu'elles sont un ornement pour le troupeau. Si loin que soient nos bergers et nos troupeaux des pasteurs et des troupeaux des poëtes, un peu de poésie nous est pourtant encore permise, et nous devons surtout ne rien négliger de ce qui peut stimuler l'amour-propre et le zèle des hommes auxquels nous confions la garde et le soin de nos bêtes.

On ôte les clochettes pendant tout le temps que les bêtes sont nourries à la bergerie: elles n'y résisteraient pas longtemps au choc continuel contre les mangeoires.

CHAPITRE VII

DES CHIENS DE BERGER

Le chien joue chez nous un rôle important dans la garde des troupeaux. Avec la grande division des terres et dans l'état actuel de notre agriculture, la garde d'un troupeau serait impossible sans un chien, et un bon chien intelligent, docile, qui ne tourmente pas inutilement les bêtes, est aussi précieux pour le propriétaire du troupeau que pour le berger.

Buffon considère le chien de berger comme la souche première d'où sont sorties toutes les variétés de chiens. Cette opinion a été contestée, et pour mon compte je ne peux pas la partager. Les premiers hommes n'ont pas été pasteurs, ils ont été chasseurs et il leur fallait des chiens qui les aidassent à poursuivre et à atteindre le gibier. Lorsque plus tard les hommes devinrent pasteurs, alors notre chien de berger leur était inutile. Les troupeaux, auxquels un espace immense était abandonné, n'avaient pas besoin d'être dirigés par des chiens. Les bêtes, avec l'instinct qui les fait rester en troupeau, suivaient les moutons conducteurs, qui venaient à la voix du berger, et les chiens ne servaient qu'à éloigner ou combattre les loups ou autres animaux féroces. C'est ce qui a encore lieu aujourd'hui dans les troupeaux transhumants de l'Espagne[1], et c'est ce que l'on peut observer encore chez les Arabes nomades, qui ont conservé les mœurs et le genre de vie des anciens patriarches.

La Bible dit qu'Abel était pasteur; mais si la brebis a été le premier animal réduit par l'homme à la domesticité, il est probable qu'un long temps s'est encore écoulé jusqu'à ce que le chien ait été apprivoisé et soit devenu le fidèle serviteur et le compagnon de l'homme.

Chiens des Arabes. — Dans l'Ancien et dans le Nouveau-Testament, le chien est un animal impur et méprisé; le même sentiment existe chez les mahométans. Si les Arabes d'aujourd'hui ont des chiens, ils ne servent qu'à la garde des tentes et ne sont l'objet d'aucuns soins. Il semblerait même que, dans les anciens temps, les précieuses qualités du chien ont été méconnues.

Les synonymes et les adjectifs de *chien* sont, dans toutes les langues, des injures. La civilisation des hommes a profité aux chiens, et si une vieille habitude fait souvent encore employer leur nom d'une manière peu flatteuse pour l'espèce canine, on apprécie pourtant à leur valeur ces excellentes bêtes, et on aurait bien de la peine à se passer d'eux dans beaucoup de professions. Comme on a donné plus de soins à la propagation et à la conservation des races pures et à l'éducation des individus, l'intelligence du chien s'est développée dans son intimité avec l'homme, et on peut remarquer que ce sont les chiens comme ceux du chasseur, du berger, de l'aveugle, qui vivent le plus intimement avec leurs maîtres, qui sont aussi les plus intelligents, les mieux dressés, et ceux qui, par suite, rendent le plus de services.

Portrait du chien de berger. — Le chien de berger est de moyenne taille; il a le museau pointu, les oreilles courtes

[1] On connaît la belle race des grands chiens des Pyrénées; leur tâche est de protéger les troupeaux contre les bêtes féroces, mais ils n'ont rien de commun avec le chien désigné par le nom de chien de berger.

et droites, quelquefois la pointe des oreilles retombe un peu en avant, le poil long, épais et rude, ordinairement de

Grav. 28. — Chien de berger, d'après Buffon.

couleur noire, ou brune, ou grise. Sa queue est garnie de longs poils, il ne la relève pas, elle est seulement légèrement recourbée en haut. Il ne recherche pas les caresses;

il est tout à sa tâche et il s'en acquitte avec zèle et intelligence. De toutes les variétés de chiens, c'est celui qui subit le moins l'influence des climats, et partout on le retrouve le même.

Éloge du chien par Buffon.— « De tous les animaux que l'homme a soumis à son empire, dit Buffon, le chien seul est son ami. Il vient en rampant mettre aux pieds de son maître son courage, sa force et ses talents; il attend ses ordres pour en faire usage ; il le consulte, il l'interroge, il le supplie ; un coup d'œil suffit, il entend les signes de sa volonté. Sans avoir comme l'homme la lumière de la pensée, il a toute la chaleur du sentiment ; il a de plus que lui la fidélité, la constance dans ses affections, nulle ambition, nul intérêt, nul désir de vengeance, nulle crainte que celle de déplaire. Il est tout zèle, tout ardeur et tout obéissance ; plus sensible au souvenir des bienfaits qu'à celui des outrages, il ne se rebute pas par les mauvais traitements ; il les subit, les oublie ou ne s'en souvient que pour s'attacher davantage ; loin de s'irriter ou de fuir, il s'expose de lui-même à de nouvelles épreuves, il lèche cette main, instrument de douleur qui vient de le frapper, il ne lui oppose que la plainte et la désarme enfin par la patience et la soumission.

« Le chien, fidèle à l'homme, conservera toujours une portion de l'empire, un degré de supériorité sur les autres animaux ; il leur commande, il règne lui-même à la tête d'un troupeau, il s'y fait mieux entendre que la voix du berger. La sûreté, l'ordre et la discipline sont les fruits de sa vigilance et de son activité. C'est un peuple qui lui est soumis, qu'il protége, et contre lequel il n'emploie jamais la force que pour y maintenir la paix. »

Chien de berger en Angleterre. — Il n'est pas possible de faire un portrait plus vrai et plus beau du chien de berger. Tous les chiens qui fonctionnent comme chiens de berger ne sont pourtant pas de race pure. Youatt, l'auteur anglais, croit que le plus grand nombre des chiens de berger descend de l'épagneul à longs poils, chien si intelligent et si susceptible d'éducation. Il indique un autre produit de croisements avec le dogue, comme très-bon dans les pays de forêts et de montagnes, plutôt pour protéger que pour guider les troupeaux. Dans les pays, dit-il, où le chien de berger ne sert qu'à diriger les troupeaux, il peut être petit, mais il doit être plus fort là où la division des champs amène souvent, pour le chien, la nécessité de faire usage de sa force pour maintenir en ordre des brebis souvent pressées par la faim. Alors, dit-il, on obtient de bons produits d'un croisement avec un chien de chasse, avec un dogue, enfin avec un chien fort et courageux. C'est d'un tel croisement que proviennent les grands chiens destinés à la garde des troupeaux et les chiens de boucher. Ils conservent du chien de berger le calme et l'intelligence, mais il s'y joint quelquefois un caractère sauvage dont se ressentent les bêtes confiées à leur garde.

Chiens qui mordent les brebis. — Le bon chien de berger ne devrait pas mordre les bêtes, il devrait seulement les *bourrer*. Lorsque celles-ci sont dans l'abondance, lorsque des pièces de terre, un peu étendues, leur offrent un bon pâturage, alors elles sont faciles à garder; mais lorsque la faim les presse; lorsque, dans le temps qui précède la moisson, un troupeau communal trouve à peine de quoi ne pas mourir de faim et doit se contenter de l'herbe rare qu'il trouve sur des champs, qui ont à peine quelques mètres de largeur, alors il faut que le chien fasse usage de ses dents. Souvent deux chiens sont nécessaires, un de chaque côté, et avec un berger grossier, insouciant, pour lequel cette manière d'être est devenue une habitude, les pauvres bêtes ont cruellement à souffrir. Les chiens ont aussi alors un dur service : excédés de fatigue et ordinairement très-mal nourris, ils ne durent pas longtemps.

Un fermier qui peut consacrer de grandes pièces de terre au pâturage de son troupeau, et qui a des bêtes de quelque valeur, ne doit jamais souffrir un chien qui morde, ni permettre que son berger élève un jeune chien. Toujours le jeune chien, jusqu'à ce qu'il ait acquis de l'expérience, tourmente inutilement les bêtes. Il y a quelquefois de bons chiens auxquels on ne peut pas faire passer l'habitude de mordre, et auxquels on casse ou on lime les dents. On peut aussi leur mettre une muserole, mais la muserole les empêchant d'ouvrir la gueule, n'est pas sans danger pendant les chaleurs. On emploie encore une sorte de bridon qui consiste en une pièce de fer ronde, d'un diamètre d'environ 2 centimètres, et qui se termine à chaque extrémité par un anneau. Cette pièce de fer, ou ce mors, se place dans la gueule du chien, comme le bridon d'un cheval; il est maintenu par une courroie, qui passe derrière les oreilles et empêche le chien, quand il veut mordre, de serrer les dents.

Il y a des chiens qui prennent les brebis aux oreilles et les leur déchirent. Les bergers se défont le plus tôt possible de chiens semblables; ils veulent bien que leurs chiens mordent, mais ils ne veulent pas que leurs dents laissent des traces aussi apparentes que des oreilles déchirées. Il y en a d'autres qui prennent les brebis à l'avant-bras, d'autres au flanc. Si le chien doit mordre, c'est au-dessus du jarret de la bête que ses dents doivent se faire sentir.

Chiens qui aboient.—Le chien doit quelquefois aboyer, et il doit le faire au commandement de son maître. Il y a des chiens qui aboient continuellement; les bêtes s'y habituent et n'y font plus attention. Les bergers qui, de l'Allemagne, conduisent à Paris des moutons gras, recherchent des chiens qui n'aboient pas du tout. Comme ils ne font pas un trajet de 400 à 600 kilomètres sans laisser souvent brouter leurs troupeaux sur des champs dont l'entrée ne leur est pas permise, ils ne veulent pas que leur passage soit trahi par l'aboiement des chiens.

Coureurs et pointeurs. — D'après la manière dont ils accomplissent leur tâche, on distingue les chiens de berger en *coureurs* et en *pointeurs*. Le *coureur* est un chien ardent qui, allant et revenant sur ses pas, court continuellement sur le côté du troupeau. Si le troupeau pâture sur un champ vide, près d'un autre champ qui lui est interdit, le coureur ne cesse pas de parcourir la ligne que les bêtes ne doivent pas franchir. Et cependant il inspire peu de crainte aux bêtes, qui souvent, immédiatement après qu'il est passé, vont brouter le fruit défendu. Ces coureurs s'imposent une fatigue extraordinaire à laquelle ils ne résistent pas longtemps, et ils ne comptent pas parmi les bons chiens de berger. Le *pointeur*, au contraire, est couché aux pieds du berger, ou dans la raie de champ que les bêtes ne doivent pas dépasser. Les yeux à demi-fermés, il a l'air de sommeiller. Mais que le berger prononce son nom et lui fasse un signe, ou qu'il voie une bête dépasser la limite du champ abandonné au pâturage, alors il s'élance comme une flèche et les délinquants sont promptement remis à l'ordre. Ces chiens se font respecter sans tourmenter inutilement les bêtes ; ils se fatiguent beaucoup moins, ils durent plus longtemps et ils sont certainement les meilleurs. Leur intelligence est vraiment admirable, et souvent je m'étonne en voyant comme ils comprennent un mot, un signe de la main ou seulement de la tête, ou un coup de sifflet du berger.

Quand on voit le berger, calme et immobile, appuyé sur sa houlette, et près de lui son chien la tête haute, l'œil animé, l'oreille tendue, attendant un signe ou un mot, prêt à s'élancer pour obéir à l'ordre de son maître; alors on admire cet empire de l'homme, qui a commencé par aire son esclave de l'animal le plus intelligent, pour arriver par son aide à soumettre ou à dompter les autres animaux.

Chien de la race de Brie. — Le chien de berger de l'ancienne race de Brie se retrouve, dit-on, en Islande, en Sibérie, au cap de Bonne-Espérance, à Madagascar, à Maduré, à Calicut, en Malabar; il forme même le type de ces chiens sauvages que Humboldt a retrouvés dans les Pampas de Buénos-Ayres, et auxquels les Indiens rendaient jadis les honneurs divins.

Tous ces chiens ont les oreilles droites, le poil épais et

long, soyeux en dessus, laineux et en forme de léger duvet en dessous; la queue épaisse et longue. Ils n'ont point l'aboiement net et distinct de nos chiens domestiques.

La gravure 29 représente une chienne de berger de race de Brie, appartenant à Janet. Cette chienne, nommée *Charmante*, a obtenu le prix d'honneur à l'Exposition de la race canine, en 1863. Voici qu'elle est son histoire, racontée par M. Barral, dans le *Journal d'Agriculture pratique* :

« Un conducteur de bestiaux avait amené une bande de bœufs à l'abattoir Montmartre. Sa chienne, qui était pleine, fut prise des douleurs de l'enfantement et laissée par son maître obligé de repartir aussitôt. *Charmante* se trouvait dans la portée; elle fut gardée par un jeune garçon boucher nommé Bonami, qui l'éleva au biberon. Les parents de ce jeune homme faisaient le commerce des bestiaux; la jeune chienne s'accoutuma à accompagner les troupeaux; elle reçut un peu au hasard les soins qui devaient développer ses qualités. Elle devint ainsi, grâce surtout à son bon naturel, la jolie bête que montre la gravure 29.

« Cependant son jeune maître tomba au sort à la conscription, fut fait dragon et envoyé en garnison à Cambrai. *Charmante* le suivit.

« Au mois d'avril dernier le dragon buvait dans un cabaret et sa chienne était couchée à ses pieds. Le maître de l'établissement ne tarda pas à remarquer l'élégance et les gentillesses de cet animal, qui avait eu l'occasion de donner plusieurs preuves de son intelligence en rappelant à l'ordre des bestiaux qui erraient dans la cour. — J'ai vu sur un journal, dit tout à coup le cabaretier au dragon, qu'il allait y avoir une grande exposition de chiens. Si j'étais à ta place j'y enverrais ta chienne. — Bah! pourquoi faire? — Dam! on dit qu'il y aura des médailles à gagner. C'est une loterie comme une autre. Si tu ne veux pas te mettre en avant, prête-moi ta bête; si elle a quelque chose, nous partagerons. — Ça y est.

« Et voilà comment la chienne *Charmante* a eu le prix d'honneur à l'Exposition canine du Jardin d'acclimatation. »

Le chien de berger est plus intelligent que le chien d'arrêt. — Le chien d'arrêt fait preuve d'une grande intelli-

Grav. 29. — *Charmante*, chienne de berger, de l'ancienne race de Brie.

gence, mais je crois que le chien de berger en a encore plus, et il m'intéresse davantage, parce que la plus grande liberté dans laquelle il vit lui donne un caractère d'indépendance que rarement on laisse au chien d'arrêt.

Le chien d'arrêt abandonné à son instinct chassera comme un chien courant, tandis que le chien de berger conserve toujours son caractère. Son rôle est toujours de diriger, de protéger le troupeau qui lui est confié et d'y maintenir l'ordre.

Dans une ferme de mon voisinage, il y avait un troupeau de cochons qui n'allaient pas toujours pâturer dans les champs, mais qui tous les jours étaient lâchés dans une cour attenante à leurs loges. Cette cour était entourée d'un mur haut de $1^m.30$. Le chien était là le seul gardien; couché sur le mur, il y restait immobile aussi longtemps que la paix régnait au-dessous de lui; mais si une querelle s'élevait, d'un bond il était entre les combattants, les remettait à l'ordre, et, le calme rétabli, il reprenait sa place sur le mur.

C'est avec les porcs, race indocile et féroce, qu'on peut bien mieux qu'avec les moutons admirer l'empire du chien de berger. Si un chien étranger a le malheur de se hasarder au milieu du troupeau de porcs, les truies d'abord donnent l'alarme avec un cri particulier; bientôt tout le troupeau se joint aux truies, et le pauvre chien ne peut leur échapper que par une prompte fuite. Le chien du pâtre, au contraire, exerce une autorité despotique. Non-seulement il est à la tête et sur les flancs du troupeau, et dans la marche il le maintient en masse, sans permettre à aucun de s'écarter; mais si le troupeau est arrêté, le chien circule en maître au milieu de ses sujets; il y maintient l'ordre, et s'il rencontre un récalcitrant, il le saisit par l'oreille sans que les cris de celui qui est ainsi châtié, aient le pouvoir d'engager les autres à lui venir en aide.

Ordre de marche d'un troupeau. — Le berger avec sa houlette marche à la tête de son troupeau, un mouton conducteur, quelquefois une chèvre, vient immédiatement derrière lui et tous les autres suivent. Le chien court derrière et sur les flancs. Le gardeur de porcs, au contraire, armé d'un fouet, dont il doit savoir se servir à propos et énergiquement, chasse devant lui son troupeau, et la tâche du chien est d'empêcher qu'aucun ne s'écarte ou ne devance les autres.

On voit encore l'intelligence du chien par la manière dont il reconnaît les bêtes qui appartiennent au berger, ou au pâtre. Si l'on voit un cochon, une chèvre, une ou plusieurs brebis qui s'écartent du troupeau et entrent dans un champ qui leur offre une bonne pâture sans que les chiens s'en inquiètent, on peut être sûr que ces bêtes appartiennent au berger.

Outre son chien et souvent deux chiens, le berger a sa houlette pour l'aider à gouverner le troupeau. Dans des pays encore très-arriérés pour tout ce qui a rapport aux bêtes à laine, les hommes qui conduisent les troupeaux se servent d'un fouet, et comme le corps des bêtes est protégé par la laine, c'est aux jambes et le plus souvent à la tête que s'adressent les coups de fouet ; il en résulte assez souvent des yeux crevés.

Avec la houlette le berger lance de petites mottes de terre ; il en a souvent besoin, lorsque passant entre deux champs, il est seul d'un côté du troupeau, tandis que son chien est de l'autre côté. Ces mottes doivent être lancées dans les jambes des bêtes, ou mieux devant elles, lorsque pour brouter elles s'avancent trop loin. La houlette sert encore à prendre, par le jarret, une bête qui ne se laisse pas approcher assez pour que le berger puisse la saisir avec la main.

Les bergers qui savent se servir de la houlette peuvent, avec elle, lancer des pierres à une grande distance, et ils se servent quelquefois de ce moyen pour atteindre de loin un chien indocile.

Les bergers ont encore les moutons conducteurs pour les aider à diriger leurs troupeaux.

On sait quelle est la disposition des moutons à suivre celui qui le premier s'avance et montre aux autres le chemin. Les bergers savent profiter de cette disposition. Chez les Arabes, dans les grands troupeaux transhumants de l'Espagne, dans ceux de l'Ecosse, les bergers ont des moutons conducteurs qui viennent à leur voix et dirigent ainsi tout le troupeau. Dans nos troupeaux beaucoup moins nombreux et où les moutons conducteurs ont moins d'importance, tout bon berger a cependant des brebis qui ont leur nom, qui viennent à sa voix, et qui mettent ainsi en mouvement tout le troupeau dans la direction qu'il veut lui donner. Avec un peu de patience, un berger qui aime ses bêtes les a bientôt apprivoisées; il suffit pour cela de quelques croutes de pain, de quelques racines, carottes ou pommes de terre, ou d'un peu de sel. J'ai eu un vieux berger qui rarement sortait le matin sans avoir dans sa poche quelques friandises à donner à ses brebis favorites.

CHAPITRE VIII

DE LA BERGERIE

La bergerie est le bâtiment où on loge les brebis lorsqu'elles ne parquent pas, et où on les nourrit lorsqu'elles ne trouvent pas dehors leur subsistance. Partant de ce fait, qu'en France, chez les cultivateurs, les bergeries sont généralement malsaines, par excès de chaleur et par défaut d'air, et qu'en Angleterre les troupeaux restent dehors toute l'année, un homme de mérite, un naturaliste distingué, qui a beaucoup fait pour l'amélioration des laines en France, Daubenton, à la fin du siècle dernier, a voulu prouver qu'il vaut mieux pour la laine et pour la santé des bêtes, les tenir constamment en plein air que de les mettre à l'abri dans des bergeries. Il a suffisamment prouvé, par le fait, qu'un troupeau peut vivre ainsi. Mais son exemple n'a pas été suivi, et même dans les dernières années de sa vie, lorsqu'il ne quittait plus Paris, où il était garde et démonstrateur du cabinet d'histoire naturelle, son berger mettait à l'abri le troupeau qui lui était confié à Montbard (Côte-d'Or).

Il est aujourd'hui reconnu, d'abord que nous n'avons pas le climat de l'Angleterre, puis, qu'en tout état de choses, les bêtes se trouvent très-bien d'être abritées du froid et de la pluie.

Conditions d'une bonne bergerie. — La bergerie doit être sèche et aérée, et elle doit être suffisamment grande pour que les bêtes soient à l'aise. Une bergerie qui forme un carré de 10 mètres de côté, et qui a, par conséquent, 100 mètres carrés de surface, peut loger 100 brebis, et chaque brebis aura un demi-mètre de râtelier. Les murs complétement garnis de râteliers et un râtelier double au milieu donneraient une longueur totale de 60 mètres. Mais comme il faut en retrancher 1 mètre dans chaque coin, 2 mètres pour la porte, et réduire la longueur du râtelier double à 4 mètres pour que la circulation soit facile, il reste une longueur totale de 50 mètres de râtelier pour les 100 bêtes.

Divisions de la bergerie. — La bergerie doit avoir plusieurs divisions, dans lesquelles on peut séparer et nourrir à part chaque nature de bêtes. Si on a des moutons à engraisser, ils doivent être seuls; si l'on a un troupeau d'élèves, les béliers sont dans un compartiment, les antenaises dans un autre, les brebis portières dans un autre. J'ai fait une bergerie de la réunion de quatre étables, dont l'ensemble forme dans la ferme un long bâtiment isolé de tous les autres, et dans chaque mur de séparation des quatre étables primitives j'ai percé deux portes, de manière que de chaque côté on voit d'une extrémité à l'autre, et la communication est facile.

La première de ces grandes bergeries est divisée en trois parties par des cloisons en bois, hautes de 1m.30. Elle contient d'abord l'emplacement où on jette le foin du grenier, où l'on coupe les racines et prépare le fourrage que reçoivent les bêtes. Les deux autres parties sont, l'une pour les béliers, l'autre pour les brebis le jour où elles agnèlent, et dans celle-ci il y a encore quatre petites cases où l'on peut enfermer des brebis qui ne veulent pas laisser téter leurs agneaux.

Dans les autres bergeries, à l'époque de l'agnelage, on peut encore faire des divisions avec des claies de parc. Le fourrage est au-dessus des bergeries. Dans chacune, il y a une porte et quatre fenêtres, dont deux devant, à l'exposition du sud, et deux au fond, au nord. On bouche ces dernières avec des bottes de paille, lorsque le temps est froid, à l'époque de l'agnelage. Celles de devant restent toujours ouvertes, et jamais, en entrant dans la bergerie, on ne sent qu'il y fait trop chaud, ou que l'air est vicié. Si j'avais à construire une bergerie neuve, je la construirais sur ce modèle; seulement au lieu des murs de séparation que j'ai trouvés ici, je ferais de minces murs en briques, hauts seulement de 1m.40.

Les portes intérieures ne sont que des demi-portes, hautes de 1m.20; elles sont à deux battants et se ferment par une latte qui tourne au milieu de sa longueur sur un pivot, et qui s'arrête à ses deux extrémités dans deux crochets en fer fixés sur chacun des battants de la porte.

Cette fermeture est simple et solide. Pour que la latte ne puisse pas quitter sa position lorsque la porte est fermée, je place au-dessus un morceau de bois long de 0m.25, qui joue sur une cheville en bois ou en fer, de manière qu'abandonnée à son propre poids, la latte conserve toujours sa position sans pouvoir se soulever. Il arrivait chez moi que chaque nuit une brebis travaillait, je ne sais comment, à ouvrir une porte, et que, chaque matin, le berger la trouvait ouverte. Il en avait conclu qu'il devait y avoir une sorcière dans la bergerie : j'ai placé à la porte ce petit morceau de bois, et il n'y a plus de sorcière pour l'ouvrir.

Les portes d'entrée doivent avoir 2 mètres de largeur. Au lieu de les faire à deux battants, et se mouvant sur des gonds, je les ferais en une seule pièce et glissant sur des rails (grav. 30). Les angles des montants des portes doivent être arrondis. On doit pouvoir les fermer à clé. Chez moi, trois portes sont fermées intérieurement par des verroux, la quatrième est fermée par une serrure dont le berger a une clé et moi l'autre.

Les fenêtres doivent être garnies de barreaux en fer, attendu qu'elles n'ont ni vitres, ni volets, ni rien qui empêche d'y passer.

Il y a un baquet pour l'eau, qui est renouvelée tous les jours, seulement dans le compartiment où sont les béliers lorsqu'ils ne sortent pas.

Le râtelier que j'emploie est léger, facile à construire et à transporter et peu coûteux. Il occupe peu de place, et cependant il est assez vertical pour que les débris de fourrage ne tombent pas sur les bêtes, mais se réunissent dans la mangeoire, dont la forme prismatique ne permet pas aux agneaux de s'y tenir debout.

Ce râtelier, représenté de face, de profil et en perspec-

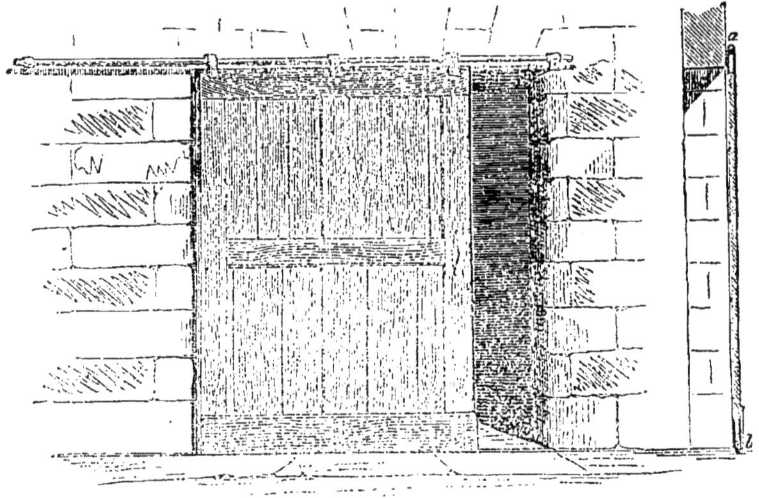

Grav. 30. — Porte glissant sur des rails.

tive par les gravures 31 et 32, est attaché à des crochets fixés dans le mur, au moyen de liens en paille, en sorte qu'on peut hausser le ratelier à volonté à mesure que le fumier de la bergerie s'élève.

La mangeoire est formée par deux planches assemblées à angle droit; les barreaux sont implantés à leur partie supérieure dans une traverse en sapin fixée aux deux montants du râtelier, et à leur partie inférieure dans la planche postérieure de la mangeoire.

Les gravures 31 et 32 représentent un râtelier simple

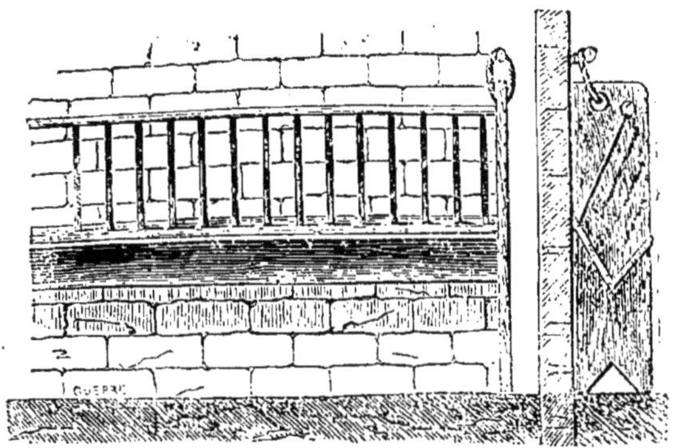

Grav. 31. — Râtelier, vu de face et de profil.

adossé au mur; on forme un râtelier double en plaçant l'un contre l'autre deux rateliers simples.

Meubles de la bergerie. — Les meubles de la bergerie

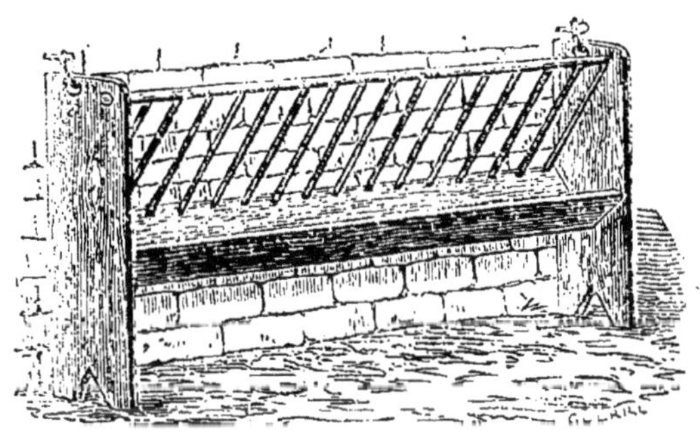

Grav. 32. — Râtelier (vue perspective).

sont : un coffre à avoine, avec un crible et deux mesures, l'une de 1 litre, l'autre de 5 litres, un coupe-racines, une auge dans laquelle on fait les mélanges, une caisse oblongue à deux poignées avec laquelle on distribue le fourrage coupé dans les mangeoires, elle contient environ 20 litres; deux seaux, une bêche à couper le foin, un râteau et un balai pour nettoyer devant la porte de la bergerie, une fourche pour secouer le foin, une lame fixée à un pilier pour couper la paille.

CHAPITRE IX

NOURRITURE DES BÊTES A LAINE A LA PATURE ET A LA BERGERIE

§ 1. — NOURRITURE AU PATURAGE.

Pâture sauvage. — Il y a plusieurs manières de nourrir les bêtes à laine au pâturage. Dans l'agriculture pastorale primitive, telle qu'elle existe encore dans des pays méridionaux très-peu peuplés, comme l'Algérie, les bêtes vivent toute l'année des plantes que la nature produit, sans que l'homme prenne aucun soin pour la multiplication où l'entretien de ces plantes, c'est ce qu'on a nommé pâture sauvage, avec ses alternatives de grande abondance et de disette.

Pâture demi-sauvage. — Vient ensuite la culture telle qu'elle existe dans toute l'Europe, où l'on abandonne aux troupeaux de maigres pâturages permanents, les jachères et les chaumes des céréales après la moisson. Avec cette pâture, dans les pays où se fait sentir la rigueur de l'hiver, où la neige couvre la terre pendant un temps plus ou moins long, les troupeaux reçoivent à la bergerie un supplément de nourriture souvent insuffisant.

Pâture sur prairies artificielles. — Enfin, là où la culture est plus avancée, où l'on attache aux troupeaux l'importance qu'ils méritent, on sème pour eux dans la jachère des plantes fourragères, de la navette, des vesces, de la spergule, de la lupuline, du trèfle blanc, etc., qui leur assurent, jusqu'à la moisson, une nourriture abondante; puis ils ont les chaumes des céréales, les prés où l'on ne fauche pas de regain, les troisièmes coupes de luzerne, et ils arrivent ainsi au mois de novembre, où ils trouvent à la bergerie de bon foin de prés naturels ou de trèfle, et des racines qui ont été cultivées exprès pour eux. Quelquefois aussi un trèfle mêlé de graminées, après avoir été fauché la première année, est abandonné au pâturage des moutons la deuxième et la troisième année. Un troupeau est ainsi toute l'année bien nourri, quoiqu'il pâture tous les jours, et qu'on puisse dire que le pâturage fait la base de la nourriture. C'est de ce pâturage que je vais m'occuper, comme du seul qui convienne à une bonne agriculture, avec des bêtes de quelque valeur[1].

Sortie du troupeau. — L'heure à laquelle le berger fait, le matin, sortir le troupeau, varie selon la saison et selon la température. Dans de chaudes journées d'été, déjà avant dix heures, les bêtes ne mangent plus, elles souffrent de la chaleur et des mouches, et le berger doit les rentrer à la bergerie ou les mettre à l'ombre le mieux qu'il peut. Alors il sort vers cinq à six heures du matin. S'il est tombé pendant la nuit une abondante rosée ou s'il a plu, il retarde la sortie, et il la retarde encore plus à l'automne après une gelée blanche.

En général, on voit que si les bêtes ont été complétement rassasiées le soir, le matin la faim ne les presse pas, et qu'on peut les laisser se reposer plus longtemps. Ceci confirme la pratique des Arabes, qui donnent l'orge à

[1] Il y a encore le pâturage des bêtes qui vont passer l'été dans les montagnes, comme les mérinos, dans les Pyrénées; ce pâturage est exceptionnel.

leurs chevaux le soir au coucher du soleil, et les montent le lendemain matin, sans leur donner à manger. En hiver, lorsque les bêtes reçoivent à la bergerie une ration complète, elles ne sortent pas avant 10 heures. Si le temps est trop mauvais, ou si la terre est couverte de neige, elles ne sortent de la bergerie que pendant le temps nécessaire pour garnir les râteliers et les auges, et pour les conduire à un abreuvoir.

Le berger et ses bêtes se comprennent parfaitement. Lorsque le moment de sortir du parc ou de la bergerie est arrivé, le berger les appelle, d'un mot qui varie selon la langue du pays; toutes alors tournent vers lui la tête, lui répondent et commencent à se lever. Il fait alors le tour, stimule les paresseuses, et lorsque toutes sont debout, après qu'elles se sont étendues et ont satisfait leurs besoins, il ouvre la porte en appellant encore par son nom la brebis conductrice, et toutes sortent en défilant devant lui. Mais le troupeau ne s'éloigne pas encore, il reste là en masse serrée et c'est seulement lorsque le berger se met à la tête, en leur parlant de nouveau, que les bêtes se mettent en mouvement et le suivent en colonne. Alors, ordinairement, les chiens font entendre leurs aboiements, ils pressent les retardataires et veillent à ce qu'aucune ne s'écarte à droite ou à gauche.

Cette marche continue ainsi, jusqu'au champ qui doit être pâturé. Là, le berger s'arrête, toute la colonne défile encore une fois devant lui et se disperse.

Direction du troupeau selon la température. — Dans un pays de plaine, il est assez indifférent de quel côté le berger se dirige; mais dans un pays montagneux il n'en est pas de même. Le matin il cherche les pâturages exposés au soleil, où la rosée est plutôt dissipée, et il évite ceux qui sont exposés à l'ouest et au nord. S'il y a un grand vent ou de la pluie, il cherche les endroits abrités. Les pâturages les moins riches sont pour le matin et c'est le soir qu'il achève de rassasier les bêtes sur les trèfles, quand il y en a à pâturer. Des bêtes qui ne sont pas pressées par la faim sont, bien moins que d'autres, exposées à la météorisation. Là, cependant, le berger doit surveiller attentivement son troupeau, et l'éloigner dès qu'il remarque des commencements de gonflement.

Pâturage d'un champ de trèfle. — Si le troupeau doit pâturer un champ où les plantes, trèfles ou autres, sont déjà hautes et touffues, le berger ne doit pas lui abandonner tout le champ; la plus grande partie du fourrage serait foulée aux pieds, gaspillée et perdue. Il faut que les bêtes forment une longue ligne, mangent devant elles comme elles mangeraient au ratelier, et il faut que le berger ait le talent de les maintenir ainsi en ligne, lorsque son chien ne peut pas l'aider, puisqu'il ne peut pas manœuvrer devant le troupeau.

Si le berger n'a pas ce talent, il faut, chaque jour, limiter par des claies l'espace abandonné au pâturage. On a pour cela en Angleterre des claies en fer, qu'on fixe dans le champ de manière à former une sorte de parc qui limite l'étendue de pâture qu'on livre au troupeau.

On conçoit cette autorité du berger sur ses bêtes, quand on voit que d'un coup de sifflet, il fait faire un demi-tour à des brebis qui se sont avancées trop loin et qui sont à une grande distance de lui. Les bêtes connaissent ce sifflet, elles savent que si elles n'obéissent pas au commandement, la dent du chien ne tardera pas à se faire sentir.

C'est ici le cas de faire observer encore qu'un berger doit savoir siffler, et qu'il y en a qui ont pour cela un talent remarquable.

Une autre observation, c'est qu'il n'y a rien de difficile à gouverner comme des bêtes affamées, tandis qu'on est facilement maître de celles que la faim ne presse pas.

Pâturage en Angleterre. — Les étrangers qui visitent l'Angleterre y remarquent les brebis qui restent nuit et jour dans les pâturages, et pour lesquelles on ne craint ni la rosée ni les gelées blanches, ce qui prouve que les bêtes qui sont dans l'abondance ne choisissent pas seulement les plantes qui leur conviennent, mais choissent encore le moment où il convient qu'elles mangent, tandis que les bêtes affamées mangent tout et toujours. Elles mangent souvent des plantes qui leur sont nuisibles, et elles mangent des plantes bonnes en elles-mêmes, mais qui sont dans des conditions qui les rendent nuisibles. Il y a donc, toujours et de toutes manières, profit à bien nourrir les brebis et toutes les bêtes.

Plantes nuisibles aux brebis. — Il y a des plantes que les bergers considèrent comme occasionnant la pourriture aux brebis qui les mangent. Il y en a trois qu'ils mettent au premier rang, ce sont : la renoncule flamette (*ranunculus flamula*), le fluteau plantaginé (*alisma plantago*), la lisimaque monnoyère (*lisimachia nummaria*). Il n'est pas prouvé que ces plantes en elles-mêmes soient un poison, mais il est certain qu'elles croissent dans des endroits humides et marécageux, dont les brebis doivent toujours être tenues éloignées.

Dangers des prés humides. — Dans un pays montagneux, tel que la partie de la Bavière-rhénane où est situé le Rittershof, les vallées étaient il n'y a pas encore longtemps des marais, et on trouve sur les hauteurs des prés tourbeux, dans des endroits où les rochers ou bien un banc d'argile retiennent l'eau d'une source à la surface du sol. On a déjà beaucoup fait pour l'amélioration de ces prés des vallées et des hauteurs, mais ils sont cependant encore dangereux pour les troupeaux, et s'ils y entrent, ce ne doit être que pendant l'hiver, lorsque la terre est gelée, ou au printemps, lorsqu'elle est desséchée par le hâle du mois de mars.

On a aussi fait la remarque que les brebis qui allaitent peuvent impunément pâturer sur des terres où, en d'autres temps, elles contracteraient la pourriture. Le plus sûr est pourtant d'interdire toujours ces terres aux troupeaux, jusqu'à ce qu'on ait pu les assainir.

Ce qui est particulièrement dangereux, c'est l'eau stagnante, qui présente à sa surface les nuances de la gorge de pigeon, dans des sols ferrugineux. Ces amas d'eau se rencontrent dans des rigoles qui n'ont pas d'écoulement, quelquefois dans une ornière, et elle est un poison pour les bêtes qui la boivent.

On sait que les terres où la couche végétale repose sur un sous-sol imperméable sont dangereuses pour les troupeaux; on trouve aussi des fermes où la pâture est en général saine, mais où il existe des creux naturels, où par les pluies de l'hiver et du printemps il se forme des amas d'eau qui manque d'écoulement et qui plus tard disparaît par évaporation. Là, les bêtes contractent immanquablement la pourriture. On sait que le célèbre Bakevell, pour conserver seul la race qu'il avait créé, donnait à ses brebis de réforme le germe de la pourriture, en les faisant pâturer à l'automne sur des prés qui avaient été inondés pendant l'été. Il était alors sûr que les brebis devaient être livrées à la boucherie, et ne pourraient pas être conservées pour en tirer encore des agneaux.

Pâturage des chaumes. — Il y a encore une pâture que les bergers de ce pays-ci regardent comme dangereuse, c'est celle des chaumes d'avoine en automne. Les brebis peuvent sans risque être conduites sur les chaumes d'avoine immédiatement après la moisson, mais les bergers regardent comme dangereuses les jeunes pousses que produisent les grains d'avoine tombés par terre, et il les évitent jusqu'après les premières gelées.

En général, c'est l'automne qui est la saison la plus dangereuse pour les bêtes à laine. Elle sont ordinairement dans l'abondance, la preuve en est que les bouchers trouvent partout à acheter des bêtes grasses ; à l'automne la viande de mouton est abondante et à bas prix, dans les villages et les petites villes, mais c'est aussi la saison où les bergers doivent prendre le plus de précautions pour mettre les brebis à l'abri de la pourriture. Au contraire, au printemps, elles peuvent pâturer à peu près partout sans danger.

Prés naturels. — Les prés naturels sont, dans beaucoup d'endroits, une ressource importante pour la nourriture des troupeaux; mais, bien souvent, les bergers n abusent.

Immédiatement après l'enlèvement du foin, on peut, pendant un ou deux jours, laisser parcourir les prés non humides par les troupeaux. Les bêtes profitent alors de tous les brins d'herbe qui ont échappé à la faux; mais si un temps pluvieux à retardé la rentrée du foin et que l'herbe ait eu déjà le temps de repousser, alors le pâturage des prés doit être interdit aux troupeaux. Il y a des prés secs, où l'on ne fait pas de regain, qui restent abandonnés au pâturage pendant tout l'automne et tout l'hiver. Il y a des agriculteurs qui considèrent ce pâturage comme avantageux aux prés; ils disent qu'il fait taller le gazon. D'autres ne veulent pas que les moutons entrent dans les prés pendant l'hiver.

Je crois que par un temps sec on peut, sans inconvénient, laisser pâturer les prés pendant l'hiver, mais seulement jusqu'à la fin de février, et avoir toujours soin que le pré ne soit pas surchargé. Si un pâturage est tous les jours parcouru par des bêtes affamées, elles broutent les plantes jusqu'à la racine, et il en résulte un dommage irréparable pour la récolte suivante.

Il en est de même des trèfles de seconde année qui sont abandonnés au pâturage d'un troupeau, et aussi des pâturages naturels; le berger doit les ménager et ne pas les parcourir tous les jours. Un berger soigneux a aussi toujours en réserve un pâturage où, par une journée de pluie, il peut, en peu de temps, rassasier son troupeau. Il y a des endroits où les forêts reconnues défensables sont abandonnées au parcours des troupeaux.

Pâturage des forêts. — Les forêts reconnues défensables sont celles où les arbres sont assez forts pour que le bétail ne puisse plus leur nuire. Ces forêts n'offrent qu'une pauvre ressource pour les bêtes à laine. L'herbe qui croît à l'ombre est peu nourrissante, et quoique pour nous elle ait souvent la plus belle apparence, les brebis ne la mangent que quand elles y sont forcées par la faim.

J'avais lu qu'entre les arbres le mélèze faisait exception à cette règle; j'ai planté des mélèzes espacés à 10 mètres et le résultat n'a pas répondu à mon attente. La terre est converte de mousse, elle ne jouit pas suffisamment pour les graminées, des influences de l'air et du soleil, et les arbres devraient être plus rapprochés les uns des autres pour croître en hauteur et fournir ces belles tiges droites que l'on admire dans les massifs.

Un proverbe persan dit que le mouton a un pied d'or, tout ce qu'il touche se change en or.

Mais si le mouton enrichit le sol, sa dent fait souvent bien du mal, et je crois que ce n'est pas sa dent seule, je crois que ses émanations sont nuisibles aux arbres. On dit que si des ouvriers sont occupés à écorcer des chênes encore debout, pour faire du tan, et qu'un troupeau de moutons vienne à passer, la séve reflue vers les racines de l'arbre, et l'écorce ne se détache plus. Je n'en ai pas fait l'expérience, mais je suis disposé à croire que le fait est vrai. Il n'y a pas une ligne précise de démarcation entre le règne animal et le règne végétal; la séve du végétal, c'est le sang de l'animal. Tout comme la seule odeur d'un loup peut faire refluer vers le cœur le sang d'une brebis, pourquoi les émanations d'une brebis ne feraient-elles pas refluer la séve de l'arbre? La sensitive ne nous présente-t-elle pas d'étonnants phénomènes, qui ont fait croireà des savants que certains végétaux sont pourvus, à l'instar des animaux, d'un système nerveux et doués d'une véritable sensibilité.

Quoiqu'il en soit, on doit éloigner les brebis des arbres et surtout leur interdire l'entrée des taillis et des plantations d'arbres.

Enfin il y a des pays, comme une partie de l'Ardenne, et dans le Nord de l'Allemagne, où les bêtes à laine doivent trouver, dans la bruyère, la plus grande partie de leur nourriture pendant toute l'année. Ces bêtes, en rapport avec les pauvres sols qui les nourrissent, sont petites, robustes et fournissent de la viande de très-bonne qualité. Lorsque la bruyère ne fait pas la base de la nourriture et qu'on peut donner d'autres fourrages à la bergerie, elle est très-saine et un préservatif de la pourriture.

On a essayé, en Saxe, de nourrir les brebis toute l'année à la bergerie ; on a reconnu que cette nourriture est plus chère et convient moins à la nature des bêtes.

Paturages permanents ou temporaires. — Il y a toujours dans toutes les fermes un pâturage après les récoltes, qui est utilisé par les brebis et qui, sans elles, serait à peu près perdu ; mais, en outre, c'est pour les propriétaires de troupeaux une très-bonne opération d'établir des pâturages uniquement destinés à la nourriture des moutons. C'est pâturages peuvent être permanents ou temporaires.

Il faut beaucoup de temps et de frais pour établir un bon pâturage permanent, il vaut mieux ne laisser les terres que deux ans en herbe et faire entrer les pâturages dans un assolement régulier.

Fumure des paturages. — Il y a cependant des pâturages naturels qui ne peuvent pas être soumis à la charrue, et dont on doit chercher à obtenir par des fumures le plus haut produit possible. Les Anglais sont d'avis qu'il vaut mieux chercher à obtenir un effet immédiat par des fumures abondantes que par des applications parcimonieuses d'engrais. Le nitrate de soude, le guano, produisent une plus grande quantité de fourrage; avec la chaux et les os, on obtiendra la meilleur qualité.

Un fermier anglais recommande un mélange de guano, de nitrate de soude et sel ordinaire, en quantités égales, 400 à 500 kil. par hectare.

L'argent, disent encore ces fermiers, bien employé

dans les herbages, rapporte un profit plus certain que la culture du blé.

Abreuvoir. — J'ai dit que les brebis boivent quelquefois de l'eau corrompue; pour qu'elles ne le fassent pas, étant pressées par la soif, on doit ne les laisser jamais manquer de bonne eau. Les brebis boivent peu; il y a des endroits où dans les étés secs les sources tarissent et où les troupeaux manquent d'eau; mais pourtant on doit, partout où cela est possible, leur procurer de bonne eau, et de manière qu'elles puissent boire tous les jours. J'ai sur ma ferme des sources abondantes, de très-bonne eau, et j'ai établi pour les brebis des abreuvoirs très-simples et très-peu coûteux. Ce sont des pins d'environ 25 centimètres de diamètre creusés à la hache, de manière à former une auge qui a environ 0m.10 de largeur, sur autant de profondeur. Plusieurs auges semblables peuvent être réunies bout à bout, par des boîtes en fer, comme on les emploie pour les conduites d'eau, au moyen de corps en bois. On proportionne la longueur au nombre des bêtes, mais en observant qu'il n'est pas nécessaire que toutes boivent en même temps. L'eau, coulant d'une extrémité à l'autre des auges, se renouvelle continuellement et les bêtes peuvent y boire à discrétion les unes après les autres.

Sel. — Un autre objet de première importance pour les bêtes au pâturage, c'est le sel. L'utilité du sel pour le bétail a été contestée, mais les bêtes à laine ont pour le sel un appétit tellement prononcé, qu'on ne peut pas douter qu'il ne leur soit, sinon indispensable, du moins très-salutaire [1]. Quand elles sont à la pâture, on ne peut pas assaisonner de sel leurs aliments, comme on assaisonne tous les jours ceux des hommes; on leur donne du sel seul, et elles le man-

[1] Si l'on doutait de l'appétit de certaines bêtes pour le sel, il suffirait de voir comme il est recherché par les pigeons, au Rittershof; pendant l'été, on voit tous les jours une bande de ramiers ou de tourterelles ramassant les grains de sel qui ont pu rester dans les auges à sel des brebis, ou tomber par terre à côté de ces auges.

gent avec avidité. Le berger voit quand elles en demandent. — A quels signes le voit-il? — C'est ce que lui-même ne peut pas définir. Il dit les bêtes mangent mal, elles ont besoin de sel. — On leur en donne en été tous les huit jours, en hiver tous les quinze jours, et on compte par an 1 kilogr. à 1 kilogr. 1/2 par bête. Si on leur en donne en hiver, comme je le dirai tout à l'heure, elles en consomment dans une année beaucoup plus de 2 kilogrammes.

Auges à sel. — On leur donne le sel au pâturage dans des auges posées par terre dans un endroit qui se trouve à peu près au centre des pâturages. Ces auges sont, comme les auges-abreuvoirs, taillées à la hache, dans des pins ou sapins, de 15 à 20 cent. de diamètre. Chaque auge est longue d'environ 4 mètres. Le creux de l'auge a environ 12 cent. de largeur au fond, sur 6 cent. de profondeur; comme toutes les bêtes veulent, en même temps, prendre leur part de sel, il faut une longueur d'auges proportionnée au nombre des bêtes, et comme elles peuvent y arriver de deux côtés, une auge de 4 mètres peut suffire à vingt bêtes. Pendant l'hiver, on rentre ces auges à la ferme, ou on les retourne en mettant une pierre plate sous chaque extrémité, pour qu'elles ne posent pas par terre. On peut encore augmenter leur durée en les goudronnant.

Rateliers-crèches. — Lorsque les moutons ne trouvent pas au pâturage une nourriture suffisante et qu'ils sont trop loin de la bergerie pour qu'on puisse les y faire rentrer, il est bon de leur donner un repas dans les champs. C'est ce qui se pratique dans la ferme de M. Pluchet, qui a fait construire dans ce but des râteliers-crèches portatifs très simples, représentés par la gravure 33. Cette méthode est également suivie à la ferme de Masny (Nord), dirigée par M. Fiévet.

Les brebis améliorent-elles les pâturages? — C'est une opinion généralement admise, que les brebis améliorent le pâturage qui les nourrit. Leur fumier, dit-on, y est répandu et ne tombe pas sur une seule place, comme

Grav. 33. — Moutons prenant un repas dans les champs, au moyen des râteliers-crèches.

celui des bêtes à cornes et des chevaux; l'acide carbonique qu'elles respirent en pâturant doit fertiliser le sol et activer la végétation des plantes; enfin on croit que la manière même dont elles broutent l'herbe, en la déchirant par un mouvement saccadé de tête, favorise le tallement des graminées. On croit encore que beaucoup de plantes autres que les graminées, étant ainsi broutées, périssent et cèdent la place à celles qui conviennent le mieux au pâturage.

Il y a des plantes que l'on a de la peine à extirper d'un champ, même avec beaucoup de soins et de travail, et que la dent du mouton détruit infailliblement, tels sont les topinambours, les rejets d'acacias, etc.; pour cela, il est bien entendu qu'il ne suffit pas que ces plantes soient pâturées une fois, il faut que les moutons les broutent dès qu'elles sortent de terre, et aussi souvent qu'elles repoussent.

Ce dernier fait est positif, j'en ai plusieurs fois fait l'expérience. Si les jeunes pousses sont broutées à mesure qu'elles sortent de terre, les plantes ne tardent pas à périr. Ceci explique comment de vastes étendues de terrains abandonnés au parcours des troupeaux restent complétement nus, tandis que si l'entrée en est interdite à ces troupeaux, on voit croître des plantes dont on ne soupçonnait pas que la terre contînt les germes; le vent et les oiseaux en apportent des graines, et avec le temps, la seule force productive de la nature créera une forêt sur des terrains que le parcours des troupeaux aurait condamnés à une éternelle nudité. Le mal que font les troupeaux, sous ce rapport, est incontestable et je pense incontesté. Une autre question est de savoir si ces pâturages considérés seulement comme pâturages sont améliorés par les bêtes qu'ils nourrissent. J'ai dit l'opinion de ceux qui croyent à l'amélioration, et je crois qu'on exagère les bons résultats du pâturage.

On sait que les bœufs enrichissent le pâturage sur lequel ils vivent et que les chevaux l'appauvrissent, mais on sait aussi que leurs déjections ne doivent pas rester par tas, là où elles tombent, et doivent être répandues. Le fumier des moutons n'a pas besoin d'être répandu; mais s'il tombe sur une terre gazonnée, je crois qu'il lui profite bien peu. Il ne pénètre pas dans la terre, il se dessèche, et il est bientôt dévoré par des insectes. On peut remarquer sur la terre, pendant l'été, des fientes qui ne sont plus que de minces enveloppes vides, comme seraient des coquilles de noix ou des coquilles d'œufs. Il n'y a donc que les urines qui s'imbibent dans la terre et peuvent réellement la fertiliser. J'ai vu parquer des prés secs, et le résultat de ce parcage était loin d'être satisfaisant.

Il y a des plantes, autres que les graminées, que les brebis broutent et détruisent, mais il y en a auxquelles elles ne touchent pas, et ce sont précisément celles qu'il importerait de détruire, comme les chardons, les tytimales, les arrête-bœufs, le millepertuis, etc.

En définitive, il y a dans les pâturages une amélioration amenée par le seul repos de la terre; je crois que le pâturage des brebis l'augmente peu, et je crois que des pâturages temporaires qui entrent dans un assolement régulier ne doivent pas subsister plus de deux ans.

J'ai encore fait chez moi une remarque relativement à ces pâturages temporaires, c'est qu'il y a des parties où les brebis s'arrêtent, broutent avec avidité et tiennent la terre toujours nue, tandis qu'à quelques cents mètres plus loin, dans une terre en apparence semblable et qui a été cultivée de même, elles passent rapidement et tondent si peu le gazon, qu'à la fin de l'été la terre est couverte de tiges durcies de graminées qui, vues de loin, ressemblent à un pré qu'on aurait oublié de faucher.

Le cultivateur qui passe sa vie au milieu des champs, qui observe et qui étudie les animaux et les plantes, dont la production et l'entretien sont l'objet continuel de ses travaux et de ses soins, celui-là voit chaque jour, jusque dans les plus petits détails, combien de choses il ignore encore et quelle vaste carrière est ouverte à celui qui a le désir de s'instruire.

§ 2. — NOURRITURE A LA BERGERIE.

Nourriture d'hiver. — Lorsqu'on ne peut plus parquer et que le troupeau rentre à la bergerie vers la fin d'octobre, il trouverait bien encore à se nourrir dehors, mais tout est si mouillé qu'il est bon de donner du foin le matin et de ne sortir que vers 9 heures. Plus tard, selon la température, arrive le moment où l'on ne peut plus compter sur le pâturage et où les bêtes doivent recevoir leur ration complète à la bergerie. On admet, pour les bêtes à cornes, que la ration d'entretien, celle qui sert uniquement à l'entretien de la vie des bêtes à laquelle on ne demande ni travail ni lait, est de 1/60 du poids de la bête vivante.

Avec cette ration les bêtes vivront, mais ne donneront aucun profit, et en règle générale on peut compter qu'elle doit être doublée. Si l'on a de jeunes bêtes, il faut leur donner une nourriture suffisante pour assurer leur développement; les brebis portent ou nourrissent un agneau, enfin, pour toutes les bêtes, il faut quelque chose aussi pour la croissance de la laine.

On voit d'après cela que le principe généralement admis, qu'un mouton de moyenne taille consomme par jour 1 kil. de foin ou l'équivalent, est assez exact, mais que ce n'est cependant pas une forte ration et qu'il faut l'augmenter pour des moutons à engraisser.

Chez moi, pour les chevaux et les bêtes à cornes, les rations sont fixées et tout le foin est bottelé. Il ne peut en être de même pour les brebis, parce que tant que la terre n'est pas couverte de neige, elles trouvent toujours quelque chose pendant les 5 à 6 heures qu'elles passent chaque jour dehors. Elles recoivent une quantité déterminée de racines ou d'avoine, mais le foin n'est pas bottelé et le berger en donne la quantité qu'il juge nécessaire.

Rentrée à la bergerie. — Les brebis attendant impatiennent leur repas, et il faut des précautions pour les faire rentrer à la bergerie, de manière qu'elles ne se pressent pas dans la porte de manière à s'étouffer ou amener des avortements. Chez moi, la maison d'habitation étant au milieu de la cour de ferme, on fait tourner les brebis autour de la maison, et elles arrivent ainsi à la file, pour entrer dans la bergerie par deux portes.

On a conseillé de placer à la porte de la bergerie un pont, ou plan incliné, sur lequel ne peuvent se tenir de front qu'un nombre de brebis proportionné à la largeur de la porte ; s'il y en a plus, elles sont poussées à bas du pont par celles qui sont au milieu et sont obligées de reprendre la file. Cette disposition doit avoir été adoptée à Grignon.

Pour garnir les râteliers, il est indispensable de faire sortir les bêtes de la bergerie ; elles restent alors dans la cour jusqu'à ce que tout soit terminé à l'intérieur. Le soir on les conduit chaque jour à l'abreuvoir, au ruisseau si on en a un, ou à des auges dans lesquelles on fait couler l'eau d'une fontaine ou d'un puits. Je ne donne l'eau dans des baquets qu'à des bêtes qui ne sortent pas de la bergerie.

Foin. — Pour la nourriture des brebis pendant l'hiver, c'est presque toujours le foin qui en fait la base. Le foin aigre des prés marécageux ne leur convient pas, et elles ne le mangent que quand elles y sont forcées par la faim. Si on leur donne du foin grossier, elles n'en mangent que les feuilles et laissent les tiges. Le foin qui leur convient le mieux est le foin fin et aromatique de bons prés secs. La luzerne, le trèfle, particulièrement le trèfle blanc, leur conviennent bien. Dans les pailles qui ont été bien rentrées, elles cherchent les herbes qui s'y trouvent mêlées et les épis ; le reste sert de litière.

Si l'on n'a pas pour les brebis du foin de première qualité, ou s'il n'est pas très-bien rentré, c'est une fort bonne méthode de saler le foin en le rentrant. Pour cela on répand du sel sur chaque couche de foin, à mesure qu'on l'entasse dans le grenier. Je n'ai pas constaté avec la balance la quantité de sel à employer, mais je pense que 1 kilogr. de sel peut suffire pour une voiture de foin de 1,000 kilogrammes.

Si le foin a été mal rentré et n'a pas été salé en le rentrant, il est très-bon de l'arroser chaque jour d'eau salée.

Le sel tel qu'on le reçoit des salines est trop grossier, il doit être pilé ou broyé. J'ai trouvé que la manière la plus facile de le broyer est de l'étendre sur une table et de l'écraser avec un cruchon de grès.

L'on donne pour 100 bêtes 2 kilog. de sel ; quelquefois il en reste encore un peu qu'elles trouvent le lendemain. On doit remarquer qu'il y a dans tous les troupeaux des bêtes plus faibles ou plus timides, qui sont repoussées par les autres, qui se soumettent à rester en arrière, et qui souvent n'ont que ce que les autres ne veulent plus. Le berger doit remarquer ces bêtes, et si on ne peut pas en prendre soin, le mieux est de s'en défaire de suite. Mais quand le troupeau est dans l'abondance, on est sûr qu'aucune bête ne pâtit, et s'il y a un peu de sel de reste, on est sûr que toutes en ont.

Nous avons, en Bavière, du sel pour le bétail à un prix réduit, 6 fr. 10 par 100 kil.[1]. Ce sont des fonds de chaudière qui contiennent 4 à 5 p. °/o d'argile et d'oxide de fer, le reste est sel. Ce sel a une couleur rougeâtre et il faut qu'il ait un goût particulier, car, quand il est seul, les bêtes le refusent ; mais il est excellent pour assaisonner leurs aliments. Pendant l'hiver, j'en fais répandre chaque jour sur les racines coupées, dans la proportion de 500 gr. pour 100 bêtes, et pendant l'été on leur donne dans les auges du sel blanc.

Dans les salines où l'on extrait le sel gemme, on peut se procurer des pierres de sel que l'on place dans les ber-

[1] *Sel pour le bétail en Bavière.* — Un sac de 87 kil. coûte 5 fr. 30
— 100 — 6 10

En Prusse on vend aussi à prix réduit du sel pour le bétail, c'est du sel blanc auquel on ajoute pour 100 kil., oxyde de fer, 500 gr.
absinthe, 1 kil.

Ce sel coûte 7 fr. 50 les 100 kil.

geries, de manière que les bêtes puissent, à volonté, les lécher.

Le sel est un tonique, il est regardé comme le meilleur préservatif de la pourriture, et je ne crains pas de faire une dépense, qui est peu considérable, pour maintenir mon troupeau en bonne santé.

Racines. — Les racines, rutabagas ou betteraves, proprement lavées, passent par le coupe-racines ; mais il en résulte de longues et minces tranches, et si on les donne ainsi, il y en a beaucoup de perdues. Une bête saisit une de ces tranches, pour la diviser elle la secoue en levant la tête, un petit morceau est coupé et se détache ; le reste ne retombe pas toujours dans la mangeoire, mais tombe souvent dans le fumier, où il est perdu. Par cette raison, au sortir du coupe-racines, ces tranches passent dans une auge en bois, où avec le fer en S (grav. 34-35) on les divise en petits morceaux [1]. On y mêle alors ce qu'on a à ajouter aux racines, du son, des tourteaux, des balles de blé, etc. Les bêtes mangent mieux ces mélanges que les racines seules, et cela pourrait venir uniquement de ce que les racines ne sont pas coupées net avec le fer, mais qu'une partie devient pâteuse. C'est sur ce mélange qu'on répand un peu de sel, 500 gr. pour 100 bêtes, et elles ne le reçoivent qu'une fois par jour, le soir. C'est alors leur principal repas ; le matin elles n'ont que du foin et de la paille, si on en a à leur donner.

Presque toutes les racines, rutabagas, betteraves, carottes, topinambours, sont bonnes pour les bêtes à laine. On sait qu'en Angleterre ce sont les navets (turneps) qui font la base de la nourriture d'hiver des bêtes à laine, et elles les consomment dans les champs pendant tout l'hiver. Notre climat ne permet pas ce mode de nourriture, les racines doivent chez nous être mises à l'abri du froid,

[1] Cet outil en forme d'S peut même servir, comme le montre la gravure 35, à diviser des racines qui n'ont pas été réduites en lanières par le coupe-racines.

dans des caves, ou dans des silos. Avant de les rentrer, on en coupe les feuilles dans le champ même où on les récolte.

Je fais répandre ces feuilles et je les abandonne aux brebis, ce qu'elles ne mangent pas est enterré par la charrue. Les petits cultivateurs qui n'ont qu'une ou deux

Grav. 34.
Coupe-racines en S.

Grav. 35.
Emploi du coupe-racines en S.

vaches tirent parti des feuilles de betteraves en les faisant cuire, mais dans la grande culture les frais excéderaient beaucoup le profit.

Dans l'énumération des racines propres à l'alimentation des bêtes à laine, j'ai omis à dessein la pomme de terre. Autant la pomme de terre cuite est une bonne nourriture pour tous les animaux, autant il faut s'en méfier quand elle est crue. Elle a alors quelque chose des solanées, à la famille desquelles elle appartient, et elle contient une eau de végétation qui, en quantité suffisante, serait un poison (la solanine). On doit, pour faire consommer aux bêtes la pomme de terre crue, la mêler par moitié avec d'autres racines.

Avoine, féveroles. — L'avoine, les féveroles, conviennent très-bien aux brebis; c'est seulement leur prix qui doit décider de leur emploi.

Lupin. — Une plante récemment introduite dans la grande culture convient particulièrement aux bêtes à laine. C'est le lupin. Il contient un principe amer et astringent, qui, dit-on, est non-seulement un préservatif, mais un remède à la pourriture. Le lupin réussit dans les sables même les plus pauvres et ne vient pas dans les terres argileuses; il sera précieux pour les sables, s'il donne tout ce que les premières années de sa culture en font attendre. La paille des lupins convient aussi aux bêtes à laine, et en la coupant et la séchant avant la maturité des graines on en obtient un très-bon fourrage. Daubenton dit qu'il faut faire tremper les lupins dans de l'eau pour leur ôter leur amertume; elles les mangent bien sans aucune préparation.

Glands, faînes. — Les forêts fournissent aussi, certaines années, des ressources précieuses pour la nourriture des troupeaux; ce sont les glands et les faînes. On fait sécher les glands en les étendant en une couche très-mince sur un plancher et les retournant tous les jours; on les donne entiers aux bêtes. Avec les faînes on fait de l'huile, et il reste les tourteaux, qui sont très-bons pour les bêtes à laine. On les fait broyer sous une meule d'huilerie et on les donne seuls, ou mêlés à des racines. Les tourteaux de faîne sont vendus par les huiliers à un prix peu élevé, parce qu'ils sont peu employés pour les vaches, auxquelles ils occasionnent des indigestions si on ne les leur donne pas très-délayés.

Marrons d'Inde.—Les marrons d'Inde, qui en tant d'endroits sont perdus, sont aussi excellents pour les moutons. Ils contiennent un principe astringent qui les fait recommander comme remède à la pourriture. Les aiguilles de pin, les bruyères, ont une action analogue. Les brebis les mangent volontiers pendant l'hiver.

Résidus de distillerie. — Enfin on peut aussi nourrir les bêtes à laine avec des résidus de distillerie, de pommes de terre et de grains, et j'ai l'expérience qu'on peut même avec ces résidus rétablir des bêtes qui ont un commencement de pourriture. C'est une opinion généralement admise que les aliments liquides sont dangereux pour les brebis; les résidus de distillerie ne sont pas dans ce cas; j'ai au contraire acquis la certitude qu'ils sont une bonne et saine nourriture.

Il y a, dans le nord de l'Allemagne, des bergeries où les résidus de la distillation des grains font la base de la nourriture des troupeaux. On a, ordinairement, dans une cour attenante à la bergerie, des auges dans lesquelles on fait couler les résidus et, une fois par jour, on y amène les bêtes. On évite ainsi un travail assez long et pénible pour les bergers, celui de porter les résidus dans la bergerie avec des seaux.

Il est, je pense, inutile de dire que, outre les résidus, il faut toujours donner aux bêtes de bon foin en quantité suffisante.

Nourriture des brebis portières. — Je donne pour cent brebis portières, outre le foin, 100 kilogr. de betteraves et 50 kilogr. de tourteaux de faine, que l'on admet valoir pour les facultés nutrives 25 kilogr. de tourteaux de colza.

Ces mélanges ne sont pas tout à fait conformes aux prescriptions de la science, mais je m'en trouve bien et je crois que la valeur des aliments n'est pas assez connue pour qu'on puisse arriver à une certitude rigoureuse.

Si l'on a des brebis de réforme que l'on veut engraisser, il faut alors sevrer les agneaux, ce qui a lieu en les séparant pendant quelques jours de leurs mères. Le plus souvent ce sont les brebis à engraisser que l'on sépare pour les garder seules, et comme elles sont destinées à la boucherie, que par conséquent on ne craint pas de leur donner le germe de la pourriture, on les laisse aller partout, notamment dans les prés où on ne voudrait pas laisser entrer les autres bêtes.

Nourriture des béliers.— Les béliers exigent pour leur nourriture des soins particuliers. Quand on n'a pas assez de bêtes pour former deux troupeaux et entretenir deux bergers, on est quelquefois dans l'embarras pour séparer des bêtes qu'on ne peut pas laisser ensemble. Il y a des villages où les béliers sont toute l'année avec les brebis et où il naît des agneaux pendant six mois. Dans un troupeau bien tenu, le temps de la monte est réglé, et chez mois elle ne dure pas plus d'un mois. Il faut alors séparer les béliers dès qu'on remarque que des brebis deviennent en chaleur, ce qui a lieu au commencement du mois d'août. On les nourrit à la bergerie, et on tâche d'avoir près de la ferme un petit enclos, dans lequel ils passent une partie de la journée. On les met avec le troupeau, quand le temps en est venu, et la monte finie on les rentre de nouveau. Les béliers doivent être d'autant mieux nourris qu'il ont plus de valeur, et sans les amener à un point de graisse qui ne s'accorde pas avec notre mode de pâturage, ils doivent être toujours en très-bon état. Outre le trèfle en été et du foin quand il n'y a plus de vert, je donne par jour, à chaque bélier, un litre d'avoine.

Nourriture des agneaux.—La nourriture des agneaux n'offre rien de particulier. Tant qu'ils ne peuvent pas suivre leur mère au pâturage, on leur donne à la bergerie le foin le plus délicat, des carottes découpées très-fin et de l'avoine. Lorsqu'à l'automne le troupeau rentre, les agneaux, qui ont alors neuf mois, sont placés seuls, non pas tant pour les mieux nourrir que pour être sûr qu'aucuns ne sont repoussés des râteliers par les bêtes plus fortes. Si l'on en a un assez grand nombre, il est très-bon de faire garder les agneaux en un troupeau séparé. Si on ne le peut pas, on met des tabliers aux agnelles les plus fortes. Des agnelles bien développées et bien nourries deviennent en chaleur dès le premier automne.

§ 3. — ENGRAISSEMENT DES MOUTONS.

Je crois avoir passé en revue, dans le paragraphe précédent, toutes les substances alimentaires qui servent à la nourriture des bêtes à laine. Si l'on veut engraisser des moutons, il faut, avant tout, abondance de bonne nourriture. Ainsi, en été, une bonne et abondante pâture, et en hiver, à la bergerie, des aliments choisis et en quantité suffisante pour que les bêtes soient complétement rassasiées. Je ferai seulement une observation, c'est que la chimie moderne a reconnu que pour que les aliments profitent le mieux possible à la bête qui les consomme, il faut que les aliments azotés soient aux aliments non-azotés (carbonés et hydrogènes dits respiratoires) comme 1 est à 5.2

Si l'on n'observe pas cette proportion et qu'il y ait excès de l'un ou autre aliment, ce qui est en trop ne sert pas à l'alimentation de la bête, et l'analyse chimique le retrouve dans les déjections. Le bon foin est un aliment complet, c'est-à-dire qui contient tout ce qui est nécessaire à l'alimentation, mais on sait qu'avec du foin seul l'engraissement serait très-long et par conséquent très-cher; on doit alors y ajouter d'autres aliments. Si on donne des racines, il faut y joindre ou du grain, ou du son, ou des tourteaux. On conçoit qu'il est impossible d'indiquer rigoureusement la proportion. Mais le principe ne doit jamais être perdu de vue.

Le sel ne doit pas manquer aux moutons en graisse. La bergerie doit être suffisamment spacieuse et aérée. On tond quelquefois les moutons que l'on met en graisse, s'ils sont dans une bergerie chaude et qu'ils n'en sortent pas, parce que leur toison peut leur occasionner des transpirations qui nuisent à l'engraissement; mais si la bergerie est aérée comme elle doit l'être pour être saine, et si les moutons en sortent tous les jours, ne fut-ce que pour très-peu de temps, on ne doit pas les tondre.

Quantité de nourriture nécessaire. — Si l'on demande quelle quantité de nourriture est nécessaire à un mouton en graisse, la science dit que la ration de production doit être un trentième du poids de la bête vivante.

On sait qu'on appelle *ration d'entretien* celle qui est nécessaire pour qu'une bête parvenue à toute sa croissance se maintienne en bonne santé, sans augmentation ni diminution de poids, lorsqu'elle ne produit ni travail, ni lait, ni graisse; et *ration de production*, celle au moyen de laquelle on obtient d'une bête un accroissement de taille, ou un produit en travail, en lait ou en viande. On sait encore que, quand on calcule la nourriture des bêtes, on suppose que c'est du bon foin, ou l'équivalent. D'après cela, la ration de production d'un mouton pesant, vivant, 30 kilog., serait un kilog. de bon foin ou l'équivalent. Mais cette base ne peut être qu'approximative.

Les Anglais disent que mieux on nourrit les bêtes, mieux elles payent leur nourriture et je suis aussi de cet avis. Des bêtes en graisse doivent être rassasiées complétement; on leur donne les aliments que l'on a à sa disposition ou qui coûtent le moins cher, et les mélanges seront faits d'après les règles que j'ai tout à l'heure indiquées.

Voici un exemple d'engraissement de moutons à Roville.

Engraissement des moutons à Roville. — L'agriculture a fait de grands progrès depuis M. de Dombasle, mais il aura toujours l'immense mérite d'avoir tracé une route nouvelle, d'avoir montré que l'agriculteur est aussi un industriel et qu'il doit soumettre toutes ses opérations aux règles du calcul. Voici le compte rendu d'un engraissement de moutons à Roville.

« 100 moutons de la grande race Würtembergeoise consomment par jour :

Foin	200	kilogr. équivalents	200
Tourteaux de lin	100	—	200
Orge moulue	100	—	200
Résidus de distillation à discrétion, ordinairement environ 8 hectol, soit	1600	—	50.650

« La plus grande partie du foin est donnée hachée, mêlée avec les tourteaux et la farine et le tout humecté d'eau salée.

« L'engraissement est rapide avec cette nourriture, et les bêtes peuvent être livrées à la boucherie au bout de six semaines ou deux mois.

« Une bête de cette race médiocrement grasse, donne 55 à 60 kilogr. de viande nette. Il faût que l'animal soit très-gras pour qu'il rende en viande nette 52 à 55 p. 0/0 de son poids en vie. On est parvenu à former, en Angleterre, des races de moutons dans lesquelles la viande égale 70 à 75 p. 0/0 du poids de l'animal en vie et pesé à jeun.

« L'emploi du sel est une condition indispensable dans l'engraissement.

« Ces 100 moutons, avec une abondante litière, donnent par semaine 10 à 11 voitures de fumier (voitures à un cheval pesant 500 kil.), le plus riche peut-être qu'on puisse employer à l'amendement des terres.

Cet hiver, 1826 à 1827, dit encore M. de Dombasle, les bêtes d'élève sont nourries avec des résidus et de la paille. »

Ainsi ce compte rendu date déjà de 36 ans, et il nous fournit pourtant d'utiles renseignements.

On y voit d'abord qu'en admettant que les moutons pesaient vivants, 60 kilogr., ils ne consommaient pas 1/30 mais 1/20 de leur poids, ce qui prouve, comme je l'ai dit, qu'on ne doit pas se tenir à la prescription admise comme règle, mais que quand on veut engraisser des bêtes avec profit il faut leur donner autant qu'elles peuvent manger; mais on voit encore que la ration n'était pas composée selon les prescriptions de la science moderne et que la proportion des aliments azotés était trop considérable. Il serait bien intéressant que des expériences comparatives fussent faites sur cette question; ces expériences sont bien difficiles à faire pour les cultivateurs auxquels manquent généralement, le local nécessaire, le temps, des aides méritant une confiance absolue. C'est dans les fermes-écoles que ces expériences peuvent le mieux être faites.

On voit ensuite que M. de Dombasle regardait le sel comme indispensable à un bon engraissement.

On voit encore que déjà alors on connaissait la supériorité des bêtes anglaises.

Enfin, on voit que le fumier des bêtes à laine est un produit important de l'engraissement, produit qui doit être porté en compte, et sans lequel l'engraisseur serait souvent en perte.

Engraissement des moutons sur prés arrosés. — Voici ensuite une méthode d'engraissement tout exceptionnelle que je crois pourtant utile d'indiquer.

La ferme la plus célèbre du Berkshire est celle de M. Pusey. Elle contient environ 150 hectares. Toutes les parties de la culture y sont également bien soignées, mais on admire surtout l'élève et l'engraissement des moutons. Le troupeau se compose de 800 bêtes, dont moitié brebis portières. L'hiver il est nourri de racines et l'été sur prairies arrosées. Ces prairies sont ce qu'il y a de plus remarquable chez M. Pusey. Il a fait venir du Devonshire un irrigateur expérimenté, les travaux lui ont coûté 350 fr. par hectare. Le produit paraît énorme, puisque sur une étendue de 2 acres ou 80 ares il prétend nourrir pendant 5 mois d'été 73 beaux moutons southdown. Ces moutons sont enfermés sur les prairies dans des parcs que l'on déplace quand l'herbe est mangée. On en ôte l'eau avant d'y mettre les moutons et on l'y remet dès qu'ils sont sortis. M. Pusey affirme que nourris ainsi et finis ensuite à l'étable avec des grains et des tourteaux, ils sont gras *à un an* et vendus à un haut prix pour la boucherie.

Malgré ces beaux produits et ceux obtenus dans les autres branches de son exploitation, l'opinion générale est que M. Pusey ne fait pas de bénéfices. Il ne rend pas moins de grands services à l'agriculture. Il est arrivé à quadrupler le nombre des moutons engraissés et à doubler la quantité des céréales produites dans sa ferme. D'autres chercheront à obtenir ces résultats par des moyens plus économiques et y réussiront probablement.

§ 4. — RENDEMENT EN VIANDE DES BÊTES GRASSES.

Après avoir vu comment on engraisse les moutons, il faut connaître leur rendement à la boucherie. Ce rendement varie à l'infini, selon les races et selon le point auquel est poussé l'engraissement. Nous avons déjà vu, en parlant de la race anglaise leicester, à quel extraordinaire point de graisse on peut l'amener.

Rendement à l'abattoir. — Le rendement en viande peut varier 50 à 60 p.%. Au Rittershof on tue quelquefois pour les gens de la ferme, des brebis peu grasses, mais en bon état; en prenant une moyenne, on trouve que la bête vivante, le poids de la laine étant déduit, donne 100 p.% de viande nette.

D'après Weckherlin on a obtenu les rendements suivants pour 50 kilogr. de la bête vivante :

1	viande		45	à	48 k	suif	7 k	total 52 à 50
2	—	«	50	à	52	—	9	59 — 69
3	—	«	54	—	«	—	11	65 —

La tête et les parties mangeables des intestins donnent 7 à 10 p.%.

La peau dépouillée de laine 7 p.% à Poissy.

CHAPITRE X

DU PARCAGE ET DES FUMURES

§ 1. — DU PARCAGE.

On nomme parc, pour les bêtes ovines, une enceinte formée de claies mobiles, dans laquelle on enferme le troupeau pour passer la nuit. Le parcage a pour but de fumer les terres sur lesquelles le troupeau, chaque nuit, dépose ses déjections solides et liquides.

Avantages du parcage. — Les avantages du parcage ont été contestés, notamment par M. de Dombasle, dont le troupeau, à Roville, ne parquait pas, et la généralité des cultivateurs lui accorde cependant une grande valeur. Quand le fermier a une bergerie assez vaste et aérée pour que les bêtes n'y souffrent pas en été de la chaleur, lorsque les pâturages sont à peu de distance de la ferme, et qu'on a abondance de paille pour la litière, alors ce fermier peut être d'avis qu'il lui est plus avantageux de produire, dans la bergerie, d'excellent fumier dont l'effet dure plusieurs années, que de donner à ses terres, par le parcage, une fumure qui ne dure qu'un an[1] et de faire courir au trou-

[1] Il est admis que la fumure du parc ne dure qu'un an; si pourtant dans le blé on sème du trèfle, il peut devenir très-beau, et après le trèfle, on peut avoir encore une bonne récolte de blé.

peau les chances auxquelles il est quelquefois exposé par les loups, par la négligence ou l'infidélité du berger, par les orages, etc.

Mais cette position d'un fermier est exceptionnelle et pour le plus grand nombre, le parcage offre des avantages qui font plus que compenser ses inconvénients. Si les terres sont éloignées de la ferme, et avec cela d'un abord difficile, le troupeau y transporte l'engrais, on économise des frais considérables de transport et on ménage la paille qui manque si souvent dans le temps qui précède la moisson.

Sur un terrain qui a été bien ameubli, les déjections solides et liquides des moutons se mêlent à la terre et y sont incorporées par le piétinement des bêtes. Ce mélange de l'engrais avec la terre ne peut jamais avoir lieu aussi intimement avec le fumier qui provient de la bergerie. Enfin on croit que les émanations des bêtes à laine, leur haleine, la chaleur qu'elles communiquent à la terre sur laquelle elles se couchent, contribuent encore à augmenter l'effet du parcage.

Un autre avantage c'est que le fumier transporté sur les terres par le parcage ne contient pas de graines de mauvaises herbes.

Inconvénients du parcage. — Une forte objection contre le parcage c'est que si le parc est loin de la ferme, le troupeau est quelquefois surpris pendant la nuit par des pluies d'orage et un berger négligent reste à l'abri dans sa cabane, tandis que dans le parc, les bêtes reçoivent la pluie et sont trempées jusqu'à la peau. Ceci a souvent lieu avec les troupeaux communaux. Comme les bêtes appartiennent à un grand nombre de propriétaires et qu'il est difficile, quand on veut les ramener au village, de les mettre à couvert, alors elles restent dehors et elles ont souvent beaucoup à souffrir du mauvais temps.

C'est là une des raisons pour lesquelles les bêtes des troupeaux communaux qui commencent à parquer en avril, et souvent parquent encore en novembre, doivent, avant tout, être robustes. Elles sont soumises en général à un régime auquel des bêtes perfectionnées ne résisteraient pas. Mais c'est surtout dans les villages que l'on peut se convaincre de la valeur que les cultivateurs attachent au parcage. Dans quelques communes, les cultivateurs s'entendent entre eux pour jouir du parc chacun à son tour, et selon le nombre de bêtes que chacun a le droit d'avoir proportionnellement à l'étendue des terres; mais ce cas est rare et je n'en connais d'exemple qu'à Gerhardsbrunn, si remarquable par l'accord qui règne entre les habitants. Dans les autres villages, le parc est mis à l'enchère et les prix auxquels il est pousséfont voir quelle valeur on y attache.

Dans beaucoup de communes la pâture est louée ordinairement à un homme qui est étranger au village et c'est celui-ci qui relaisse le parc, aussi par des adjudications à l'enchère, et par lots de quelques nuits. Ordinairement il retire du parc autant que lui coûte la location de la pâture. Ainsi, dans ce cas, les propriétaires des terres nourrissent le troupeau et payent le fumier qu'il produit. Le locataire de la pâture n'a à payer que le berger.

Terres à parquer. — On parque successivement pour orge, colza, blé ou seigle, quelquefois jusque dans le courant de novembre, pour de l'orge ou de l'avoine à semer au printemps suivant.

Là où l'on sème, dans la jachère, des plantes fourragères destinées à la nourriture du troupeau, après que ces plantes sont consommées, on met le parc sur le champ qui les a produites.

Tous les fermiers connaissent l'effet du parc sur les récoltes de grains, ils savent qu'il agit très-énergiquement, mais que souvent il pousse trop les blés en herbe, dont alors la végétation luxuriante n'est pas toujours le garant d'un abondant rendement en grain.

On met quelquefois le parc au printemps et à l'automne sur des prés secs. Je l'ai essayé, je l'ai vu essayer à des voisins, et le résultat a été bien au-dessous de ce qu'on en attendait.

Plus ordinairement, dit M. Barral, dans le *Bon Fermier*, on parque sur une lupuline que l'on fait pâturer au troupeau et on l'enfouit après. On met les moutons pour leur repas du soir dans une partie qui n'a pas encore été pâturée, et on les fait entrer à la nuit dans le parc qui a été dressé sur une partie déjà pâturée et labourée.

Au Rittershof, les bâtiments d'exploitation sont à une extrémité de la ferme, et les terres les plus éloignées en sont distantes de 4 kilomètres. On conçoit de quel avantage il est, dans un pays montagneux, de faire transporter l'engrais sur les champs par les brebis, au moyen du parc. Mais le troupeau avait à souffrir de la fatigue d'une longue marche pour rentrer à la ferme, ou de la pluie quand il était surpris par un orage. J'ai alors construit au centre des terres éloignées, une bergerie d'été qui n'est autre chose qu'un hangar dans lequel les bêtes trouvent un abri contre la pluie et contre la grande chaleur et les mouches. En y faisant la litière avec des genêts, des fougères, des feuilles, cette bergerie fournit une quantité assez considérable de fumier, tandis que, ordinairement, les bergers mettent, à midi, les troupeaux à l'ombre au bord d'un bois, ou sous des arbres, quand il y en a dans les champs, et le fumier est ainsi, en grande partie, perdu.

Cette pratique est bien différente de celle des fermiers anglais, qui laissent toute l'année leurs bêtes en plein air, mais dans les circonstances où je suis placé et dans un climat comme celui de ce pays-ci, je regarde la construction de cette bergerie d'été comme une des bonnes opérations que j'ai faites sur ma ferme.

Claies de parc. — Les claies dont est formé le parc doivent être solides et pas lourdes. Elle sont faites ordinairement avec des lattes de sapin. Les meilleures sont faites avec des perches de sapin de 5 à 6 centimètres de diamètre, et sciées en deux sur leur longueur (grav. 36). En les assemblant avec des vis au lieu de pointes, on augmente beaucoup leur solidité. La claie est formée de cinq à six lattes horizontales, qui ne sont pas espacées régulièrement. Dans les laies bien construites, les lattes du bas sont plus rapprochées que celles du haut, pour que les agneaux ne puissent pas passer au travers. Leur longueur au Rittershof est de 3 mètres et leur hauteur 1m.10.

Les dictionnaires d'agriculture indiquent diverses manières de fixer les claies; celle en usage dans ce pays-ci et que j'ai adoptée, me semble être à recommander; elle est simple, pas chère et solide. Le berger tresse avec des baguettes de bouleau ou d'osier, des anneaux qui, dans leur forme ronde, ont un diamètre de environ 12 cen-

Grav. 36. — Claies en lattes de sapin.

timètres. Dans leur emploi ils prennent la forme d'un ovale très-allongé; ils peuvent s'ouvrir ou se fermer, comme ferait un bout de corde dont on peut, à volonté, réunir ensemble les deux extrémités par un nœud. Le berger fixe un de ces anneaux à chacun des montants verticaux de la claie, et quand il veut former le parc, deux claies étant placées bout à bout, mais de manière que leurs extrémités se croisent de 15 centimètres environ, l'anneau fixé à la claie qui sera du côte intérieur du parc, traverse l'autre claie et il est lui-même traversé par un piquet que le berger enfonce en terre. Les deux claies se trouvent ainsi serrées l'une contre l'autre; chacune est fixée par un piquet à chaque extrémité et chaque piquet sert à deux claies. Lorsqu'un piquet rencontre un obstacle qui l'empêche d'entrer suffisamment en terre, on peut donner plus de solidité par un autre piquet au milieu de la claie.

Les piquets sont faits ici avec des jeunes perches de hêtre ou de chêne, leur longueur est de 1m.50. Le berger a un lourd maillet avec lequel il les enfonce.

En Angleterre, on remplace quelquefois les claies par les filets en corde semblables à celui que représente la gravure 37.

Conduite du parc. — On doit, autant que possible,

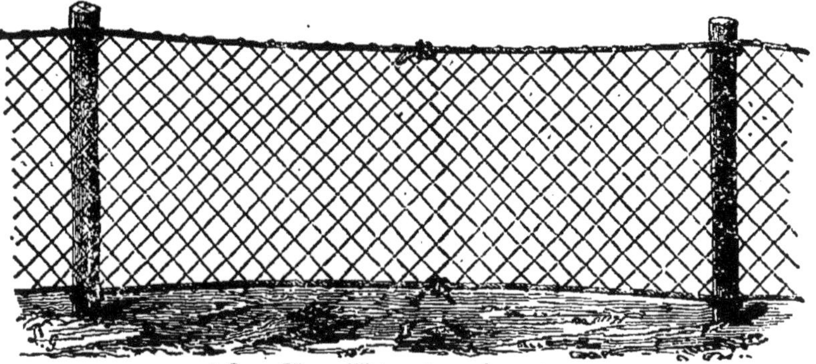

Grav. 37. — Filet pour parc à moutons.

donner au parc la forme d'un carré régulier. Quelquefois les bergers font le parc plus long et moins large, pour arriver plutôt au bout d'un champ, et ils ne savent pas qu'avec le même nombre de claies, ils diminuent ainsi la surface parquée. Si par exemple le parc est formé de 16 claies de 3 mètres et qu'on en place de chaque côté 4, formant une longueur de 12 mètres, le parc couvre une surface de 144 mètres; mais si l'on forme un carré long en plaçant sur deux côtés cinq claies et trois sur chacun des deux autres, le parc ne couvre plus qu'une surface de 135 mètres au lieu de 144.

Enfouissement des engrais après le parcage. — On sait que le champ destiné à recevoir le parc doit avoir reçu un labour profond et être cultivé et ameubli de manière que la terre s'imbibe des déjections liquides des bêtes; il doit être hersé, pour que les bêtes reposent sur une surface unie et non sur un champ couvert de mottes. On enterre le parc le plus tôt possible par un labour peu profond. On doit croire que le soleil et le vent font évaporer une partie des principes fertilisants du fumier, et cependant il arrive tous les jours que, si on parque un champ un peu long, ou si le parcage est interrompu par une suite de nuits pluvieuses, le parc reste quinze jours, et plus, sans être enterré par la charrue, et dans ce cas je n'ai jamais remarqué de différence dans la récolte.

Ce qui est le plus remarquable, c'est qu'il est arrivé à M. Adam Müller d'être surpris par l'hiver et de ne pouvoir plus labourer un champ que l'on avait commencé à parquer; il croyait le parcage perdu et, à son grand étonnement, il obtint l'année suivante une récolte d'avoine aussi belle que si le champ avait été parqué au printemps, immédiatement avant l'ensemencement.

On fait quelquefois parquer à l'automne sur le blé déjà semé, et alors l'engrais reste aussi à la surface du sol. La science a déjà apporté quelque lumière dans la question des engrais, mais il y reste encore des points obscurs.

Le plus sûr est cependant toujours d'enterrer le parc le plus tôt possible. Voici ce que dit à cet égard M. Barral dans son *Bon Fermier* :

« Pour le malheur de l'agriculture, tandis que la plupart des sels sont fixes, les sels ammoniacaux, qui constituent une partie de la richesse des fumiers, sont au contraire d'une grande volatilité et s'évaporent d'autant plus vite que l'on tarde plus longtemps à enfouir le parc. »

On a recommandé de répandre sur le parc du plâtre pour fixer ces sels ammoniacaux et prévenir leur évaporation. On recommande aussi de répandre par-dessus le parc une légère couche de terre. Je ne l'ai pas essayé mais je suis disposé à croire qu'on assure ainsi l'effet du parc. C'est comme si on couvrait le pré d'un riche compost.

Ce que les cultivateurs craignent le plus dans les pays

montagneux, où le parc offre tant d'avantages, c'est qu'il n'est pas rare qu'une pluie d'orage enlève l'engrais et souvent encore une partie de la couche de terre végétale.

On ne doit pas parquer lorsque la terre est mouillée. Cette humidité est nuisible à la santé des bêtes, et la terre mouillée se tasse puis se durcit tellement que plus tard la charrue à de la peine à y entrer et que le labour y laisse des mottes qu'on a beaucoup de peine à briser.

Étendue du parc. — Selon Marshall, 100 bêtes peuvent fumer dans une année 9 acres, ou 364,86 ares, ce qui donne exactement un mètre carré par bête et par jour. Ainsi le fermier propriétaire d'un troupeau de 200 bêtes fumerait dans une année avec ce troupeau 7 hectares 30 ares. Ce compte fait voir de quel avantage est pour la production de l'engrais un troupeau de bêtes à laine dans une ferme.

Les dimensions du parc viennent confirmer cette appréciation de Marshall. M. Barral, dans son *Bon Fermier*, estime qu'un mouton parque en une nuit un mètre carré. On ne donne à des bêtes de petite taille que 80 mais on donne à de grands moutons jusqu'à 1m.20. Cette proportion de 1 mètre carré parqué par bête et par nuit est aussi celle admise par les cultivateurs de la Bavière rhénane.

Lorsque la pâture est abondante, une bête peut fumer chaque nuit un plus grand espace, mais si on faisait le parc plus grand, l'engrais ne serait pas également réparti et dans ce cas on fait deux parcs dans une nuit. Vers deux ou trois heures du matin, le berger fait passer les bêtes dans un second parc. Je n'ai jamais vu que dans les livres ce second parc préparé d'avance, et dans la réalité, le berger transporte les claies et forme avec les mêmes claies un second parc. Ce travail est assez pénible, mais si, en été, le berger dort peu pendant la nuit, il se dédommage ordinairement au milieu du jour et se repose en même temps que son troupeau.

Avant d'ouvrir le parc pour en faire sortir les bêtes, le

berger doit les faire lever toutes, et voir si elles sont également réparties sur tout l'espace qu'elles doivent fumer. S'il a plu, si les bêtes sentent le froid, elles se couchent en se serrant les unes contre les autres, et la moitié du parc reste vide. Lorsqu'elles viennent d'être éveillées et mises en mouvement par le berger, les brebis ne manquent pas de fienter et d'uriner et si l'engrais ne couvre pas également toute l'étendue du parc, c'est en grande partie le fait de la négligence du berger.

Thaer estime que pour un morgen de 25 ares, le parcage de 1200 nuits de une bête, donne une faible fumure.

1800 » — une bonne fumure.
2400 » — une forte fumure.

Cette dernière proportion donne tout près de un mètre carré par bête et par nuit, mais je le répète, ce n'est pas le nombre de bêtes qui détermine la quantité de fumier produit, c'est la nourriture qu'elles consomment. Un mètre carré par bête pourra être trop au commencement de l'été, tandis qu'après la moisson, on pourra faire deux parcs, et chaque bête fumera deux mètres carrés.

Les loups sont heureusement devenus très-rares. S'il y en a dans les environs d'une ferme, il est bon de donner au berger une arme à feu, non pour tuer, mais pour effrayer les loups. La cabane doit toujours être contre le parc, tandis que si le berger croit n'avoir rien à craindre, la cabane reste quelquefois à l'extrémité d'un champ, tandis que le parc s'est successivement avancé jusqu'à l'autre extrémité.

§ 2. — DU FUMIER DE BERGERIE.

J'ai dit qu'un mouton de moyenne taille, c'est-à-dire du poids vivant d'environ 35 kilogrammes, parque en un jour un mètre carré, et qu'on admet qu'un mouton peut fumer, dans le courant d'une année, 365 mètres carrés, mais c'est là une appréciation moyenne qui n'est pas toujours exacte. Lorsque les troupeaux cessent de parquer ils rentrent à la bergerie pour y passer au moins six mois. Combien de fumier y produisent-ils? C'est ce qu'il est bien difficile d'établir exactement. Lorsque les bêtes sont nourries de fourrage sec, foin, paille et avoine, leurs déjections sont sèches, il ne leur faut que peu de litière et elles produisent peu de fumier. Si, en outre, on veut évaluer ce fumier au poids, on trouvera qu'il est très-léger, parce qu'il est sec; on sait que les bêtes à laine boivent peu.

Si on n'y fait pas attention, quand on répand le fumier dans les champs, la plus grande partie des *fèves* ou crottins passe au travers des dents de la fourche, et reste à la place où était le tas, tandis qu'on ne répand que la paille. Plus tard, l'emplacement des tas se trouve marqué par une végétation luxuriante, puis, souvent par la verse des grains.

Si les bêtes sont nourries en partie de racines, leur fumier est plus abondant et de meilleure qualité.

On estime, qu'à nourriture égale, les bêtes à laine produisent 1/3 de fumier de moins que les bêtes à cornes, mais ce fumier est plus énergique, de manière qu'il ne faut que deux voitures de fumier de bergerie pour obtenir le même effet, qu'avec trois voitures de fumier provenant de l'étable des bœufs et des vaches.

Si le fumier des bêtes à laine a une action plus énergique et plus prompte, son effet est aussi de moindre durée. Il convient particulièrement aux sols froids et argileux.

Traitement des fumiers de bergerie. — Ayant à ma disposition, outre la paille, des genêts, des aiguilles de sapin, des feuilles, qui me permettent de faire une litière abondante, j'augmente beaucoup la quantité et la qualité du fumier, en l'arrosant avec de l'urine qui provient de l'étable des vaches. On ne sort, chez moi, le fumier de bergeries que deux fois par an; au mois de janvier, et on le conduit alors sur le tas formé du fumier de toutes les autres bêtes, et au mois de mars; ce dernier fumier est immédiatement conduit dans les champs. Je ne le sortirais qu'une fois, s'il n'arrivait pas à une trop grande hauteur.

Fortement tassé par les bêtes, il reste frais et n'exhale aucune odeur; lorsqu'on le sort, il est dans un état de décomposition peu avancé.

On l'arrose d'urine deux ou trois fois dans le courant d'un hiver et chaque fois abondamment. On emploie chaque fois au delà de 1000 litres d'urine pour une surface de 100 mètres carrés. Après avoir répandu l'urine il suffit de faire une litière de paille assez abondante pour que les bêtes ne sentent pas d'humidité. De cette manière je peux, en six mois, obtenir de 100 bêtes, 20 voitures de fumier du poids de 1500 kilogr. chacune.

Quand on fait le compte du fumier que peut produire un troupeau de bêtes à laine, il ne faut pas oublier qu'elles sortent tous les jours, et qu'une partie du fumier est ainsi perdu; le compte rendu d'un engraissement de moutons, à Roville, dont j'ai parlé plus haut, donne la quantité de fumier que peuvent produire des moutons abondamment nourris et qui ne sortent pas.

Pour sortir et charger le fumier, pour ensuite le répandre plus également, il est très-bon de le couper en bandes larges de environ 15 centimètres. Ici on se sert, pour cela, du croissant qui sert à tailler le gazon, dans les prés. On peut aussi se servir d'une bêche, mais le croissant vaut mieux.

Le fumier des bêtes à laine convient particulièrement au colza. Si on l'applique au blé sur une jachère, il faut le ménager, pour ne pas s'exposer à la verse. Au printemps, on ne l'applique ni à l'orge, ni aux pommes de terre, ni au chanvre, ni aux betteraves destinées à une fabrique de sucre. L'orge est exposée à verser, et elle ne vaut rien pour la fabrication de la bière, les pommes de terre contiennent peu de fécule, les betteraves rendent peu de sucre; le chanvre a une végétation très-vigoureuse, mais la filasse n'en vaut rien. Ce fumier convient très-bien aux choux, aux rutabagas destinés à la consommation des brebis pendant l'hiver, et au jardin potager.

Si le fumier de moutons n'a aucune odeur tant qu'il reste tassé, il exhale une forte odeur d'ammoniaque quand on le remue. Ce dégagement de gaz ammoniaque peut être utilisé comme remède pour un cheval qui a une rétention d'urine. On ouvre et on remue le fumier sur un espace d'environ un mètre carré, on place au-dessus le cheval malade, de manière que le gaz qui se dégage lui arrive au ventre et au fourreau, et j'ai vu un prompt soulagement suivre l'emploi de ce moyen.

Compte du fumier produit par les bêtes à laine. — Ch. Pictet que j'ai déjà cité, et dont le nom fait autorité en agriculture, surtout pour tout ce qui a rapport aux bêtes à laine, dit, que l'on peut en général admettre que le fumier paye la nourriture des bêtes, et ce fumier est si bon, le parc est si précieux pour le plupart des fermiers, que je crois exacte cette évalution et que je l'ai adoptée pour moi.

On admet généralement, comme je viens de le dire, que les bêtes à laine produisent un tiers de fumier de moins que les bêtes à cornes. Cette différence, je le répète, doit provenir, d'abord, de ce que les bêtes à laine étant dehors, même en hiver, une partie de la journée, une partie de leur fumier est perdu, et ensuite de ce que leurs déjections étant beaucoup plus sèches, elles n'ont besoin que d'une moindre quantité de litière; et en définitive la masse du fumier produit est beaucoup moindre en poids et en volume. Mais en principe, que le fourrage serve à nourrir des brebis ou des vaches, les résidus doivent être aussi considérables chez les unes que chez les autres, et si la grande quantité de liquide qu'absorbent les vaches, produit des déjections beaucoup plus considérables et qui exigent beaucoup plus de litière, on sait aussi que le fumier de brebis est beaucoup plus riche et plus actif, sous un moindre volume et cela est facile à comprendre. Si l'on engraisse des moutons qui ne sortent pas de la bergerie, dont une partie de la nourriture consiste en racines, et auxquels on fait une abondante litière, on trouvera qu'ils peuvent produire autant de fumier que des bœufs.

Voici un compte établi par Ch. Pictet, il y a déjà 60 ans,

mais qui n'en offre pas aujourd'hui moins d'intérêt parce qu'il repose sur des faits positifs et qu'il est présenté par un homme méritant toute confiance.

Ch. Pictet, de Genève, est, je crois, l'homme qui, à cette époque, a fait le plus pour la propagation des mérinos en France; il a commencé avec 12 brebis et 3 béliers achetés à Rambouillet au mois de frimaire, an XIII, (1800) et il fit d'abord des métis avec des brebis suisses. Plus tard il n'eut plus que des mérinos purs. Son troupeau bien soigné acquit de la réputation et lui donna de grands profits. Le compte de Pictet est établi pour un troupeau de 100 brebis suisses, avec 80 agneaux comptés pour 40 bêtes adultes. Il donnait le bélier aux brebis dès le mois de juillet et les agneaux, déjà grands, consommaient en hiver beaucoup plus qu'on ne compte pour ceux qui naissent en février ou mars.

FRAIS ANNUELS.		
Gages et nourriture du berger et de son aide et entretien des chiens	1,000 fr.	
300 quintaux[1] de foin à 3 fr.	900	
10 quintaux d'avoine à 8 fr.	80	2,047 fr.
7 quintaux de son à 5 fr.	35	
1 quintal de sel	8	
Tonte et faux frais	24	
RENTRÉES ANNUELLES.		
Tonte de 100 brebis de Suisse : 3 q. en suint, à 3 fr. 50 le kilogr.	520	
Tonte de 3 béliers mérinos, 15 kilogr. à 6 fr. le kilogr.	90	3,430
150 chars de fumier, à 6 fr. le char	900	
Vente de 80 agneaux métis, avec leur toison, à 24 fr.	1,920	
Frais à déduire		2,047
Intérêts du capital		1,383

Ce compte est instructif en ce qu'il montre quels produits on peut obtenir d'un troupeau très-bien soigné. Pictet n'indique pas le poids des voitures de fumier, je suppose que ce sont des voitures à un cheval du poids de 750 kil. l'une. Contrairement à l'opinion généralement ad-

[1] Il s'agit ici du quintal de 100 livres ou 50 kilogrammes.

mise, il croit que les moutons produisent plus de fumier que les bêtes à cornes.

On remarquera aussi qu'il ne compte rien pour la nourriture d'été, sans doute par la raison qu'en faisant l'acquisition d'un troupeau, il n'avait rien changé à la culture de ses terres et le troupeau n'avait d'autres pâturages que les jachères, les chaumes après la moisson, et les prés et trèfles après la récolte.

Aujourd'hui les prix des laines ont baissé, mais cette baisse peut être compensée par l'augmentation de valeur de la viande, et les agneaux leicester ou southdown vaudront aujourd'hui autant, comme bêtes de boucherie, que les agneaux de Pictet valaient comme métis mérinos.

« J'ai tenu compte, dit Pictet, de la quantité de fumier que font les moutons, elle est beaucoup plus considérable, à nourriture égale, que celle que fait le gros bétail. Je reste au-dessous du vrai en comptant une livre et demie par brebis, y compris le parc et le sable amélioré. Le fumier des agneaux est par-dessus. Je ne compte rien pour la paille par cette raison et parce que le prix de 6 fr. qui est celui du fumier ordinaire est trop bas pour un fumier dont l'effet est beaucoup plus actif. *On peut être certain que l'engrais que font les moutons paye le fourrage qu'ils consomment.*

« Je n'ai pas supposé de perte dans les brebis, parce que j'ai forcé la supposition des pertes sur les agneaux, mais si l'on veut supposer le remplacement de 12 brebis, il restera encore 40 p. % d'intérêt du principal[1]. »

[1] *Faits et observations sur les mérinos d'Espagne*, par Ch. Pictet, de Genève : à Genève chez J.-J. Paschoux, libraire, an X (1802).

CHAPITRE XI

MONTE, AGNELAGE, CASTRATION, ÉLEVAGE DES BÉLIERS, RÉFORME DU TROUPEAU

§ 1. — DE LA MONTE.

L'accouplement, pour la reproduction, du mâle avec la femelle, que l'on nomme monte ou saillie, pour les juments et les vaches, se nomme seulement monte pour les brebis. Il y a à considérer pour la monte la manière dont elle a lieu, en liberté ou à la main, et l'époque à laquelle elle a lieu.

Dans l'agriculture primitive, les béliers étaient toute l'année avec les brebis, et cela a encore lieu dans beaucoup de villages. Il naît alors des agneaux pendant quatre à cinq mois de l'année. Partout où l'on donne plus de soins aux bêtes à laine, on ne laisse les béliers avec les brebis que pendant un temps assez court, ordinairement un mois, pour que les agneaux nés à peu de distance l'un de l'autre, soient à peu près d'égale force.

Monte en liberté. — Si l'on met les béliers avec le troupeau de brebis, c'est ce qu'on nomme *monte en liberté*. Les brebis sont alors saillies au hasard, à mesure qu'elles deviennent en chaleur, et s'il y a plusieurs béliers, on ne sait pas par quel bélier chaque brebis a été couverte.

Monte à la main. — Lorsque les laines superfines acquirent une grande valeur, on chercha à donner aux toisons toute la perfection possible, et on choisit le bélier qui convenait le mieux à chaque brebis. C'est, je crois, dans les bergeries de la Saxe que cette méthode a d'abord été introduite. Les Anglais durent agir de même pour amener leurs races de boucherie au point de perfection où elles sont arrivées.

Les béliers sont alors tenus à la bergerie, et à mesure que les brebis deviennent en chaleur, on amène chacune au bélier qui lui a été destiné. Quand elle a été saillie, on la reconduit au troupeau, c'est ce qu'on nomme *monte à la main*. On suppose que le bélier et les brebis sont tenus à la main comme un étalon et une jument. On conçoit que cette méthode demande beaucoup de soins et entraîne beaucoup de frais.

Troupeau d'élite. — On peut simplifier les choses en formant un petit troupeau d'élite, composé des brebis les plus distinguées et du bélier le plus parfait. Ce troupeau est gardé à part, et il ne doit pas avoir de communication avec les autres bêtes tant que dure la monte, et c'est de ces brebis d'élite qu'on élève les béliers.

Quand on n'a pas un troupeau assez nombreux pour occuper deux bergers, on peut simplifier encore plus. C'est ce que je fais. Je choisis une vingtaine des plus belles brebis, et quinze jours avant que la monte générale commence, je garde ces brebis à la ferme, tandis que les autres sont au parc; je mets avec elles le plus beau bélier, et tous les jours, elles sortent dans un enclos attenant à la ferme. Ces vingt brebis ne deviennent pas en chaleur et ne sont pas couvertes pendant les quinze jours, mais il y en a toujours une partie, et leurs agneaux, naissant avant les autres, sont faciles à reconnaître et peuvent être l'objet de soins particuliers. Le même bélier qui a fait la monte dans ce petit *troupeau d'élite* ou *de sélection*, passe ensuite au grand troupeau, où il fonctionne aidé par d'autres.

Quand on met ensemble quelques brebis et un bélier, et qu'on veut savoir quelles brebis ont été couvertes, on teint la poitrine du bélier avec de la craie rouge, ou une autre couleur et en couvrant une brebis, le bélier déteint sur elle et colore sa croupe. On peut alors remettre cette brebis dans le grand troupeau.

Durée de la chaleur. — La chaleur des brebis commence vers la fin de juillet, mais c'est en septembre qu'elle a lieu pour le plus grand nombre dans le pays que j'habite. Elle ne dure que 24 heures; si elle n'a pas été satisfaite, ou si la saillie du bélier a été improductive, la chaleur reparaît après trois semaines.

Les agnelles bien nourries deviennent en chaleur dès le premier automne, vers l'âge de 8 mois. Il faut alors les séparer du troupeau, tant que dure la monte des brebis. Cependant, comme en général, elles ne deviennent en chaleur que plus tard que les brebis, si l'on n'a pas assez de bêtes pour faire deux troupeaux, on se contente de mettre des tabliers aux agnelles. Le tablier est une pièce de toile grossière longue de environ 30 centimètres et large de 50 centimètres que l'on coud dans la laine, au bas de la croupe de l'agnelle, immédiatement au-dessus de la queue. Les parties sexuelles sont ainsi couvertes et l'approche du bélier n'est pas possible.

Il y a des troupeaux où l'on met aussi des tabliers aux béliers, jusqu'au moment où la monte doit commencer. J'ai essayé ce moyen, et j'y ai renoncé. — Il n'y a de certain que la séparation complète. On ne voit pas les tabliers sous le ventre des béliers ; il arrive qu'ils se dérangent ou se déchirent, accrochés au pâturage dans des ronces ou ailleurs, et il en résulte des agneaux qui naissent trop tôt ou trop tard, quelquefois des agnelles sont fécondées.

Combien un bélier peut-il saillir de brebis? — Daubenton dit 30, ce qui est trop peu ; d'autres vont jusqu'à 100, ce qui est trop. Le bélier est doué d'une grande puissance génératrice. Dans l'instruction sur les bergers, par Daubenton, Huzard, qui a annoté cet ouvrage, cite le fait d'un bélier qui doit avoir fécondé, dans une nuit, 60 brebis. C'est difficile à croire, parce que le bélier ne saillit pas une fois chaque brebis, mais saillit ordinairement plusieurs fois la même.

Plusieurs béliers à la monte. — Le bélier, qui est seul pour la monte avec 100 brebis, n'a quelquefois rien à faire, tandis qu'un autre jour, on le voit suivi de plusieurs brebis qui attendent et sollicitent son approche. Plus la monte avance, et plus son ardeur diminue. Pour être sûr que toutes les brebis en chaleur sont saillies, il faudrait avoir en même temps plusieurs béliers dans le troupeau; mais alors ils se battent, il en résulte souvent des accidents, et il vaut mieux n'en avoir qu'un à la fois. On le change tous les deux ou trois jours, ou quand le berger remarque qu'il est fatigué. Si l'on a un vieux bélier, qui est le chef du troupeau, et dont les autres reconnaissent la supériorité de force, on peut lui en adjoindre un ou deux autres qui se retirent devant lui, et alors il n'y a pas de combats.

On peut donner à chaque bélier 60 brebis, sans crainte d'abuser de lui.

Durée de la monte. — Je ne laisse durer la monte qu'un mois, du 15 septembre au 15 octobre. Je le répète, la première chaleur dure en moyenne 24 heures, — 16 à 36 heures. — Les autres chaleurs, si les brebis n'ont pas été fécondées, ne durent que 6 à 12 heures. Il y a toujours quelques brebis qui redeviennent en chaleur lorsque le temps de la monte est passé. S'il y en a qui soient des plus belles du troupeau, on peut encore les faire saillir. On croit qu'une brebis qui n'a pas retenu, redevient en chaleur après 21 jours. Stephens dit 14 jours, le *Bon Fermier* dit 16 à 18 jours.

Avoine nécessaire aux béliers. — Tant que dure la

monte, il ne faut pas compter sur la pâture pour nourrir les béliers; je leur fais donner chaque matin de l'avoine, tant qu'ils en veulent manger, et cela ne va pas à deux litres pour chacun. Le berger a pour cela une petite auge qui voyage avec le parc.

A quelle époque doivent naître les agneaux? — Une question qui divise les éducateurs de moutons, c'est celle de l'époque à laquelle on doit faire naître les agneaux. Dans la nature, la brebis comme la chèvre, comme dans les forêts les femelles du cerf et du chevreuil, deviennent en chaleur à l'automne, pour faire leurs petits au printemps, à l'époque où la végétation renaît et où les jeunes pousses d'herbe assurent la production du lait chez les femelles qui souvent ont souffert de la faim pendant l'hiver. Dans les troupeaux qui sont l'objet de peu de soins et où les brebis mal nourries pendant l'hiver arrivent au printemps maigres et misérables, quand la neige a couvert la terre pendant longtemps, on s'arrange de manière que les agneaux ne naissent pas avant le mois de mars.

Durée de la gestation de la brebis. — La brebis porte cinq mois; un peu plus ou un peu moins que 150 jours. Si donc les agneaux doivent naître en mars, la monte a lieu en octobre.

Monte en août. —Comme on a remarqué que les agneaux qui naissent les premiers sont les plus vigoureux et ont une grande avance sur les autres, quand ils sont bien nourris, les propriétaires de troupeaux qui ont du fourrage en abondance donnent aux brebis le bélier dès le mois d'août et leurs agneaux naissent en janvier.

Monte en septembre. — D'autres, et je suis du nombre, ont adopté un terme moyen. Il n'est pas rare que le thermomètre descende ici à 20 degrés au-dessous de 0. La neige couvre quelquefois la terre jusqu'en mars, et dans ces circonstances, j'ai trouvé plus convenable de faire la monte du 15 septembre au 15 octobre. Les agneaux naissent du 15 février au 15 mars, ils n'ont plus à souffrir des grands froids et lorsque le parcage commence, vers la fin de mai, ils sont déjà assez forts. On voit que chacun doit se conformer aux circonstances particulières dans lesquelles il se trouve placé.

Agnelage tardif, monte en janvier. — Il y a quelques années, on a recommandé en Allemagne l'agnelage tardif, avec lequel la monte a lieu en janvier et les agneaux naissent en juin. Cet agnelage tardif a été recommandé par un homme dont le nom doit inspirer la confiance, M. de Weckherlin, qui donne des comptes de bergeries où l'on a obtenu ainsi plus de laine et des résultats pécuniaires plus avantageux. M. de Weckherlin convient cependant que la nature étant ainsi contrariée dans l'époque de la monte, la chaleur des brebis est passée quand on leur donne le bélier et que, au moins la première année, lorsqu'on veut introduire l'agnelage tardif, un certain nombre de brebis ne portent pas. Il y a une autre importante considération : c'est que cette méthode est incompatible avec le parcage et ne peut être adoptée que là où le troupeau reste à la ferme ou dans le voisinage immédiat de la ferme. On ne peut pas l'introduire là où les brebis vivent pendant l'été sur des pâturages un peu éloignés de la bergerie.

§ 2. — AGNELAGE.

C'est surtout à l'époque de l'agnelage que le berger doit faire preuve de zèle, d'activité et d'intelligence. Il ne quitte pas la bergerie avant 9 ou 10 heures du soir et il y revient dès 4 heures du matin. C'est alors aussi qu'est le plus nécessaire la surveillance du fermier, et il l'exerce plus facilement à une époque où les bêtes sortent peu de la bergerie.

Agneau bien placé. — Si l'agneau se présente bien, c'est-à-dire si l'on voit d'abord les deux pieds de devant sur lesquels repose la tête, allongée de manière que la bouche et le nez se montrent en même temps que les pieds de devant et s'il n'a pas la tête trop grosse, la brebis met bas sans secours et assez facilement. — Les races anglaises perfectionnées, avec leurs petites têtes, ont en cela un grand avantage sur les races communes et sur les mérinos.

Agneau mal placé. —L'agneau peut être mal placé de diverses manières. Quelquefois il y a un pied ou les deux pieds de devant repliés sous le corps ou bien il présente le haut de la tête, au lieu de présenter le nez et la bouche, ou une jambe de devant est retenue par le cordon ombilical, ou enfin il présente les pieds de derrière.

La position anormale du fœtus n'est pas plus commune chez les brebis que chez les vaches et chez les juments, mais comme le nombre des brebis est beaucoup plus grand, un agnelage se passe rarement sans quelque accident ou quelque perte. On ne doit aider que quand on voit que la brebis travaille sans amener de résultat. C'est ce qu'il est souvent difficile de faire entendre aux bergers qui veulent toujours aider et qui tourmentent inutilement les pauvres bêtes. J'ai eu un vieux berger auquel je n'ai jamais pu faire comprendre que la difficulté du passage ne venait pas de la vulve, mais des os du bassin.

Soins à prendre pendant l'agnelage. — Les brebis en travail se plaignent. Si une brebis souffre déjà depuis quelque temps, on doit la visiter. Si on sent que l'agneau est bien placé, on peut aider à sa sortie en tirant légèrement les pieds. On ne doit tirer qu'en même temps que la mère travaille. Si l'agneau est mal placé, il faut chercher, en introduisant deux doigts, à le remettre dans sa position normale. Chez une vache ou une jument, on peut introduire la main tout entière, il n'en est pas de même d'une brebis. Si l'on voit que l'accouchement est impossible, il faut sacrifier l'agneau et tâcher de l'extraire par fragments avec un crochet de fer, ou il faut sacrifier la brebis. Extraire l'agneau sans blesser la mère, est une opération qui demande de l'adresse ; on peut bien rarement la confier à un berger et il faudrait que le fermier fût en état de la faire lui-même. Souvent le vétérinaire est à une grande distance, souvent aussi on hésite à le faire venir pour une bête qui n'a pas une grande valeur. Si la sortie de l'agneau est empêchée par le cordon ombilical, il faut couper ce cordon. Si l'agneau se présente par les pieds de derrière, on le tire ainsi dehors.

Injections. — Après un accouchement laborieux, il est bon d'injecter plusieurs fois du lait tiède dans la vulve de la brebis, si elle est tuméfiée et enflammée. On se sert pour cela d'une petite seringue.

Visite de la brebis qui vient d'agneler — Après qu'une brebis a mis bas, le berger lui visite le pis, il voit si elle a du lait, s'il n'y a pas quelque flocon de laine à arracher, puis il s'assure qu'elle lèche son agneau et qu'elle s'en occupe en bonne mère. Si cela est, et si l'agneau est vigoureux, il aura bientôt seul trouvé le pis pour teter, sans qu'il soit nécessaire de l'aider.

Boisson. — Après qu'une brebis a mis bas, on lui présente à boire de l'eau blanchie de farine. Chez moi lorsque l'agnelage commence, on met à la disposition du berger une certaine quantité de recoupes, et pendant les trois ou quatre jours qui suivent la mise bas, les brebis ont à boire à la bergerie jusqu'à ce qu'on les fasse sortir pour aller à l'abreuvoir de tout le troupeau. Si on peut leur continuer plus longtemps la boisson avec des recoupes, du grain égrugé, ou du son, cela n'en vaut que mieux.

La boisson des brebis qui viennent d'agneler ne doît pas être froide. On la tiédit en y ajoutant un peu d'eau chaude. Chez moi on y mèle un peu de résidus de la distillerie.

Divisions dans la bergerie. — Les brebis qui ont leurs

agneaux sont séparées de celles qui n'ont pas encore agnelé, et il y a plusieurs divisions. L'une contient les agneaux nés depuis moins de trois jours, la seconde, ceux qui ont moins de huit à dix jours, la troisième tous ceux qui sont plus âgés. C'est le premier jour que les agneaux demandent le plus de soins.

Lorsqu'on a, comme cela doit être, plusieurs compartiments dans la bergerie, il peut arriver qu'un agneau soit séparé de sa mère; on en est bientôt averti par les cris de la brebis et de l'agneau. — Il peut arriver aussi qu'un agneau se soit mis sous une mangeoire et ne puisse plus sortir; on est prévenu par les bêlements de la mère que son agneau lui manque, et on le cherche.

Brebis qui repoussent leurs agneaux. — Les brebis qui ne regardent pas leurs agneaux ou qui les repoussent ont ordinairement peu de lait et sont des antenaises. On enferme de suite dans une petite case la mère et l'agneau et plusieurs fois par jour on fait teter l'agneau en tenant la brebis. — Si une brebis manque décidément de lait, on la remet avec celles qui ne doivent pas agneler et on dispose de l'agneau comme on peut. — Si une brebis qui a perdu son agneau a du lait en abondance, elle en adopte facilement un autre qu'on enferme avec elle.

Portées doubles. — Il y a toujours des brebis qui font deux agneaux et je ne crois pas que ce soit avantageux pour le propriétaire du troupeau. J'aime mieux avoir quelques agneaux de moins et les avoir plus vigoureux. Si une brebis doit élever deux agneaux, il faut la très-bien nourrir, et si l'on croit qu'elle n'a cependant pas assez de lait pour les deux agneaux, il faut de suite en sacrifier un.

Une chèvre est très-utile en ce cas. Une bonne chèvre nourrit deux agneaux; elle les a bientôt adoptés et ils la suivent comme si elle était leur mère. Il y a avec les chèvres l'inconvénient qu'ordinairement elles mettent bas plus tard que les brebis, et si elles vont à la pâture avec les troupeaux, on sait combien elles sont dangereuses pour les arbres.

Marque des agneaux. — Un bon berger connaît toutes les brebis de son troupeau et il connaît d'une manière étonnante l'agneau qui appartient à chaque brebis. Cependant comme le maître n'est pas ordinairement doué au même degré de cette faculté, j'ai trouvé commode pour la surveillance et pour la régularité du service, de marquer les bêtes en donnant à la brebis et à son agneau un même numéro.

Les numéros, hauts de 6 centimètres, sont faits en bois. Dans les pays de forêts les gens qui savent tailler le bois ne manquent pas, ailleurs on aura toujours la ressource d'un menuisier pour faire cet ouvrage qui n'est pas difficile et qui souvent sera un amusement pour le fermier.— Je fais ces numéros de bois d'érable.

La couleur est un mélange de noir de fumée, de suif et de goudron. — On marque chaque jour les agneaux nés depuis vingt-quatre heures. On les marque sur la croupe. — Sur la laine courte des agneaux la marque s'applique bien, elle est nette et elle reste longtemps lisible. Il n'en est pas de même pour les brebis, mais pour celles-ci on a ainsi l'avantage qu'elles ont une marque qui les fait distinguer de celles qui n'ont pas d'agneaux.

§ 3. — ÉLEVAGE DES JEUNES AGNEAUX.

Quand on n'a qu'un berger, on lui donne un aide au moment de l'agnelage, mais il conduit dehors tout le troupeau, et toutes les bêtes sont alors mélangées, il faut les séparer quand elles rentrent le soir. Pour cela on ferme la porte de la cour et on arrête là tout le troupeau. — On entr'ouvre la porte et on laisse passer les brebis qui ont des agneaux et qui sont plus pressées que les autres. On les reconnaît à leur marque, les autres restent dehors.—Quand ces brebis sont entrées, on lâche les agneaux. Chaque agneau cherche sa mère en bêlant, chaque brebis cherche son agneau, et successivement tous se retrouvent. C'est alors que les numéros sont le plus utiles pour aider les derniers agneaux à retrouver leurs mères, et quand tous les ont retrouvées et tetées, quand après un bruit qu'on entend d'une lieue, le silence est rétabli, alors seulement la porte de la bergerie est ouverte.

Si quelquefois par une forte pluie, on laisse de suite rentrer les brebis dans la bergerie, on voit que le ventre l'emporte sur l'amour maternel ; toutes courent aux râteliers et ne s'occupent des agneaux que quand l'appétit est satisfait.

Pendant que les brebis mangent, beaucoup d'agneaux cherchent à teter par derrière la première brebis qui se trouve devant eux. Ils y parviennent quelquefois et les agneaux qui appartiennent à ces brebis ne trouvent plus ensuite que des mamelles vides. — Il y a toujours des agneaux pillards, qui prennent partout où ils peuvent prendre, et une brebis qui a la tête tournée vers son agneau qui la tette d'un côté, ne s'aperçoit souvent pas qu'un autre agneau la tette d'un autre côté, ou par derrière. C'est à quoi le berger et le maître doivent faire attention.

Nourriture des jeunes agneaux. — Dès que les agneaux peuvent manger, on leur donne de l'avoine, des carottes découpées très-fin, et du foin le plus fin et le plus tendre.

Quand les plus jeunes ont un mois, on peut déjà, par un beau temps, les laisser tous sortir avec leurs mères, en ayant l'attention de ne pas les fatiguer et de ne les conduire les premiers jours que sur des pâturages peu éloignés de la ferme. Au Rittershof, on leur donne encore leur ration d'avoine, on leur accorde une demi-heure pour la manger et ils restent seuls dans la bergerie pendant que les mères attendent dans la cour.

Sevrage des agneaux. — On prescrit de sevrer les agneaux à l'âge de cinq mois. Il faut alors les séparer de leurs mères et les faire garder seuls pendant environ quinze jours, ce qui n'est pas facile quand on n'a qu'un seul berger. Quand le troupeau est assez considérable pour que l'on puisse faire les frais de donner toute l'année un aide au berger, — ce qui suppose un troupeau de 400 à 500 têtes, — alors dans beaucoup de circonstances, comme dans celle-ci, le service est facilité. Si l'on n'a qu'un seul berger, on fait comme c'est l'usage général de ce pays-ci, on laisse les agneaux avec leurs mères et ils les tètent aussi longtemps qu'elles ont du lait. Cela ne s'étend guère au delà de l'âge de cinq mois des agneaux, et je n'ai pas remarqué que cela nuisît aux brebis.

§ 4. — DE LA CASTRATION.

1° *Castration des agneaux.*

Après qu'on a choisi et marqué les agneaux mâles qui doivent donner des béliers, soit pour le service du troupeau, soit pour la vente, on soumet tous les autres à la castration pour en faire des moutons destinés à la boucherie.

On peut opérer la castration lorsque les agneaux sont âgés seulement de huit jours, et on croit que plus ils sont jeunes, moins cette opération leur est sensible. Cependant comme il est plus commode de les opérer tous en une fois, il arrive que les uns ont déjà plus d'un mois, lorsque les autres n'ont qu'à peine huit jours.

En même temps qu'on châtre les mâles, on coupe la queue aux femelles. — On laisse ici la queue aux mâles et je me suis conformé à l'usage du pays. — La queue n'a aucun inconvénient pour les moutons et elle sert à les distinguer des brebis dans le troupeau.

Castration par amputation des bourses. — Pour opérer la castration, il faut que le berger ait un aide. L'aide, tient l'agneau appuyé par le dos contre sa poitrine, et il le maintient en tenant dans sa main gauche les deux jambes gauches de l'agneau, et ses deux jambes droites dans sa main droite. — L'agneau, ainsi tenu, ne peut pas remuer et présente toute facilité d'agir à l'opérateur. — Le berger, saisit les bourses par leur extrémité et avec un couteau bien tranchant, il les coupe vers le milieu de leur longueur. Il pose alors le couteau et avec les deux premiers doigts de chaque main, il fait descendre et sortir les deux testicules, puis il les arrache l'un après l'autre avec les dents. Cette manière est très-primitive, mais elle est bonne et les bergers ne soupçonnent pas qu'on pourrait se servir d'une pince. Un vieux berger qui n'a plus de dents, se fait pour cela remplacer par un jeune.

Castration par incision. — Daubenton prescrit de faire à l'extrémité des bourses deux incisions par lesquelles on fait sortir les testicules que l'on coupe. Ces deux incisions constituent l'opération qu'on appelle *châtrer en veau*, elles occasionnent deux plaies moins grandes et ce mode d'éporer peut être préférable quand l'agneau est déjà plus âgé, mais je crois qu'il vaut toujours mieux tordre et arracher que couper les cordons. — Je n'ai jamais vu que la castration pratiquée comm e je viens de la décrire, par l'amputation des bourses, fut suivie d'aucun accident.

Pour terminer la description de cette opération, il me reste encore à dire que le berger, après avoir arraché les testicules, entr'ouvre avec les deux premiers doigts de chaque main ce qui reste des bourses devenues vides et souffle dedans, puis rapproche les lèvres de la plaie. — L'agneau est alors complétement opéré et on n'y regarde plus. — Le berger souffle ainsi, parce que son père le faisait ; quelle est la raison? c'est ce qu'il ne sait pas plus que moi.

Amputation de la queue. — On opère en une séance les agneaux des deux sexes ; les mâles sont châtrés comme je viens de le dire, et on coupe la queue aux femelles. Le berger mesure à partir de l'origine de la queue deux travers de doigts, le reste est abattu. Cette mesure a l'inconvénient qu'on laisse un peu plus de queue qu'il n'en faudrait à une agnelle de quelques jours, et qu'on en ôte un peu trop à une aguelle de six semaines. On doit laisser une longueur de queue suffisante pour couvrir la vulve.

A mesure que les bourses et les queues sont coupées, on les met dans un panier placé près de l'opérateur, et quand tout est fini, on compte. — On a autant de mâles qu'il y a de bourses et autant de femelles qu'il y a de queues.

2° *Castration des béliers.*

Les agneaux destinés à fournir des béliers ont été choisis et marqués d'avance. On en conserve ordinairement plus qu'on n'a intention d'en avoir plus tard, et ceux qui ne se développent pas favorablement et qui ne répondent pas à ce qu'on attendait d'eux, sont à leur tour soumis à la castration ; mais alors l'opération ne se fait plus par incision, elle se fait par ligature.

Castration par ligature. — Cette castration a été décrite par Daubenton d'abord, puis par M. Bourgeois, directeur de la bergerie de Rambouillet. Je ferai seulement remarquer que pour que l'opération soit très-bien faite, avec entière certitude de réussite, il faut trois personnes ; Daubenton n'en demandait que deux. On évite de pratiquer l'opération par un temps froid et pluvieux et par une grande chaleur. — On doit éviter de la faire à l'époque du rut. — On la fait le matin, lorsque le bélier est à jeun.

On fait la ligature avec de la forte ficelle, un peu plus forte que celle qui sert à faire les mèches de fouet, — M. Bourgeois dit deux fois aussi forte. — D'après Huzard, on employait autrefois la ficelle dite *fouet;* de là on appelait l'opération *fouetter.* — Mais cette ficelle est trop fine : elle peut ou casser, ou couper. — Les accidents, dit Huzard, et la mort même qui suivent quelquefois cette opération, ne peuvent être attribués qu'à la mauvaise manière dont elle est pratiquée, et surtout à ce que la ligature n'a pas été assez fortement serrée. Il faut priver les testicules, qui se trouvent au-dessous de cette ligature, de toute communication vitale avec les parties supérieures. Dès que cette communication existe sur un seul point, il y a bientôt inflammation, gangrène, etc., et la mort en est ordinairement la suite.

Pour faire l'opération, un homme à genoux tient devant lui le bélier dans la même position que pour châtrer un agneau, avec cette différence que le bélier n'est pas tenu en l'air comme l'agneau, mais repose par terre sur sa croupe. L'homme tient dans sa main gauche les deux jambes gauches du bélier, et dans sa main droite les deux jambes droites. — Daubenton se contentait de faire lier ensemble les quatre jambes du bélier. — Le berger arrache alors le peu de laine qui se trouve au haut des bourses sur la partie où passera la ligature ; puis il fait passer les testicules dans le nœud de la ficelle préparé d'avance. — M. Bourgeois le nomme *nœud* de la saignée.

Pour que la ficelle coule et se serre mieux, il est bon de la suifer, ou de la savonner. A chaque extrémité, on fixe un morceau de bois, long d'environ 0m.15, pour qu'elle ne glisse pas dans les mains de ceux qui la tirent. Le berger commence par serrer seul doucement, jusqu'à ce qu'il voie que la ligature est bien à la place qu'elle doit occuper. Il fait descendre les testicules autant que possible vers l'extrémité des bourses, pour que la ligature soit d'autant éloignée du ventre, et que surtout elle ne prenne pas les deux trayons qui se trouvent tout près et en avant des bourses. Lorsque la ligature est bien à sa place, le berger et son aide ayant chacun un genou en terre, et des deux autres jambes s'appuyant pied contre pied, pour avoir plus de force, commencent à tirer, chacun de son côté, horizontalement, également, sans à-coups, et de manière que les testicules restent bien à leur place. Ils tirent ainsi fortement jusqu'à ce qu'ils sentent que la ficelle ne cède plus. On la passe alors derrière, et en la croisant on fait un nœud simple, puis on la ramène devant; on la serre de nouveau et on l'arrête par un nœud double. On coupe les deux bouts de la ficelle et on la couvre de goudron dans tout son pourtour. Celui qui tient le bélier le lâche, le remet sur ses pieds, et lui met un doigt dans la bouche pour lui faire remuer les mâchoires et prévenir le tétanos.

Les bergers ont ici confiance dans le goudron ; ils disent qu'il prévient l'inflammation. Comme, s'il ne fait pas de bien, il ne peut pas faire de mal, je les laisse l'employer. Au bout de cinq à six jours, les testicules étant atrophiés, on les coupe et on ne s'inquiète plus de la plaie. Il faut seulement avoir attention qu'ils ne soient pas coupés trop près de la ligature. J'ai vu qu'un berger maladroit ayant voulu faire seul cette opération avec un mauvais couteau, la ligature s'est ouverte et le bélier est mort du tétanos. C'est le seul accident dont j'aie eu connaissance, et encore il n'était pas une suite de la castration elle-même.

Bistournage. — Il y a encore une manière de châtrer, autre que par incision ou ligature ; je crois qu'elle n'est plus employée nulle part. On la nommait *bistourner*. L'opération consiste à faire remonter les testicules dans les bourses et à les tourner l'un après l'autre deux ou trois fois. Cette torsion des cordons spermatiques amène l'atrophie des testicules.

On peut lire les détails de l'opération dans la *Maison rustique*, t. II, p. 265. On y trouvera aussi des détails que je crois inutile de reproduire, sur la manière dont on peut pratiquer la castration des agnelles.

§ 5. — ÉLEVAGE DES BÉLIERS.

Si l'on peut vendre chaque année de jeunes béliers, il est nécessaire de leur assurer une rapide croissance, pour qu'ils atteignent de bonne heure toute la taille à laquelle ils peuvent arriver selon leur race. Il est difficile qu'ils prennent un complet développement si on les laisse avec le troupeau commun. Malingié a indiqué le moyen dont il se servait pour obtenir de beaux agneaux-béliers. Il choisissait dans son voisinage des manouvriers jouissant d'un peu d'aisance et ayant une ou deux vaches, et il leur confiait une brebis avec un agneau mâle bien fait et bien venant; il payait pour la nourriture du bélier, quand il le reprenait, 1 fr. par demi kilogramme du poids vif de l'animal. Ordinairement, il les retirait âgés de 7 à 8 mois, et ils pesaient alors 37 1/2 à 50 kilogrammes. Ils arrivaient l'âge d'un an jusqu'au poids de 75 kilogrammes. Il pouvait retirer quand il lui plaisait, les bêtes ainsi mises en pension, mais il devrait retirer la brebis à la sèvre et l'agneau au plus tard à l'âge d'un an.

Malingié vendait ces jeunes béliers 300 fr. S'il était sûr du placement à ce prix, la spéculation était bonne, mais ceux qui lui restaient et qui ne pouvaient plus donner que des moutons pour la boucherie, étaient très-chers.

On arriverait au même but et à meilleur marché, en ayant d'abord une bergerie, séparée pour les brebis avec leurs agneaux, puis un petit enclos dans lequel les bêtes seraient pourvues d'une abondante nourriture. Il est nécessaire que cet enclos ait de l'ombre, et si les bêtes ne peuvent pas, quand elles veulent, rentrer dans la bergerie, il faut qu'elles y aient aussi un toit ou une hutte pour se mettre à l'abri.

§ 6. — RÉFORME DU TROUPEAU ET MARQUE DES ANIMAUX.

Dans un troupeau d'élève, et lorsque le nombre de bêtes que peut nourrir la ferme est fixé, il est de règle de réformer chaque année autant de bêtes femelles qu'il en a été élevé. Je dis femelles, parce que les agneaux mâles sont ordinairement vendus à l'automne. On conserve les agnelles et on vend un nombre égal de vieilles brebis.

Marque des brebis à réformer. — C'est à la tonte qu'on commence à marquer les bêtes qui doivent être réformées. Un bon berger connaît toutes les bêtes de son troupeau, il sait lesquelles ne peuvent plus être conservées à cause de leur âge, il connaît celles qui ont été un an, quelquefois deux ans sans agneaux, celles qui sont mauvaises nourrices, celles surtout qui ne sont pas saines. Le propriétaire, de son côté, voit celles qui n'ont pas assez de laine, ou dont la laine n'a pas les qualités qu'il demande, il juge alors mieux les bêtes qui ont des défauts de conformation, et après avoir entendu les observations du berger, il marque les bêtes qui doivent être vendues avant l'hiver. On leur imprime une marque sur la croupe ou sur le garrot, comme je l'ai indiqué pour numéroter les brebis et leurs agneaux.

Pour avoir une couleur qui s'enlève au lavage et ne nuise pas à la qualité de la laine, on fait cuire sur un feu doux du suif, avec du noir de fumée, puis on y ajoute un sixième de goudron. La laine marquée avec ce mélange se blanchit parfaitement au savon.

On ne doit pas marquer alors le nombre entier de brebis qu'on veut réformer, parce que probablement jusqu'à l'automne il s'en trouve encore quelques-unes à marquer. Si par exemple on se propose de réformer 100 bêtes, on n'en marquera pas à la tonte plus de 90.

J'ai quelquefois bien vendu mes brebis de réforme à des fermiers qui voulaient encore en tirer des agneaux, mais c'est là un cas exceptionnel, et le mieux est de les faire garder à part, si on en a un nombre suffisant, et de les engraisser. Il faut dans tous les cas les faire garder à part si on les a encore lorsque vient le temps de la monte, et comme on ne craint pas de leur donner le germe de la pourriture, on les laisse aller dans les prés après les regains et partout où elles trouvent une abondante pâture, Les agneaux mâles restent encore avec leurs mères, jusqu'à ce qu'on trouve à les vendre ; si les acheteurs ne viennent pas, il y a ordinairement en automne des foires où l'on peut trouver à s'en défaire. Les brebis de réforme et les agneaux mâles étant vendus, il restera encore, pour passer l'hiver, les agnelles, un nombre égal d'antenaises les brebis portières qui complètent le chiffre total du troupeau, et en outre les béliers.

Si des bêtes appartenant à plusieurs propriétaires sont confondues dans un même troupeau, chacun marque les siennes d'une marque particulière qui est ordinairement la lettre initiale du nom du propriétaire. Le mieux est pour cela une marque en fer que l'on trempe dans la couleur que j'ai indiquée, et avec laquelle on imprime la lettre sur la croupe, sur le garrot, ou sur une épaule.

Mais ces marques, très-nettes lorsque la bête vient d'être tondue, cessent de l'être quand la laine est devenue longue, et si l'on tient à avoir une marque indélébile, on doit la faire avec un fer rouge sur le front ou sur le chanfrein. On peut aussi faire un tatouage sur la partie interne d'une oreille.

Marque à la craie rouge ou à l'indigo. — Pour les marques qui ne doivent durer que quelques jours, on les fait avec de la craie rouge ou de l'indigo. Le berger a toujours dans sa poche un morceau de craie rouge, et s'il survient quelque chose à une bête, il la marque pour pouvoir facilement la retrouver. Le propriétaire du troupeau est aussi quelquefois dans le cas de faire sa marque, et alors il se sert d'un morceau d'indigo qui peut être gros comme un œuf de pigeon. On le couvre d'une mince couche de cire qui l'enveloppe en entier, moins la partie qui doit faire la marque et qui peut être de la grandeur d'une pièce de deux francs.

Numérotage des bêtes à laine. — Dans les troupeaux où l'on attache une grande importance à la généalogie des bêtes, les brebis et les béliers sont numérotés pour être inscrits dans un registre. On a essayé diverses manières de fixer les numéros, et aucune n'est entièrement satisfaisante.

Numéros sur fer-blanc et sur bois. — On a suspendu aux oreilles ou au cou des bêtes les numéros imprimés sur de petites plaques de fer-blanc, ou de bois : mais ces plaques sont sujettes à se perdre.

Tatouage. — On a trouvé préférable le tatouage par lequel on écrit le numéro sur la partie intérieure de l'oreille.

On a pour cela des chiffres formés d'un assemblage de petites pointes et qui se fixent à une pince.

La pince inventée par M. Paul François pour marquer les moutons a été décrite par M. de Guaita dans le *Journal d'agriculture pratique* : « Elle a 0m.20 de longueur au total : l'une de ses branches, qui est droite, porte une molette M (grav. 38) en étain, de 0m.07 de diamètre, garnie extérieurement d'une bande de cuivre dans laquelle sont implantés, à des distances égales, dix numéros, formés de pointes d'aiguilles faisant saillie de 0m.003 environ, et extrêmement rapprochées les unes des autres. Cette molette, qui tourne à volonté sur la branche arrondie de l'instrument où elle est retenue par un écrou à vis, présente successivement tous ses numéros en face de la seconde branche, qui est recourbée et garnie d'une pièce épaisse de peau de buffle K sur laquelle portent les pointes d'aiguilles après avoir traversé l'oreille du mouton, lorsque

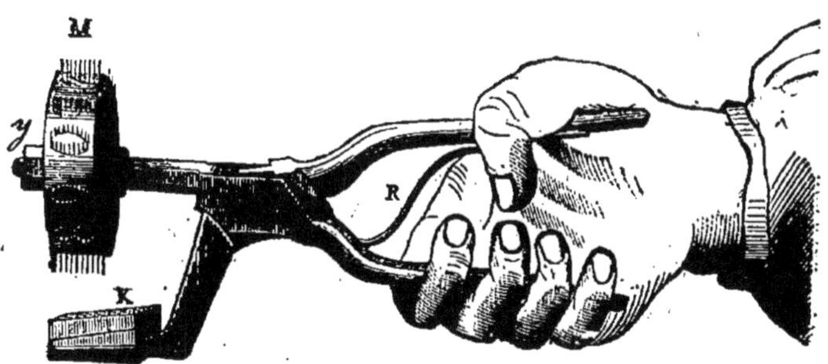

Grav. 38. — Pince à tatouer de M. Paul François, tenue par la main de l'opérateur.

par hasard l'opérateur a exercé une pression trop forte ; ces pointes ne peuvent donc pas se détériorer.

« Cette pince est d'un emploi beaucoup plus facile et plus rapide que les autres pinces puisque, au lieu d'être obligé de remonter successivement chaque numéro, il suffit de faire tourner la molette pour mettre en face de la branche plate de la pince le numéro qu'on désire imprimer sur l'oreille du mouton. Les chiffres, d'une hauteur de 0m.012, sont parfaitement lisibles.

« Pour employer cette pince, l'opérateur, prenant le mouton entre ses jambes, saisit l'oreille entre les deux *mâchoires* de l'instrument, en ayant soin de placer la molette à l'intérieur et la branche plate à l'extérieur de l'oreille. La pression doit être fort modérée, car il est au moins inutile de traverser l'oreille de part en part, il suffit que la peau de l'intérieur de l'oreille soit percée pour que la marque soit ineffaçable. La seconde partie de l'opération consiste à frotter la petite plaie avec une couleur quelconque, ou même avec du charbon pilé ou de la poudre à fusil légèrement mouillée. »

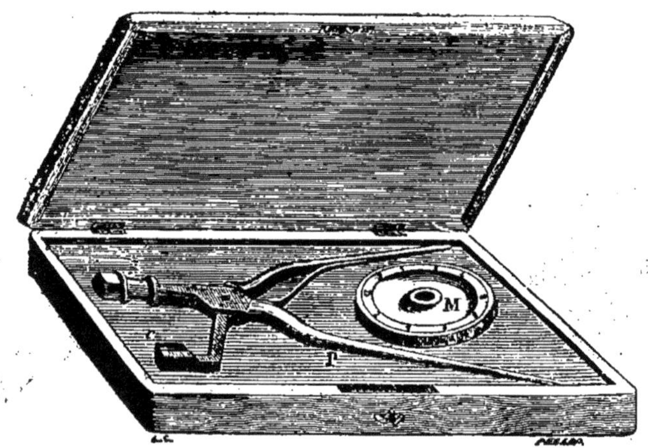

Grav. 39. — Pince à tatouer de M. Paul François, placée dans la boîte.

Cette pince coûte, avec la boîte qui la renferme (grav. 39), de 40 à 45 francs.

Une autre manière de marquer les moutons consiste à faire aux bords des oreilles, à l'aide d'une pince emporte-pièce faite exprès, des crans qui représentent des chiffres. M. de Weckherlin recommande la manière suivante : chaque cran au bord extérieur de l'oreille gauche vaut un, au bord intérieur trois, à la pointe de l'oreille dix, et au milieu de l'oreille cent. Chaque cran de l'oreille droite vaut cinq fois plus.

Le *Journal d'agriculture pratique* a aussi indiqué une autre méthode qui diffère peu de celle-ci.

« Les bords des oreilles d'un mouton peuvent donner place, à l'intérieur comme à l'extérieur, à dix petites encoches très-visibles et très-faciles à compter. Les encoches de l'extérieur de l'oreille droite sont prises pour unités, celles de l'intérieur de l'oreille droite pour centaines, et celles de l'extérieur de l'oreille gauche pour milliers. On peut ainsi, à dix encoches par côté d'oreille, numéroter jusqu'à 10,000. »

Tout cela est bien simple en théorie, mais ne l'est pas autant dans la pratique. Si les bêtes sont marquées aux oreilles, c'est surtout alors que le berger ne doit pas avoir de chien qui les prenne par là, comme cela arrive quelquefois.

Béliers marqués à la corne. — Les béliers mérinos sont faciles à marquer. On leur imprime le numéro sur une corne avec un fer chaud.

Marque sur les sabots. — Quoique la corne des sabots des brebis ait peu d'épaisseur, on pourrait peut-être y appliquer la marque comme on le fait pour les chevaux de troupe. Il faudrait brûler peu profondément et à la partie la plus basse de la paroi, sauf à renouveler chaque année la marque. Peut-être cette manière de marquer les brebis a-t-elle été déjà employée et y a-t-on trouvé des inconvénients, mais si j'avais à marquer des bêtes, je l'essayerais.

CHAPITRE XII

RÉCOLTE DE LA LAINE

La brebis paraît avoir été la compagne de l'homme dès les premiers temps du monde. Selon la Bible, Abel était pasteur; mais il est permis de demander quel emploi les hommes faisaient alors de la laine, dans un climat chaud comme celui de l'Asie. L'art de tisser la laine leur était certainement inconnu, et ils n'avaient pas besoin de se couvrir de peaux, comme font encore aujourd'hui les paysans du nord de la Russie et les peuples de la Tartarie. La Bible atteste l'existence de la brebis en même temps que celle des premiers hommes, et elle nous dit aussi que déjà les patriarches tondaient leurs brebis[1].

La tonte des brebis suppose déjà un état assez avancé de civilisation, car il ne fallait pas seulement du fer pour tondre, il fallait encore des métiers pour tisser la laine après qu'elle avait été filée.

Les croyances religieuses des Grecs prouvent aussi combien l'emploi de la laine remontait chez eux à une

[1] Laban, Genèse, XXXI, 19. — Judas, XXXVIII, 12-13.

époque reculée, ce fut Minerve qui enseigna aux Athéniens l'art de filer et de tisser.

Depuis longtemps on tissait la laine en Syrie pour en faire du drap, et les pasteurs syriens avaient l'art de teindre la laine, lorsque les Gaulois et les Bretons étaient encore vêtus de peaux de moutons, et il reste encore aujourd'hui, dans le Nord, des traces de cet état de barbarie. Selon David Low, les habitants des îles Orthney ne tondent pas leurs moutons, mais leur arrachent la laine. Il ajoute, à la vérité, que cette opération n'est probablement pas aussi douloureuse qu'on pourrait le croire, parce que la laine tomberait d'elle-même si on ne la prenait pas. Cette chute de la laine serait une suite de la misère qu'ont endurée les bêtes pendant l'hiver.

Comment les patriarches tondaient-ils leurs brebis? — Ils ne faisaient sans doute pas cette opération aussi bien qu'on l'exécute aujourd'hui, car les Arabes de l'Algérie, qui descendent des Arabes de l'Arabie, enlevaient la laine à leurs moutons avec le même instrument qui leur servait à couper le blé, et ce sont les Français qui leur ont donné l'instrument nommé *forces* et leur ont appris à s'en servir. Aujourd'hui encore, beaucoup d'Arabes ne s'en servent pas.

§ 1. — LAVAGE DE LA LAINE.

Lavage à dos. — Du moment qu'on dépouilla la brebis de sa toison, les femmes qui devaient filer la laine voulurent, sans doute, l'avoir propre, et de là doit être venu l'usage de laver les brebis avant de les tondre. C'est ce qu'on nomme le *lavage à dos.* Ce lavage a bien aussi ses inconvénients, mais cependant il s'opère plus facilement que celui des toisons après la tonte, et les fermiers auraient bien de l'embarras pour laver et surtout pour sécher les toisons de tout un troupeau.

Le lavage à dos a pour le fabricant de draps plusieurs

avantages ; les toisons lavées et convenablement séchées pèsent beaucoup moins et coûtent moins à transporter ; elles sont moins exposées à s'échauffer et à se détériorer que celles en suint ; la laine lavée sur le dos de la bête reprend, en séchant, la position qu'elle avait avant le lavage, tandis que, si on lave une toison après la tonte, la laine est mêlée et le triage en est difficile.

Cet usage de laver à dos est général en Allemagne et dans une grande partie de la France. En Espagne, les troupeaux transhumants appartenant à une même société, on avait construit des lavoirs où la laine était lavée après que les troupeaux qui y arrivaient successivement étaient dépouillés de leurs toisons, au moment où ils commençaient le long voyage dont les pâturages d'été étaient le but.

En France, on a conservé l'usage de ne pas laver les mérinos avant la tonte, et leur laine, livrée au commerce sans être lavée, est dite *laine en suint*.

L'eau froide ne dissout et n'enlève qu'une partie de la graisse de la laine ; pour un lavage complet, il faut de l'eau chaude, à laquelle on ajoute des substances alcalines. Ce dernier lavage est toujours fait par le fabricant de draps.

Le lavage à dos est plus ou moins parfait, selon les soins qu'on y apporte, selon la qualité et selon la température de l'eau employée. La meilleure eau est celle qui dissout le mieux le savon ; sa température ne doit pas être au-dessous de 10°.

D'après la manière dont le lavage à dos a été fait, il peut y avoir de grandes différences dans la diminution de poids de la laine. On estime cette diminution à moitié du poids, et la laine lavée à dos perd encore par le lavage à l'eau chaude du fabricant environ 28 p. 100. Ainsi 100 kilogr. de laine non lavée équivalent à 50 kilogr. de laine lavée à dos et à 36 kilogr. de laine complétement lavée en fabrique. On conçoit que ces chiffres ne donnent que des termes moyens, et qu'il peut y avoir des écarts considérables.

Comment fait-on le lavage à dos? — Lorsqu'on lave les bêtes à *dos*, cela se fait dans une rivière, un ruisseau, ou un étang. Dans les villages où chacun n'a qu'un très-petit nombre de bêtes, on les lave quelquefois dans des cuves, mais on conçoit combien ce mode de lavage serait long et embarrassant pour tout un troupeau. Il y a des fermiers qui sont obligés d'aller à une assez grande distance chercher un lavoir. Si l'on a un ruisseau, mais qui n'a pas naturellement une profondeur suffisante, on y

Grav. 40 — Lavage à dos des bêtes à laine.

établit un barrage pour élever l'eau à une profondeur d'au moins un mètre. Les brebis, pendant qu'on les lave, ne doivent pas toucher le fond avec leurs pieds, elles se débattent et elles auraient bientôt troublé l'eau, de manière qu'on ne pourrait plus obtenir un bon lavage.

Quand on a un emplacement convenable, on établit au bord de l'eau un parc suffisamment grand pour contenir les bêtes un peu serrées, afin qu'il soit plus facile de les prendre. Un homme reste hors de l'eau pour prendre les bêtes et les donner aux laveurs; ceux-ci sont dans l'eau jusqu'à la ceinture, et à environ 1m.60 l'un de l'autre. Il en faut un nombre suffisant pour qu'ils ne restent pas trop longtemps dans l'eau, et je crois qu'on peut admettre la proportion de 2 laveurs pour 100 bêtes. Ils se passent les bêtes de l'un à l'autre, en remontant le cours de l'eau, de manière que le lavage de chaque bête soit terminé en amont, dans l'eau la plus propre (Grav. 40). Le premier n'a pas autre chose à faire qu'à plonger dans l'eau la bête qu'il reçoit, de manière à la tremper complétement. Pour cela, il prend dans chaque main un pied de devant, il saisit en même temps la laine de chaque côté du cou, près des oreilles, et il imprime à la bête étendue sur le dos un mouvement lent de bercer. Si l'on a 8 laveurs, le second fait la même manœuvre. Le mouvement doit être lent; j'ai connu un exemple d'un bélier tenu par les cornes auquel, en l'agitant trop vivement, on avait rompu la nuque. Le lavage, comme la tonte, demande une surveillance assidue du maître, mais, à part l'accident que je viens de rapporter, il n'est pas à ma connaissance qu'il ait jamais eu des suites fâcheuses pour la santé des bêtes.

La laine est ainsi complétement trempée, et l'eau a ouvert toutes les mèches. Les laveurs suivants changent la position de la bête; elle a avec eux le dos en haut, et elle remue les jambes comme pour nager. L'homme lui tient la tête sous un de ses bras, et il prend successivement sur toutes les parties du corps autant de laine qu'il peut en saisir entre ses deux mains; il la presse, il la pétrit, et en fait ainsi sortir les impuretés qu'elle contient. Tous agissent de même. On place à l'extrémité de la ligne ceux qui entendent le mieux le lavage; les premiers ont travaillé presque au hasard, les derniers voient s'il y a des parties de la toison, d'où l'eau sort plus trouble et ce sont celles-là qu'ils manipulent particulièrement. Le dernier de tous est ordinairement le berger chef du troupeau, celui qui, par conséquent, a la responsabilité. Celui-ci retourne et visite les bêtes dans tous les sens, et ne les lâche que quand il s'est assuré que le lavage est complet. Il pousse alors la bête vers le bord de l'eau, et si la sortie est difficile, il y a là un homme ou un gamin, qui entre dans l'eau jusqu'aux genoux, prend chaque bête à deux mains par le cou, et la conduit jusqu'à ce qu'elle puisse aller seule. Quelquefois des bêtes, à la sortie de l'eau, s'affaissent sous le poids de la toison, et se couchent; on les laisse jusqu'à ce que l'eau soit écoulée, et qu'elles se relèvent d'elles-mêmes.

Tout près du lavoir, il doit y avoir un gazon sur lequel la laine ne peut pas se salir, et on y laisse tout le troupeau encore une heure ou deux, après que l'opération est complétement terminée.

Temps que dure l'opération du lavage. — S'il y a huit laveurs, huit bêtes sont en même temps dans l'eau, et le parcours de chacune dure environ trois minutes. Il faudrait donc quatre heures pour laver 400 bêtes. Comme il y a toujours dans mon troupeau une centaine d'agneaux dont le lavage se fait très-rapidement, la durée totale de l'opération se trouve diminuée d'autant. Mais je crois qu'on peut admettre comme exacte cette proportion de quatre heures de temps pour un bon lavage de 400 bêtes par huit hommes.

Lavage dans une auge. — Quoiqu'il n'en résulte jamais d'accidents, ce long séjour dans l'eau est nuisible pour les hommes. J'ai cherché à l'éviter en établissant une auge dans laquelle s'opérait le lavage par un cours d'eau provenant d'un étang. L'auge est formée de madriers, elle a 4 mètres de longueur, 1m.20 de largeur et 0m.80 de profondeur. Les madriers sont assemblés par quatre châssis en bois qui divisent l'auge en quatre compartiments occupés par huit hommes, quatre de chaque côté. Il y a ainsi toujours à la fois huit bêtes dans l'eau; elles posent au fond de l'auge sur leurs pieds, et les hommes n'ont dans l'eau que les bras.

L'auge, parallèle à la digue de l'étang, est placée immédiatement sous cette digue. Le parc, qui contient les bêtes, est sur la digue, et par un pont formé de deux fortes planches, un homme amène les bêtes du parc dans l'auge. Les bêtes, à mesure qu'on les lave, remontent le cours de l'eau, et chacune, en arrivant à l'extrémité de l'auge, reçoit la totalité de la chute d'eau. L'auge, à cette extrémité, se termine par un double plan incliné qui facilite la sortie des bêtes, elles passent sous le canal qui amène l'eau à l'auge. Un homme est là, chargé de les aider à sortir.

On conçoit que ce lavage est beaucoup plus parfait, et pourtant je ne l'ai pratiqué que pendant trois ou quatre années. Un changement fait à la digue de l'étang aurait nécessité des constructions et une dépense devant lesquelles j'ai reculé. Il faut d'abord faire la dépense première de l'auge, il faut la monter, puis la démonter à chaque lavage, il faut la mettre à l'abri dans un endroit où elle ne gêne pas, et où on la retrouve quand on en a besoin; en définitive, le lavage coûte ainsi plus cher, et si la laine est parfaitement lavée, si elle a perdu en poids plus que par le lavage ordinaire, les drapiers n'en donnent cependant pas un centime de plus.

Le propriétaire du troupeau doit cependant donner toute son attention au lavage, de manière que la laine soit aussi propre que possible. Si des hommes de mauvaise foi ne lavent qu'imparfaitement et laissent même des ordures dans les toisons pour en augmenter le poids, leur laine sera bientôt connue et dépréciée, de manière qu'ils ne pourront plus la vendre qu'à un prix inférieur, et auront ainsi une perte réelle, au lieu du bénéfice qu'ils attendaient, sans compter la perte la plus grave, celle de leur réputation.

M. de Weckherlin indique encore deux autres méthodes de lavage à dos. Selon lui, on doit d'abord faire entrer les bêtes dans l'eau pour tremper complétement la laine, on les fait ensuite rentrer à la bergerie, où elles passent quelques heures, et après cela commence seulement l'opération du lavage.

Lavage par chute d'eau. — L'opération du lavage peut se faire dans l'eau, comme je l'ai décrite, ou bien par chute d'eau. Pour celle-ci, il faut pouvoir élever l'eau assez haut pour qu'elle tombe par des rigoles ou conduits en bois, d'une hauteur d'environ 1 mètre, dans le bassin où s'opère le lavage.

Ce bassin est rempli d'eau à une assez grande hauteur pour que les bêtes y nagent, et chaque laveur tient la bête qu'il lave sous une douche à laquelle il présente successivement toutes les parties du corps. Il y a ordinairement quatre rigoles fournissant l'eau à quatre laveurs. Chaque rigole a environ 0m.15 de largeur et une hauteur d'eau de 15 à 25 millimètres. On peut opérer de deux manières, ou bien chacun des hommes lave complétement chaque bête qui lui passe par les mains, ou bien chaque bête doit passer entre les mains de tous pour être lavée complétement. Le dernier s'assure que toutes les parties de la toison sont propres, puis il berce la bête dans l'eau, ou il la laisse nager, pour que toutes les impuretés puissent sortir, et que toutes les mèches reprennent leur position naturelle.

On doit donner une attention particulière aux pointes des mèches (ceci s'applique surtout aux mérinos) et à la tête, au cou et aux épaules, comme aux parties où il arrive le plus souvent que le lavage n'est pas parfait. Chaque brebis reste ainsi environ quatre minutes entre les mains des laveurs, et quatre hommes peuvent par conséquent en laver 60 dans une heure de temps.

Ce mode de lavage à dos est celui que l'on pratique à Hohenheim.

Le bassin, construit en pierres et pavé, a une longueur de 16 à 17 mètres, il est large de 5 mètres et ses parois ont 1m.30 environ de hauteur.

Ce lavoir est placé sous la digue d'un étang. Si j'avais à en construire un semblable, je lui donnerais seulement 1m.30 de largeur, au lieu de 5 mètres. Une des parois serait appuyée contre la digue de l'étang et l'autre, construite en briques, n'aurait que 1 mètre de hauteur; les laveurs ne seraient pas dans l'eau, mais ils seraient à sec, extérieurement. On en aurait un nombre en rapport avec celui des bêtes à laver, et 1m.60 à 1m.70 de longueur du lavoir seraient pour chacun un espace suffisant. Il y aurait ainsi place pour dix hommes le long des 16 mètres de longueur du lavoir de Hohenheim.

Si je me permets cette observation, je dois cependant faire la remarque que je n'ai pas vu laver le troupeau de Hohenheim et qu'il y a probablement des motifs pour lesquels on a construit le lavoir tel qu'il existe.

La quantité d'eau dont on dispose doit être, pour une construction semblable, une considération importante.

Lavage au moyen d'une pompe. — Un autre lavage encore est celui qui a lieu au moyen d'une pompe. Il doit avoir été inventé dans un pays où l'eau manquait. Selon Pogge, il y avait en 1843, dans le Mecklembourg seul, environ six cents pompes destinées à cet usage. Ce lavage est aussi usité en Hongrie. En voici la description d'après le compte rendu par Pogge, de la réunion des agriculteurs de l'Allemagne, en 1843, à Altembourg.

Le jet d'eau qui arrive sur la bête à laver provient immédiatement d'une pompe, ou d'un réservoir, placé suffisamment haut et tenu plein d'eau au moyen d'une pompe qui fonctionne sans interruption pendant la durée du lavage.

L'emplacement sur lequel le lavage doit avoir lieu est couvert en planches.

La veille du lavage, au soir, les toisons des brebis sont complétement trempées d'eau, au moyen de la pompe, et cette opération est renouvelée le lendemain matin, pour amollir toutes les ordures qui doivent être enlevées par le lavage.

Pour opérer le lavage, un homme, protégé par un grand tablier de cuir, saisit la brebis à laver, la place entre ses jambes, et la présente, la tête en avant, au jet d'eau qui a à peu près la grosseur d'un petit doigt. Il s'en tient à une distance de 8 à 10 pas, et plus loin, s'il trouve que le jet a encore trop de force. En commençant par la tête de la bête et finissant par les pieds, il en présente successivement à l'eau toutes les parties, et en deux minutes au plus, la bête est propre, sans que la laine soit mêlée, si l'opération a été bien faite.

Chaque pompe, ayant deux tuyaux, lave ainsi en même temps deux bêtes, et un nombreux troupeau peut être lavé en un jour.

Un autre propriétaire de bêtes à laine, en Poméranie, ne fait pas arriver sur les bêtes le jet d'eau tel qu'il sort de la pompe, mais il fixe une tête d'arrosoir à l'extrémité du tuyau. Après avoir préalablement trempé les toisons, comme pour la méthode précédente, il enferme les bêtes, au nombre de 16 à la fois, dans un petit parc, où elles sont serrées les unes contre les autres. Là on les arrose, jusqu'à ce que les toisons soient complétement propres, ce qui doit avoir lieu en deux minutes, et de là on les fait passer dans un étang. Ce lavage doit avoir l'avantage de ne pas du tout fatiguer les bêtes, de ne pas mêler la laine et de n'exiger que très-peu d'eau.

On croit qu'il est indispensable de faire baigner ou nager les bêtes à longue laine pour remettre en ordre les toisons, tandis que pour les bêtes à laine courte, cela n'est pas nécessaire.

M. de Weckherlin pense que des circonstances particulières ont pu amener en Hongrie et dans d'autres pays ces méthodes de lavage et, après les avoir décrites, il donne la préférence au lavage dans un bassin, avec chute d'eau, tel qu'il les a fait établir dans plusieurs domaines du roi de Wurtemberg et à Hohenheim. Il pense que le lavage est beaucoup plus facile et plus parfait, lorsqu'on a trempé les toisons une fois et même deux fois, avant le lavage.

Salaire des laveurs. — Les bergers qui tondent devaient aussi autrefois laver, mais actuellement très-peu viennent laver, quelques-uns envoient un homme à leur place. Il y a trente ans, on payait chaque laveur $0^{m}.75$, maintenant on leur donne $1^{f}.50$. Avant d'entrer dans l'eau, ils boivent un verre d'eau-de-vie et mangent un morceau de pain, ils boivent encore un verre d'eau-de-vie pendant qu'ils sont dans l'eau, un autre encore lorsqu'ils en sortent, puis on leur donne à dîner.

Un beau temps est important pour le lavage et pour la tonte, mais on ne peut pas le choisir, parce que le jour est fixé d'avance. Comme ce sont les bergers qui tondent, il faut qu'ils s'entendent ensemble, pour fixer les jours où chaque troupeau sera lavé et tondu. Tout ce qu'on peut faire, c'est de remettre le lavage quand le temps est décidément à la pluie. S'il est seulement incertain, le berger, après que le troupeau est lavé, s'éloigne peu de la ferme pour pouvoir rentrer aussitôt qu'il se voit menacé de la pluie. Alors on ne peut plus parquer, la terre salirait la laine et la bergerie doit être tenue propre par une litière souvent renouvelée.

Sécher les bêtes après le lavage.—Le vent est le premier moyen pour sécher la laine, mais on ne peut pas le commander. Dans des circonstances atmosphériques favorables, la laine peut être sèche au bout de vingt-quatre heures, cependant on attend jusqu'au troisième jour pour tondre; c'est-à-dire que le troupeau lavé le lundi est tondu le mercredi.

On dit qu'un soleil très-ardent durcit la laine qui vient d'être lavée, et doit être évité. Je suis disposé à le croire, mais le propriétaire du troupeau et le berger peuvent difficilement entrer dans de semblables considérations et ceux qui achètent la laine n'en tiendraient pas compte.

§ 2. — DE LA TONTE.

Après le lavage vient la tonte. C'est une récolte intéressante en ce qu'elle amène de l'argent, mais c'est une opération désagréable, et on est content quand elle est terminée. Je tâche toujours de la finir en un jour, en réunissant un nombre suffisant de tondeurs, et ceux-ci tâchent aussi de finir en un jour, pour aller le lendemain tondre ailleurs, ou reprendre la garde de leurs troupeaux.

Ils tondent en commun, c'est-à-dire qu'on ne compte pas le nombre de bêtes tondues par chacun, mais que tous ont la même part dans le nombre total de bêtes tondues. Si chacun tond pour son compte, alors chacun cherche aussi à tondre le plus vite possible, les bêtes sont mal tondues et beaucoup sont blessées.

Époque de la tonte. — La tonte a ordinairement lieu dans les premiers jours de juin, vers l'époque de la plus grande chaleur; cependant on doit laisser les bêtes au moins huit jours à la bergerie, avant de les remettre au parc.

La tonte est une fête pour les bergers. — La tonte est une fête pour les bergers; c'est une occasion pour eux de manger et de boire à discrétion, et leur chère habituelle est bien maigre; ensuite comme chacun d'eux aide à tondre plusieurs troupeaux, ce qu'ils gagnent ainsi est un supplément important pour eux à leur revenu fixe.

Le matin du jour de la tonte, ils mangent la soupe de 6 à 7 heures, à 10 heures un morceau de pain et un verre d'eau-de-vie, ou 1/2 litre de bière; à midi la soupe et ordinairement des pois et des pommes de terre avec du lard et de la bière; à 4 heures du fromage blanc et de la bière; enfin à la nuit, lorsqu'ils ont fini, un souper qui ordinairement consiste en pommes de terre et lait caillé, encore avec de l'eau-de-vie. Quelquefois aussi on tue pour eux une bête qui n'a pas une grande valeur et qui est un régal pour des gens qui n'ont que bien rarement de la viande. Ils mangent énormément et ils boivent beaucoup, mais ils ne s'enivrent pas. C'est dans de semblables occasions qu'on peut le mieux apprendre à connaître les bergers et remarquer l'originalité de leur esprit et leur gaieté. Tout pauvres qu'ils sont, ils ne paraissent pas mécontents de leur sort et ils jouissent d'un jour d'abondance.

On leur paye ici, par bête adulte ou agneau 3 kreuzers 1/2 (28 kr. = 1 fr.) et en tondant 30 bêtes, ils gagnent dans la journée 1 thaler, ou 3f.75. — Cette journée, pour ceux qui sont un peu éloignés, commence à 2 heures du matin et ne finit qu'à minuit. Debout continuellement ils ont une pénible tâche, quoiqu'elle ne demande pas un grand emploi de force.

Forces. — On coupe la laine avec des ciseaux qui ne servent qu'à cela et que l'on nomme *Forces* (grav. 41). Leur forme est partout la même. M. Schmith a donné le dessin de l'instrument employé à Hohenhein qui, dit-il, vient d'Angleterre et qui se recommande par deux petites entailles, qui empêchent les pointes des lames de se croiser, ce qui peut occasionner de petites blessures.

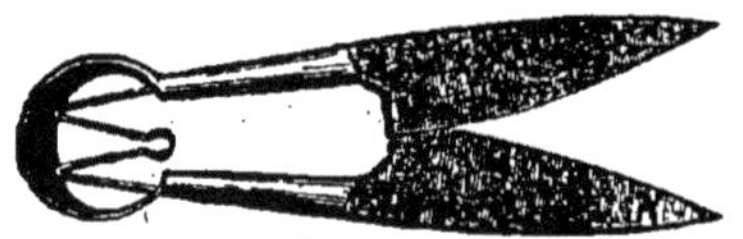

Grav. 41. — Forces pour tondre les moutons.

On a voulu introduire en France des forces dont les lames fixées par des vis pouvaient se détacher, ce qui devait donner beaucoup de facilité pour les aiguiser. Cette complication est au moins inutile et l'aiguisage se fait très-bien lorsque l'instrument est d'une seule pièce.

Comment on place les bêtes pour les tondre. — A quatre heures du matin, l'opération commence, et elle se fait dans la grange, où tout a été préparé la veille. Il y a des endroits où les tondeurs, ou tondeuses, sont assis par terre et la bête à tondre est couchée entre leurs jambes; dans d'autres endroits, on étend la bête sur une table où on lui fixe les jambes. Ici, on a des blocs ronds, coupés dans un arbre d'environ 0m.35 de diamètre et hauts de 0m.50. Ces blocs au nombre de six servent tous les ans et on les conserve dans un coin de la grange. Trois blocs placés de chaque côté de la grange servent à soutenir deux fortes planches, longues de 4 mètres et larges de $0^m.35$. On a donc de chaque côté un établi long de 8 mètres, où il y a place pour cinq tondeurs, et on a place en tout pour dix tondeurs. Derrière les établis il y a un espace vide d'un demi-mètre et c'est là que sont placés les tondeurs, appuyés au mur. Au fond est une table sur laquelle un homme lie la laine. En dehors, près de la porte de la grange, est une petite meule, sur laquelle un homme, ordinairement le menuisier de la ferme, aiguise les forces. Chaque berger en a deux et ils ne sont ainsi jamais arrêtés. L'aiguiseur, dans ses moments de loisir, aide à lier la laine. Les bêtes à tondre sont placées le plus près possible de la grange, un homme les amène aux tondeurs et emmène celles qui sont tondues. Ordinairement il se trouve encore un ou deux gamins qui aident là où l'on a besoin d'eux. Enfin, si le berger de la ferme tond, et on doit lui laisser ce petit profit, il faut encore un homme pour garder partiellement les bêtes tondues et à tondre. On a pour cela réservé un pâturage près de la ferme, et on y conduit le matin la moitié du troupeau qui sera tondu après midi, et après midi l'autre moitié qui a été tondue le matin.

Tout étant ainsi organisé, la besogne marche lestement, et chaque tondeur tond dans la journée 30 bêtes, dont 1/5 agneaux. Ces bêtes sont des métis; on ne pourrait pas tondre autant de mérinos.

Comment se place le tondeur. — Pour tondre, le tondeur est debout, posté sur sa jambe droite et son pied gauche posé sur l'établi. Il prend devant lui la brebis à tondre, assise sur sa croupe et les jambes en avant. Quelques-uns lient ensemble par un cordon les jambes gauches de devant et de derrière de la brebis, mais c'est le très-petit nombre. Presque tous la laissent libre, si elle veut se débattre, ils la laissent faire et ordinairement cela ne dure qu'un instant. Le cou de la brebis étant appuyé sur la cuisse gauche du tondeur, celui-ci avec ses deux mains, entr'ouvre la toison, ou sur la poitrine, au sternum, ou au cou au-dessous de l'oreille gauche. Il prend ensuite les forces et commence à tondre. Les forces marchent toujours à peu près à angle droit avec l'épine dorsale, de manière que la croupe est la dernière partie du corps tondue. Il y a quelques années, on a parlé de cette manière de tondre comme d'une nouveauté, sous le nom de tonte circulaire; je n'ai jamais vu tondre autrement. Quand tout le corps est tondu, on coupe la laine qui se trouve encore à la queue, aux jambes et sur le sommet de la tête.

J'ai lu que la laine ne doit pas être coupée trop court, pour qu'il reste encore aux bêtes une légère couverture. Cela n'en vaudrait que mieux, mais il faudrait pour cela du temps et des soins qui ne s'accordent pas avec la rapidité qu'on exige pour la tonte de plusieurs centaines de bêtes. On demande avant tout que les bêtes ne soient pas blessées, puis qu'on voie le moins possible les coups de ciseaux. Les bêtes grasses sont tondues plus facilement et plus près que les bêtes maigres. Il y a des toisons feutrées difficiles à tondre; les bêtes qui les portent doivent être réformées.

J'ai admiré à des expositions des bêtes tondues avec un talent remarquable. S'il y a un creux à dissimuler, une partie à laquelle on veut donner plus de largeur, on laisse à la laine quelques millimètres de plus de longueur; et lorsqu'un bélier bien gras est ainsi présenté un mois après la tonte, quand il ne reste plus aucune trace des coups de ciseaux, on pourrait le comparer à une belle statue modelée par le ciseau d'un habile artiste. Je crois qu'il est déjà arrivé que le tondeur avait mérité la prime plus que le bélier auquel elle était donnée.

Lier les toisons. — Dès qu'une toison est détachée, elle est portée sur la table, où on l'étend, la partie tondue en dessous (grav. 42). Là on en sépare les brins de paille s'il y en a, le fumier durci qui s'y trouve quelquefois et que le lavage n'a pas pu enlever, puis en rejetant les parties extérieures vers le milieu, on en forme une balle ronde qu'on lie (grav. 43) avec une grosse ficelle, en serrant fortement. On trouve ici à acheter cette ficelle faite exprès pour lier la laine; il n'en faut guère plus de 1 kilogr. pour lier 100 kilogr. de laine, et le kilogramme coûte 1f.20.

En liant chaque toison séparément, le nombre des paquets donne celui des bêtes tondues et facilite le contrôle;

Grav. 42. — Pliage des toisons.

Grav. 43. — Toison pliée.

et si l'on a près de la table une balance, rien n'est si facile que de peser les toisons des bêtes dont on veut connaître le rendement.

Soins à donner aux toisons après la tonte. — La tonte étant terminée, les paquets de laine restent pendant quelques jours étendus sur le plancher d'un grenier. Si l'on met en tas de la laine qui n'est pas parfaitement sèche, elle s'échauffe, se détériore et prend un goût de moisi qui n'échappe pas aux acheteurs et qui lui ôte beaucoup de sa valeur.

Marquer les bêtes à réformer. — C'est à la tonte qu'on marque les bêtes à réformer pour mauvaise qualité, ou insuffisante quantité de la laine.

Tonte des agneaux. — Ici on tond aussi les agneaux et c'est ordinairement par eux qu'on commence. Leur laine est de suite emballée dans des sacs. Il y a des endroits où on ne tond pas les agneaux. Je crois qu'il leur est plutôt avantageux que préjudiciable d'être débarrassés de leur toison pendant les chaleurs de l'été, et il y a toujours une raison de les tondre, ce sont les poux. Ils en ont toujours plus ou moins, même quand ils sont en très-bon état; la tonte les en débarrasse, tandis qu'ils auraient beaucoup à en souffrir si on ne les tondait pas.

Les agneaux-béliers destinés à la vente ne sont ordinairement pas tondus. Ils paraissent alors plus larges qu'ils ne sont réellement, et s'ils ont des défectuosités de formes. elles sont cachées sous la laine. C'est un charlatanisme que les acheteurs ne doivent pas ignorer.

Soins à donner aux bêtes blessées par les forces. — Le lendemain de la tonte, le berger doit visiter exactement son troupeau pour voir s'il n'a pas de bêtes blessées. De petites coupures sont inévitables; on se contente de les couvrir de goudron pour en éloigner les mouches. Ce qui est dangereux, ce sont les blessures faites quelquefois par la pointe des forces à une bête qui se débat. Si la plaie est profonde, il faut la débrider, c'est-à-dire élargir son ouverture, puis la panser selon sa gravité. Les bêtes blessées doivent rester à la bergerie, où on peut mieux les soigner et où elles sont à l'abri des mouches, qui souvent d'une égratignure finissent par faire une grande plaie si l'on n'y prend pas garde.

§ 3. — INFLUENCE DE LA TONTE SUR LA LAINE.

Les brebis perdent-elles chaque année leur laine, comme les chevaux et les bœufs changent de poil au printemps?

Des écrivains ont émis l'opinion que si on ne les tond pas, les brebis perdent naturellement leur laine chaque année au printemps. Cette opinion est fausse. Les bêtes atteintes de la gale, comme malheureusement on en voit tant dans certains départements de la France, perdent leur laine et en laissent des flocons après tous les buissons près desquels elles passent; des bêtes qui ont été malades, ou qui ont souffert de la faim pendant tout un hiver, perdent aussi au printemps leur laine, qui se détache de la peau de manière que toute une toison s'enlève facilement sans l'aide des ciseaux.

Mais hors ce cas, la laine ne tombe pas, et elle peut continuer à pousser pendant plusieurs années. Il a été fait à cet égard, il y a déjà longtemps, des expériences concluantes rapportées par David Low.

Laine de deux ans de croissance. — On a laissé une bête deux ans sans la tondre et on lui a alors trouvé une longueur de laine double. A une autre bête, on a tondu seulement un côté du corps, une moitié, et on a laissé sur la bête la laine de l'autre moitié. Cette seconde moitié, tondue au bout de deux ans, a donné le même poids de laine que la première moitié tondue deux fois. Ce fait est encore attesté par des expériences faites par Huzard, Tessier et Gilbert. (*Instruction pour les bergers*, annotée par Huzard, 4e édition.) Il est encore attesté par Ch. Pictet. (*Faits et observations sur les mérinos.*)

Laine de six années de croissance. — Un autre fait, encore plus concluant, s'est passé dans un village près de Deux-Ponts. La loi de Moïse prescrit aux Israélites de consacrer au Seigneur les premiers-nés de leurs troupeaux. Un agneau mâle était né, dans les premiers jours de janvier, chez un juif, fidèle observateur de la loi. Non-seulement la vie de cet agneau devait être respectée, mais il ne pouvait être ni castré ni tondu. Il était devenu méchant, et il était une espèce de monstre, une masse informe de laine, traînant jusqu'à terre, et dont la tête seule faisait reconnaître une bête vivante. Un petit accident lui étant survenu à un pied, on en profita pour supposer que l'heure de sa fin naturelle approchait, et on le vendit à un boucher d'une petite ville voisine. Avant d'être tué, il fut tondu, et la laine lavée, puis séchée, pesa 8 kilogr. En retranchant un 1/2 kilogr. pour la laine d'agneau de la première année, il reste encore 1 kilogramme 1/2 pour chacune des cinq autres années, ce qui prouve que la laine n'a pas cessé de croître, et que la laine d'une bête saine et bien nourrie ne tombe pas chaque année au printemps.

Deux tontes par année. — Il y a encore des endroits en France où l'on tond les brebis chaque année deux fois. Je suppose que c'est la gale qui primitivement a fait introduire cet usage, mais il ne peut pas subsister là où les troupeaux sont l'objet de quelques soins. On a ainsi la peine et les frais de deux tontes, on a une laine courte qui a moins de valeur, on n'obtient pas plus de laine. Les partisans de cette méthode croient cependant qu'ils obtiennent un peu plus de laine, parce que la première pousse est plus vigoureuse. Et les bêtes doivent nécessairement souffrir lorsque, tondues à l'automne, elles sont exposées à la température froide et humide de cette saison.

Si je regarde comme un fait positif que la laine de moutons bien portants et bien nourris ne tombe pas chaque année au printemps, je ne prétends pas que la laine d'une bête qui ne serait pas tondue augmenterait de poids chaque année dans la même proportion. Il est d'abord probable que comme l'herbe des prés croît plus rapidement immédiatement après qu'elle a été fauchée, de même la laine après la tonte a une pousse plus vigoureuse ; ensuite nous savons que si on constate chaque année le poids de la toison d'une bête, on trouve que déjà, après la troisième année, il y a chaque année une sensible diminution. Il serait intéressant de constater d'où provient cette diminution de poids, s'il y a un moindre nombre de brins de laine, si ces brins sont plus courts, ou si chacun d'eux est plus léger. Je ne crois pas que le nombre des brins diminue ; les brebis ne perdent pas leur laine comme nous autres hommes nous perdons nos cheveux. Il faut donc chercher ailleurs la cause de la diminution de poids, et comme tout ce que je pourrais dire à cet égard ne serait que conjectural, je crois qu'il vaut mieux que je ne dise rien de plus [1].

Ce que nous savons à cet égard prouve cependant une chose, c'est que c'est une erreur de croire qu'en les tondant, on fait épaissir la chevelure d'un enfant, ou la crinière d'un poulain. On peut par là déterminer une pousse plus vigoureuse et plus égale, mais chaque cheveu, chaque crin a sa racine et le nombre ne peut pas en augmenter, pas plus que n'augmente le nombre des brins de laine sur un mouton tondu tous les ans.

§ 4. — INFLUENCE DU SOL SUR LA LAINE.

Il est certain que le sol et le climat ont une influence sur la toison des bêtes. Cette influence est-elle immédiate, ou provient-elle des changements que subissent les bêtes elles-mêmes. Je crois que les deux causes peuvent agir simultanément. Nous avons vu que les pays à terres fertiles, à riches pâturages, ceux où en même temps le voi-

1 J'expose plus loin l'opinion de M. Yvart à cet égard.

sinage de la mer entretient toujours dans l'air une certaine humidité, nourrissent naturellement des bêtes plus grandes, plus lourdes, qui portent une laine plus ou moins grossière et qui appartient plus à la classe des laines à peigner qu'à celle des laines à carder. Là, au contraire, où la terre fournit aux bêtes des pâturages plus substantiels mais moins abondants, là aussi où la pâture est pauvre, le climat plus sec et plus chaud, là les bêtes sont moins lourdes, leur toison aussi plus légère, et la laine tantôt grossière, tantôt fine, appartient à la classe des laines à carder.

Par des soins bien entendus, par un bon régime, par une bonne nourriture, on peut combattre ces dispositions naturelles du sol et du climat, et nous avons vu par là, que les mérinos, originaires de l'Espagne, peuvent prospérer dans le monde entier. Cependant ces influences existent toujours, les éleveurs doivent les connaître et les combattre là où elles sont contraires à leurs vues. Il peut encore en exister d'autres qui nous échappent. Voici, à cet égard un passage, d'un article de M. Barral, intitulé : *Histoire de la bergerie de Gevrolles* (*Journal d'agriculture pratique*, février 1863) :

« Le choix du sol est ici de la plus haute importance. Pour le prouver, nous citerons un fait : M. Maitre possède deux bergeries, l'une à Châtillon et l'autre sur les coteaux situés à 2 kilomètres de la ville. Quand il a dans sa bergerie urbaine des animaux dont la toison ne le satisfait pas, il lui suffit de les placer pendant quelques mois à son autre bergerie, pour que le brin de la laine reprenne l'aspect désirable. Cette propriété de certains sols, parfaitement connue de tous les éleveurs de moutons, est encore inexpliquée. »

Telle est la citation de M. Barral, qui, assistant à une vente à l'enchère de bêtes à Gevrolles, a pu recueillir les observations des éleveurs qui y étaient réunis, mais n'avait pas le temps de les approfondir. Ce fait mériterait cependant d'être approfondi et étudié. On trouverait, je pense, que des influences de sol et de régime agissent d'abord sur toute la bête, puis médiatement sur la toison.

Cette dernière influence produit des effets apparents que l'on peut facilement observer, tandis que l'autre, quoique beaucoup plus grave, peut rester inaperçue.

C'est dans les bergeries nationales que ces questions peuvent le mieux être étudiées avec l'aide de moyens dont ne dispose pas la grande majorité des cultivateurs, et il faut espérer qu'on y arrivera à leur solution.

CHAPITRE XIII

DE LA LAINE

§ 1. — ORIGINE ET CONSTITUTION DE LA LAINE.

De la laine considérée zoologiquement. — La nature a pourvu admirablement à la conservation de tous les êtres. Non-seulement chaque climat, chaque sol, nourrissent des plantes et des animaux qui leur sont propres, mais encore chaque animal a reçu un vêtement approprié aux lieux où il doit vivre. Dans les pays chauds, les bêtes sont presque nues, tandis que vers le nord, elles sont couvertes d'un vêtement de fourrures, ou de plumes, d'autant plus épais qu'elles approchent plus du pôle. L'homme seul a été jeté sur la terre nu et privé d'armes, mais la divine Providence, dans sa bonté, lui a donné la raison qui le dirige, et les mains qui agissent. Avec ces deux puissants auxiliaires, il est devenu maître de toute la terre, et, sous la zone torride comme au milieu des glaces du pôle, partout il a su se créer des abris et des vêtements.

Ecailles, plumes, poils, laine, sont les principales formes sous lesquelles se présentent les vêtements des bêtes, et si ces vêtements diffèrent par la forme, leur substance est cependant la même dans ses parties les plus essentielles.

Poils et laine ; différence. — La laine et les poils diffèrent peu entre eux, et il serait difficile de déterminer d'une manière précise la ligne qui les sépare. La laine, dit D. Low, se distingue du poil principalement par son développement en spirale, par sa douceur et sa flexibilité plus grandes, et par la propriété toute particulière que possèdent ses filaments d'adhérer les uns aux autres sous l'influence de l'humidité et de la pression. C'est par cette raison que la laine convient beaucoup mieux que le poil pour être filée et tissée. On pourrait dire que la laine est aux poils à peu près ce qu'est le duvet aux plumes, et s'il fallait la définir, on dirait que la laine est un poil frisé.

On sait qu'il y a aussi des poils frisés; les cheveux frisés sont chez les nègres un caractère constitutif de race, mais poils et cheveux sont crépus, et n'ont pas ces régulières ondulations qui sont propres à la laine, qui existent même dans la plus grossière et qu'on remarque encore dans les laines que l'on a nommées lisses, par opposition à celles qui sont très-ondulées.

J'ai précédemment énoncé comme différence essentielle entre la chèvre et la brebis, que la première est couverte de poils et la seconde de laine. Cette proposition est vraie, mais non pas d'une manière absolue, car si l'on n'est pas encore parvenu à créer une espèce de chèvres entièrement couvertes de laine, cependant beaucoup d'animaux couverts de poils ont, en outre, sous ces poils, une sorte de laine fine et courte, analogue au duvet qui, sous les plumes, garnit le corps des oiseaux. Et même chez quelques animaux, comme le yak de la Tartarie, le bœuf de la baie d'Hudson, cette laine, séparée du poil qui la recouvre, doit avoir déjà servi à fabriquer des tissus semblables à ceux qu'on obtient avec une laine fine de brebis. On a de plus découvert cette laine chez des animaux auxquels on ne la soupçonnait pas et même chez des carnivores, tels que le lion et le tigre, où elle existe sur certaines parties du corps.

La brebis a aussi des poils. — D'un autre côté, la brebis elle-même qui porte la laine la plus fine n'est pas sans poils, et quelques parties de son corps en sont entièrement couvertes. Dans les bêtes à laine grossière, la toison est souvent mêlée de poils, dont la quantité augmente dans quelques individus tellement que ces poils dépassent la laine et la cachent. Les voyageurs qui ont visité l'intérieur de l'Afrique disent que les brebis du Sahara, et encore d'autres races, y sont couvertes de poils. Je crois plutôt que, chez elles, les poils dominent et recouvrent la laine. C'est ce qu'on observe dans la brebis de Fezzan. Youatt donne le portrait d'un bélier de cette race qui existait au jardin de la Société zoologique de Londres.

La brebis n'a pu vivre à l'état sauvage telle qu'elle est. — De toutes les expériences qui ont été faites à ce sujet, il paraît résulter que la toison de la brebis est un produit de nos soins, ou de notre art, et que primitivement elle était couverte de poils sous lesquels se trouvait de la laine. Si on refuse d'admettre cette idée que la brebis telle qu'elle existe a été créée par les hommes seulement après que, déjà répandus sur la terre, ils en eurent fait un animal domestique, il est difficile de concevoir qu'elle ait pu vivre à l'état sauvage. Soit qu'elle cherchât sa nourriture, soit qu'elle se dérobât par la fuite à la poursuite de ses ennemis, chaque buisson, chaque branche garnie d'épines lui aurait arraché une partie de sa toison, ou l'aurait arrêtée, et si l'espèce n'eût été bientôt détruite, elle eut été l'être le plus malheureux de la création. Il arrive quelquefois chez nous que des bêtes cherchant à brouter l'herbe que recouvrent des ronces se trouvent prises de manière qu'elles y resteraient et périraient de faim, si le berger ne ne venait pas les délivrer.

Si l'on considère que, depuis des milliers d'années, la brebis est au nombre de nos animaux domestiques, qu'elle est une des plus utiles et qu'elle doit être une des premières conquêtes que l'homme ait faites, on ne doit pas s'étonner que la brebis actuelle soit une toute autre bête que la primitive brebis sauvage, et que la toison qu'elle porte aujourd'hui ait subi de tels changements qu'on ne trouve rien qui lui ressemble chez les animaux sauvages.

Dès que les hommes eurent reconnu que la laine se laisse plus facilement filer, tisser et feutrer que les poils, ils durent naturellement donner la préférence aux brebis qui portaient le plus de laine proportionnellement aux poils, et comme dans chaque troupeau il se trouvait des animaux chez lesquels existait cette production plus considérable de laine, on dut chercher à les multiplier, en les réunissant et les accouplant ensemble, et après un temps plus ou moins long, on finit par obtenir des toisons formées entièrement de laine.

Poils nommés jarre. — Il existe encore aujourd'hui des brebis communes et métisses chez lesquelles on trouve une quantité quelquefois assez considérable de poils raides, brillants, peu longs et qui sont cachés par la laine à laquelle ils se trouvent mêlés. Ces poils, connus sous le nom de *jarre*, sont certainement un dernier vestige de ceux qui primitivement couvraient tout le corps des brebis. Ils déprécient la laine dont ils augmentent le poids en pure perte. L'opération de la carde sépare la jarre de la laine, mais si les poils sont longs et tellement mêlés à la laine qu'on ne puisse les en séparer, ils nuisent doublement à la qualité du drap, d'abord par leur grossièreté et ensuite parce qu'ils ne prennent pas la teinture comme la laine.

Origine de la laine. — Le poil des animaux dont la laine est une variété, prend sa naissance dans le tissu cellulaire situé immédiatement au-dessous du chorion, ou partie principale de la peau. Il provient d'une sorte de glande enfermée dans un petit sac où pénètrent des filets nerveux et des vaisseaux sanguins du tissu environnant; il traverse le derme et l'épiderme sous la forme d'un tube très-fin, dont l'intérieur est rempli d'une substance onctueuse.

Lorsqu'on a tondu une brebis, sa dépouille, à laquelle on a donné le nom de toison, est composée de mèches qui toutes tiennent ensemble et qu'on a de la peine à séparer. Cette adhérence n'existe pas dans les poils et elle est une conséquence de la forme ondulée des brins de laine, qui les rend plus propres à être filés et feutrés. Les fils de laine ne tiennent pas seulement entre eux par leur frisure, mais encore par leur forme. On a reconnu que les brins de laine ne sont pas lisses, comme ils en ont l'apparence, mais que leur surface est rude et couverte de petits crochets. Le tact seul peut nous convaincre de ce fait. Si l'on prend un brin de laine par la racine, et qu'on le laisse glisser en le tirant, entre deux doigts, de l'autre main, il paraîtra lisse; quand, au contraire, on le tire de même en le tenant par la pointe; il semble être rude. — J'avoue, que je n'ai jamais pu sentir cette différence, et je crois que peu de cultivateurs auront la peau des doigts assez délicate pour la sentir. — Au microscope, on reconnaît que le brin de laine est couvert de petites aspérités semblables à des dents de scie, et qu'il semble être formé d'une multitude de petites articulations interposées les unes dans les autres comme des cornets[1].

Le brin de laine a des aspérités dont le nombre augmente en proportion de sa finesse. — Dans la laine fine de Saxe, les brins sont plus fins, les dents de scie sont plus rapprochées. Dans la laine des outhdown, les brins sont beaucoup plus

1. Un ouvrage anglais donne le dessin de ces fils de laine, tels qu'on les voit au microscope.

Cinq volumes ont paru successivement en anglais sous les titres suivants : *le Cheval, le Bœuf, la Brebis, le Porc, le Chien*, faisant partie de la bibliothèque de Londres pour la propagation des connaissances utiles, et sans nom d'auteur. Une préface, jointe au dernier volume, fait savoir que ces ouvrages sont de W. Youatt, mort en 1847. J'ai beaucoup emprunté à ce dernier ouvrage, ainsi qu'au livre de *la Ferme*, par Stephens, à l'Encyclopédie de Morton, et à l'ouvrage de Weckherlin sur les bêtes à laine.

gros et les dents de scie plus éloignées; la laine de leicester est encore plus grossière et semble couverte de petites écailles plus éloignées entre elles et moins saillantes. On voit que le nombre des dents de scie diminue dans la même proportion que la finesse devient moindre, et cette observation peut être adoptée comme règle.

On a essayé de compter les aspérités d'un brin de laine pour en évaluer la finesse. On a trouvé sur le fil de laine saxonne, qui a un diamètre de 3/100 de millimètre, 2,720 aspérités sur une longueur de 25 millimètres; le fil de southdown, dont le diamètre est de 4/100 de millimètres, a 2,080 aspérités, et le fil de leicester n'en a que 1,860 avec un diamètre de 5/100 de millimètre.

Plus la laine est fine, plus elle est ondulée. — J'ai déjà dit que le fil de laine est ondulé; je dois ajouter qu'il est contourné en spirale. Plus il est fin, plus est grand le nombre des ondulations. De là il résulte qu'un fil de laine fine est susceptible d'être étendu beaucoup plus qu'un fil de laine grossière, et que sur le dos des brebis la laine fine est beaucoup plus serrée que la laine grossière. Le nombre des ondulations est comme celui des aspérités, en rapport direct avec la finesse de la laine. Il existe un instrument pour apprécier la finesse de la laine en comptant le nombre des ondulations. Des trois laines dont j'ai parlé plus haut, la saxonne, a 28 ondulations sur une longueur de 25 millimètres, la southdown en a 22, et la leicester n'en a que 14.

Laine à peigner et laine à carder. — Les usages que l'on peut faire de la laine dans l'industrie dépendent peut-être plus du nombre des ondulations et des aspérités que de la finesse du brin. La laine fine se feutre beaucoup mieux que la laine grossière. Elle forme alors un tissu compacte, et par cela elle convient particulièrement à la fabrication des draps. Mais elle a besoin de préparations beaucoup plus compliquées pour d'abord séparer les brins. La laine plus grossière peut être facilement filée au rouet sans toutes ces préparations. Par cela même elle convient particulièrement pour confectionner des étoffes lisses, des bas, etc. Dans la fabrication du drap, la laine est littéralement feutrée, et les brins sont mêlés ensemble dans toutes les directions ; dans les étoffes lisses et les tricots, les fils sont réunis ensemble dans le sens de leur longueur, ce que l'on obtient au moyen du *peigne*, tandis que, dans la fabrication des draps, la laine est soumise à l'action de la *carde*. De là vient la division des laines en *laine à peigner* et *laine à carder*.

Les deux opérations du *peigne* et de la *carde*, pour être bien comprises, demandent encore quelques explications. On prépare la laine pour le tissage par deux procédés entièrement différents dans leur mode d'exécution et leur effet. Par le premier, le *peigne*, la laine, divisée au moyen d'un peigne à dents d'acier, est préparée à être filée pour la fabrication d'étoffes claires, dites de laine lisse. On emploie pour cela les laines longues et lisses, et on peut donner aux fils tous les degrés de finesse pour les étoffes les plus grossières, jusqu'aux tissus les plus délicats.

La finesse à laquelle on peut amener ainsi la laine excède tout ce qu'on peut imaginer. On a calculé que dans la filature ordinaire, à Norwich, un kilogramme de laine pouvait fournir environ 27,000 mètres de longueur, et dans la filature superfine, jusqu'à 79,000 mètres, en sorte qu'une toison de 3 kilogr. pourrait fournir un fil de 237,000 mètres environ de longueur. Ce degré de finesse peut même encore être dépassé [1].

L'autre procédé est la *carde*, qui dispose la laine à être filée pour les manufactures de drap. La laine est alors divisée en innombrables fragments que l'on mélange entre eux dans toutes les directions, et par la disposition vrillée qui est caractéristique de la laine propre à la carde, chaque filament ou portion de filament se courbe à son extrémité et les parties divisées tendent à s'accrocher les unes aux autres. Une seconde opération est le *foulage* ou *feu-*

1. David Low.

trage, qui, dans les manufactures de drap, a lieu après le tissage. Par suite de cette opération, les fils adhèrent les uns aux autres, et le drap devient plus épais.

On comprend que l'aptitude de la laine au feutrage est une des plus importantes pour la fabrication des draps, et de toutes les laines, celle du mérinos est la plus parfaite à cet égard.

On distingue aussi les laines en *longues* et *courtes*, et ces deux dénominations sont souvent synonymes de *laine* à *peigner* ou à *carder*. Cependant il y a des laines longues d'environ $0^{m}.18$ produites par de grands moutons de plaine qui ne sont pas propres au peigne. Les laines courtes sont essentiellement laines à *carder* ; leur longueur varie de $0.^{m}05$ à $0^{m}.10$; elles sont produites par les moutons des montagnes, des dunes, et généralement des contrées plus sèches et moins fertiles.

Inutile de dire qu'il n'existe pas une ligne précise de démarcation entre ces deux sortes de laines, et par le perfectionnement des machines on est arrivé à fabriquer des draps avec des laines grossières ; ainsi, ces deux désignations de laines n'ont pas un sens plus précis que les dénominations de laine fine ou grossière.

J'ai déjà dit que les racines de la laine sont implantées dans le tissu cellulaire, immédiatement sous la peau : on ne peut pas douter que les brins ne soient creux, ou intérieurement remplis d'une moelle poreuse formant un canal qui amène un liquide huileux jusqu'à la pointe de chaque brin. Ce liquide est ce qu'on nomme le *suint* de la laine qui a sur sa qualité une grande influence, ainsi que je l'expliquerai plus tard.

Je terminerai ce paragraphe par une citation d'un homme qui s'est particulièrement occupé des laines, Perrault de Jotemps, l'un des propriétaires du troupeau de Naz.

« La forme du brin de laine est modifiée par la configuration du pore de la peau qui lui sert de moule.

« Une expérience longue et attentive nous a démontré combien la nourriture avait d'influence sur la qualité de la laine. — L'égalité du brin dans toute sa longueur ne se rencontre presque jamais. — Le brin est habituellement plus fin à sa racine qu'il ne l'est à son extrémité, excepté dans la première laine que l'agneau apporte en naissant, car dans celle-ci, l'extrémité du brin s'effile en pointe. (Cette exception me semble confirmer la règle, car quand la première laine commence à pousser sur le corps de l'agneau, il n'est encore qu'un fœtus, sa peau a moins d'étendue, elle est plus fine et les pores ont nécessairement un moindre diamètre.)

« On rencontre quelquefois la finesse dans des laines presque lisses, mais c'est toujours avec le frisé que l'on trouve la plus haute finesse. — La finesse de la laine est en raison inverse d'une taille élevée, de grosses formes et d'un haut degré d'embonpoint. Ceci s'explique par la plus grande dilatation de la peau, l'agrandissement des pores et des ouvertures destinées au passage des brins de laine. — Si l'animal est réduit à un état de maigreur et de dépérissement, la laine est plus fine, mais courte, faible et inégale. — Le degré de finesse du brin est en raison inverse de l'épaisseur de la peau. Nul principe ne nous paraît plus assuré, et ce fait important s'observe non-seulement sur différents individus, mais sur les diverses parties du corps d'un même individu. — Il est telle race de moutons indigènes dont la peau est trois fois plus épaisse que celle des mérinos, et ce qui est encore digne de remarque, c'est que, en général, les parties du corps où la laine est la plus grossière sont précisément celles qui non-seulement offrent le plus d'épaisseur dans la peau, mais encore une plus grande abondance de graisse. — La laine du ventre, qui présente une exception, est exposée au froissement continuel de l'aire sur laquelle repose le mouton et aux effets si pernicieux de l'urine et des excréments.

« Les circonstances extérieures qui nuisent habituellement aux qualités de la laine, dans son état de végétation sont: 1° l'humidité; 2° l'ardeur du soleil; 3° la présence des corps étrangers qui s'y attachent; 4° enfin, les froissements auxquels elle est exposée.

« La laine varie autant pour la qualité que pour la quantité. — Il y a des laines grossières qui servent à faire des matelas et des étoffes tout à fait grossières; il y en a d'autres qui servent à la fabrication des étoffes les plus fines. — Il y a des toisons qui ne pèsent pas 1 kilogr., il y en a d'autres qui pèsent jusqu'à 8 kilogrammes. »

§ 2. — DES BRINS DE LAINE.

L'importance de la laine pour l'industrie, les nombreux usages auxquels on l'emploie, l'influence que la qualité des toisons et le rapport des fils de laine entre eux exercent sur la bonté, la finesse et l'apparence des draps, ont donné naissance à une branche assez importante de la science technologique, à laquelle en Allemagne on a donné le nom de connaissance de la laine (*Wollkunde*). Quoique cette science soit particulièrement du domaine du fabricant, le cultivateur ne doit cependant pas y être étranger, puisque ses intérêts exigent qu'il puisse livrer au commerce la matière qui a la plus grande valeur et qu'il connaisse assez la valeur de ses produits pour ne pas s'exposer à être dupe des marchands auxquels il les vend.

En Allemagne on s'est sérieusement occupé de fixer entre les éleveurs et les fabricants les dénominations jusqu'alors incertaines des qualités de la laine [1]. Le but n'est pas encore entièrement atteint, et récemment on a proposé des changements à quelques dénominations. Dans cet état de choses, je crois n'avoir rien de mieux à faire que de m'en tenir au système de M. de Weckherlin, dont l'ouvrage donne les résultats des travaux les plus récents sur ce sujet [2].

1. C'est à Thaer que l'on doit d'avoir le premier soulevé cette question, lorsqu'en 1823 il invita à se réunir à Leipzig tous les propriétaires de troupeaux et fabricants de draps, pour s'entendre ensemble et s'éclairer réciproquement. Cette réunion prit le nom de *Wollconvent* (congrès de laine).

2. *Die landwirthschaftliche Thierproduktion*, von A. von Weckherlin.

Je dois cependant faire la remarque que la science de la connaissance de la laine, telle qu'elle s'est formée en Allemagne, s'est uniquement occupée de la laine des mérinos, ou laine à carder.

Il y a à examiner, d'abord le brin de laine isolé, puis la réunion des brins formant une mèche, puis enfin l'ensemble des mèches formant une toison.

Qualités d'une belle laine à carder. — On demande dans le brin de laine :

1° La finesse et l'égalité;
2° La douceur, le moelleux;
3° La force, le nerf, l'élasticité;
4° La longueur;
5° La couleur;
6° Le lustre, l'éclat, le brillant;
7° Le suint.

Finesse et égalité du brin.

La finesse de la laine peut, comme nous l'avons vu, être appréciée, par le diamètre du brin, par le nombre de ses ondulations et de ses aspérités (dents de scie). On se sert pour cela d'instruments qui sont des microscopes grossissant assez pour qu'on puisse compter les ondulations et les aspérités du brin de laine. Les plus connus de ces instruments sont ceux de Dollong, de Gravert et de Kohler.

Le mensurateur de Dollong est un micromètre qui divise le pouce anglais[1] en 10,000 parties et qui permet de voir combien de ces parties couvre l'épaisseur d'un brin de laine placé dans l'instrument. On a donné à ces divisions le nom de degrés. Ainsi quand on dit qu'un brin de laine a un certain nombre de degrés, cela veut dire que son diamètre égale le même nombre de fois la

1. Un pouce anglais = $0^m,0254$.

10,000e partie d'un pouce anglais. De cette manière, on a trouvé qu'un fil d'araignée mesure 1 degré; celui d'une chenille, 2 à 3 degrés, et le brin de laine le plus fin, 3 à 4 degrés au mensurateur de Dollong.

L'instrument de Gravert donne de même directement le diamètre du brin de laine; les divisions ne sont pas tout à fait les mêmes: elles sont à celui de Dollong comme 11 à 10.

Avec l'instrument de Kohler, on mesure à la fois par un procédé mécanique l'épaisseur de 100 brins de laine réunis. Cette opération demande beaucoup de temps et n'est pas susceptible de donner une grande exactitude.

Les ondulations du brin de laine donnent jusqu'à un certain point la mesure de sa finesse. Le tableau suivant donne le classement des diverses sortes de laine, d'après le nombre de leurs ondulations :

Désignation des laines.	Degrés Dollong.	Degrés Kohler.	Nombre d'ondulations sur 1 pouce. mesure rhénane, = 0.m030.
Finesse exceptionnelle .	»	»	»
Superelecta plus . . .	4	1 »	36
1. Superelecta	5	1 - 2	28-30
2. Superelecta	6	2 - 2 1/2	28 »
1. Electa	6- 7	2 1/2 »	26-28
2. Electa	7- 8	3 »	24-26
1. Prima	8- 9	3 - 3 1/2	22-24
2. Prima	9-10	3 1/2 - 4	20-22
Secunda	10-11	4 - 4 1/2	16-20
Tertia	11-12	4 1/2 - 5 1/2	13-16
Quarta.	12-14	5 1/2 - 7	10-13
Laines communes . . .	» »	» »	» »
1. Anglo-mérinos . . .	» »	6 1/2 -10	10 »
2. Anglaise et allemande	» »	13 »	5 »

Voici quel est le nombre des ondulations dans une belle laine électorale, par pouce :

Superelecta.	30 à 40 ondulations
Electa 1.	28 à 34
— 2.	25 à 27
Prima 1.	22 à 24

Prima 2.	19 à 21 ondulations
Secunda	16 à 18
Tertia	12 à 15
Quarta	10 à 12

Les différences qui peuvent exister dans la finesse de la laine sur les différentes parties du corps, sont d'après M. Schmith, à l'École d'agriculture de Hohenheim :

Noms des parties du corps	Degrés de finesse.
Tête	5
Cou, parties inférieures et supérieures	3 à 4
Poitrine	4 à 5
Cou, côtés	2
Garrot, dos, croupe	3
Naissance de la queue	4 à 6
Haut de la cuisse	4 à 6
Côtés et flancs	2
Épaule	1
Ventre	1 à 2
Cuisse	4
Jarret	5 à 6

Pour le ventre, il est à observer que la laine est naturellement fine, mais que, par suite du contact avec la terre et surtout le fumier, elle n'a quelquefois aucune valeur.

Les microscopes que l'on construit actuellement sont généralement pourvus d'un micromètre, et peuvent servir à mesurer la finesse de la laine.

Pour apprécier la finesse de la laine au moyen des mensurateurs, il faut de bons instruments, une personne qui connaisse la manière de s'en servir, et c'est une opération délicate qui demande beaucoup de temps. Pour classer scientifiquement les diverses sortes de laines, pour fixer la terminologie, ces instruments peuvent avoir une valeur positive; mais l'éleveur et le fabricant, celui qui produit la laine et celui qui l'emploie, ou celui qui en fait le commerce, n'en feront probablement pas usage.

On ne peut pas juger une toison d'après les résultats fournis par les mensurateurs de la laine, car il s'en faut de beaucoup que la finesse de la laine soit la même sur toutes les parties du corps, et même chaque brin de laine n'a pas sur toute sa longueur un même diamètre; enfin, ce n'est pas seulement la finesse de la laine ou le plus petit diamètre du brin qui détermine sa valeur.

Si l'on s'est donné beaucoup de peine pour trouver des instruments à l'aide desquels on puisse apprécier exactement la finesse de la laine, ils ne sont cependant pas employés par les fabricants de drap. Chez ceux-ci, ce sont des ouvriers qui font le triage des laines, en divisant chaque toison en autant de sortes de laines que la différence de leur finesse en fournit ou qu'en exigent les besoins de la fabrication.

En Espagne, après que les bêtes ont été tondues sans être lavées, on porte les toisons au lavoir et on en fait le triage avant de les laver. Ce lavage est fait à l'eau chaude; de là, la laine est transportée au séchoir, puis emballée lorsqu'elle est sèche.

On compte, en général, que 20 kilogr. de laine triée et lavée rendent, en qualités différentes, dans la proportion de 15 kilogr. laine superfine, 4 kilogr. laine fine, 1 kilogr. troisième qualité.

Examen de la laine sans instrument. — Pour examiner une laine, sans avoir recours à aucun instrument, on en prend une mèche par la pointe, entre le pouce et l'index de la main gauche, on la tire de la main droite en la faisant glisser sur le bout des doigts, de manière que chaque brin puisse être vu isolément et qu'on puisse comparer les brins entre eux.

C'est en l'étendant sur un papier bleu, lustré, qu'on peut le mieux observer un échantillon de laine, mais pour pouvoir sûrement juger des qualités d'une laine, il faut une grande habitude. On se forme, en observant d'abord fréquemment des laines déjà classées, et on obtient ainsi des points de comparaison pour juger les autres.

Des échantillons de laine sont donc nécessaires à celui qui veut acquérir la connaissance de la laine, et l'éleveur de mérinos qui n'abandonne pas au hasard la multiplication des bêtes de son troupeau doit aussi prendre, chaque année, des échantillons de la laine des béliers qu'il emploie à la monte et de ses brebis de choix. Ces échantillons ne doivent pas être arrachés, on doit ouvrir la toison et couper avec des ciseaux une petite mèche tout près de la peau. Une mèche prise sur le côté, à égale distance de l'épaule et de la colonne vertébrale, donne une idée assez exacte de la finesse de la toison. Cependant, pour ses béliers, et pour savoir jusqu'à quel point la finesse est égale, l'éleveur doit prendre, sur chaque bélier, au moins trois mèches, près de l'épaule, sur la croupe et à la cuisse. Pour conserver ces mèches, après les avoir pressées entre deux feuilles de papier brouillard, pour en extraire la graisse et les impuretés qu'elles contiennent, on les fixe sur une feuille de papier bleu lustré, et pour les fixer, on coupe dans le papier avec un canif d'étroites brides, sous chacune desquelles on fait passer une mèche. En regard de la feuille bleue est une feuille de papier blanc sur laquelle, au moyen de chiffres de renvoi, on inscrit et l'indication des bêtes sur lesquelles ont été pris les échantillons, et toutes les notes qu'on juge à propos de conserver. On a soin de faire tomber le jour obliquement sur les échantillons au moment où on veut les observer.

Égalité du brin de laine. — L'éleveur et le fabricant attachent une grande importance à l'égalité du brin de laine, c'est-à-dire qu'ils demandent que, de sa racine à sa pointe, le brin ait, sinon entièrement, du moins à peu près le même diamètre. Cette égalité n'existe que dans les laines très-améliorées; le plus souvent, le brin est plus gros vers sa pointe. Dans les laines communes, la différence est souvent considérable, et la laine perd d'autant plus de sa valeur que la différence aux deux extrémités du brin est plus grande, et que la partie la plus grossière s'étend plus loin de la pointe du brin vers sa racine. Si la différence n'existe que sur la longueur de 1 à 2 millimètres à la pointe du brin, elle est sans importance. Pour la fabrication des draps fins, ces pointes plus grosses sont un grave défaut, attendu que ce sont les pointes des brins qui forment la surface du drap ; par cette raison, souvent on les coupe.

La laine, comme je l'ai déjà dit, n'a pas la même finesse sur toutes les parties du corps, et, même chez les bêtes dont la toison est la plus parfaite, la laine du cou, du ventre et des membres est toujours moins fine que celle du dos et des flancs; moins la différence est grande, plus la toison a de mérite.

Il y a toujours un rapport entre la peau et la laine. La finesse des différentes parties d'une toison est en rapport avec l'épaisseur de la peau sur les différentes parties du corps; la laine devient moins fine à mesure que la peau augmente d'épaisseur. Les bêtes qui portent les toisons les plus fines, les mérinos, ont la peau mince et fine, tandis que les bêtes à laine grossière ont la peau épaisse. J'ai déjà dit que, quand une bête engraisse, sa peau s'étend, ses pores s'élargissent et laissent passer des brins moins fins. Le contraire a lieu quand une bête souffre de la faim : les pores se resserrent, la laine est plus fine, mais elle est sèche et cassante. Les fabricants de draps savent très-bien reconnaître cette laine, qui a la finesse de la faim. — Elle est, disent-ils, *hungerfein*. — Au contraire, la bête qui a été engraissée a une laine grasse chargée de suint, mais elle a moins de nerf, en même temps qu'elle a perdu de sa finesse.

Non-seulement les brins de laine sur les différentes parties du corps doivent être aussi égaux que possible en finesse, mais sur chaque partie ils doivent être égaux entre eux; il ne doit pas exister un mélange de brins plus ou moins fins.

Douceur du brin.

Après la finesse, on a à examiner le moelleux, la douceur de la laine.

Le moelleux et la douceur sans mollesse sont une des

qualités les plus estimées de la laine ; c'est par le tact de la main qu'on reconnaît cette qualité. Si l'on tire de deux côtés, dans le sens de sa largeur, une mèche de laine moelleuse et douce, les brins se séparent insensiblement les uns des autres, sans perdre leur adhérence, et la mèche présente l'aspect d'une fine toile d'araignée. Si on saisit une poignée de laine possédant cette qualité, elle conserve pendant quelque temps l'empreinte de la pression qu'elle a subie et si, en appuyant, on passe la main sur le dos d'une bête, les mèches sont quelque temps à se relever et à reprendre leur position naturelle.

Le moelleux dépend beaucoup moins de la finesse que de la présence du suint et de la croissance régulière de la laine sur une bête saine, et quoique cette qualité soit le privilége de certaines races, la nourriture des bêtes, la nature des pâturages, celle du sol, contribuent à favoriser son développement ou à l'arrêter.

On croit que la chaleur favorise un toucher soyeux de la laine, et que les mérinos de l'Allemagne ne possèdent plus aujourd'hui cette qualité à un degré aussi éminent que ceux d'Espagne, quoique les premiers aient gagné en finesse.

Laine revêche. — Une pâture maigre, une nourriture irrégulière, avec des alternatives d'abondance et de disette, l'exposition continuelle aux intempéries de l'atmosphère, le parcage, diminuent la douceur de la laine. La laine des bêtes qui vivent sur un sol calcaire est moins douce, parce que la poussière calcaire absorbe le suint et que, par suite, le brin devient sec. Si l'on n'a pas le soin d'entretenir dans les bergeries une litière toujours propre et sèche, le fumier a aussi sur la laine une très-mauvaise influence. Quand la laine manque de douceur, on dit qu'elle est *revêche*.

Force, nerf, élasticité du brin.

Si, avec les deux mains on prend une mèche de laine par les deux extrémités et qu'on la tire, elle doit ensuite, doucement et insensiblement, reprendre sa longueur première. La même chose a lieu pour un brin isolé, et c'est cette disposition qui constitue particulièrement ce qu'on nomme le *nerf*. Si le retrait a lieu trop vite et comme par à-coup, c'est un défaut.

Par faculté de s'étendre, on entend que le brin de laine est susceptible de s'étendre sans se rompre, un peu au delà de sa grandeur naturelle. Cette qualité et le nerf ne se trouvent que dans les laines moelleuses et saines. La laine maigre, fine, parce que les bêtes ont souffert de la faim, manque de force; elle est cassante et terne. En général, la force de la laine dépend plus de la nourriture que de la race.

Longueur du brin.

La longueur de la laine est de deux sortes. Si on l'observe sur le dos de la bête à l'état ondulé, on dit que la toison est *haute* ou *profonde;* si la laine est étendue de manière que les ondulations n'existent plus, cette longueur est nommée *longueur naturelle*. La longueur naturelle varie, selon les diverses sortes de laine, de $0^{m}.03$ à $0^{m}.30$. Les laines fines, étant très-ondulées, sont susceptibles d'une extension beaucoup plus grande que les laines communes. La différence peut être dans le rapport de 1 à 2. En moyenne, pour les laines mérinos, elle est dans le rapport de 1 à 1 1/2.

Les fabricants de drap ne recherchent pas dans la laine une grande longueur, les brins courts sont généralement d'une longueur plus régulière et se fabriquent mieux. La longueur de la laine est surtout recherchée dans les laines lisses, propres au peigne. Les laines mérinos longues ne sont ordinairement pas fines. Une laine mérinos est considérée comme longue quand elle a $0^{m}.07$ à $0^{m}.10$ de longueur.

La couleur.

Le connaisseur n'entend, par couleur de la laine, que les

diverses nuances de blanc, la laine blanche étant pour les laines fines la seule que l'on cherche à produire. Le blanc pur est la couleur préférée, cependant une nuance jaunâtre a aussi son mérite. C'est cette dernière qui se lave le mieux. La laine des jeunes bêtes tire plus sur le jaune et blanchit lorsqu'elles vieillissent. La laine des bêtes malades ou qui ont souffert de la faim est terne et décolorée.

Dans les laines superfines, on remarque quelquefois des reflets brillantés.

L'éclat.

L'éclat de la laine ne se laisse bien apprécier qu'après le lavage ; la présence du suint fait qu'on se trompe souvent. L'éclat de la laine doit être doux, analogue à celui de la soie et tout différent de celui du coton. C'est lui qui donne au drap le *lustre*. Il ne faut pas le confondre avec cet éclat faux, inégal, vitreux que l'on rencontre dans des laines communes, et qui est l'indice d'une laine revêche. Ce dernier éclat disparaît ordinairement au lavage, tandis que l'autre ne fait qu'y gagner.

Le suint.

On nomme suint cette graisse huileuse particulière à la laine et dont elle paraît être abreuvée. C'est le suint qui donne à la laine la douceur et l'élasticité; il est un signe de la bonne santé de l'animal et de la bonne nature de la laine. Une partie du suint est enlevée par le lavage à dos à l'eau froide, c'est ce qu'on nomme proprement le *suint;* une autre partie ne se dissout que par des procédés chimiques, dans le lavage de fabrique à l'eau chaude : on la nomme *surge*.

Le suint n'est pas toujours de même nature; chez les mérinos, il est huileux et très-peu coloré ; chez les autres bêtes moins fines, il est visqueux et peu coloré. La nature du suint paraît être un caractère de race, la quantité pour chaque bête peut dépendre surtout de la nourriture.

Il est en général admis que le poids du suint est égal à celui de la laine, ou, en d'autres termes, qu'une laine entièrement privée de suint ne conserve que la moitié de son poids primitif. Cependant on n'obtient pas toujours cette quantité, et 25 kilogr. de laine en suint ne donneront quelquefois, après le lavage de fabrique, que 11 à 12 et même seulement 10 kilogrammes[1].

Selon Tessier, les laines en suint peuvent perdre en lavage de fabrique jusqu'à 75 p. 0/0. Des fabricants m'ont dit compter sur une perte de 2/3 p. 0/0.

Comme j'ai traduit dans les pages qui précèdent beaucoup d'expressions allemandes, et que cependant j'écris en français pour des Français, je crois devoir récapituler, d'après la *Maison Rustique*, les qualités et les défauts de la laine.

Qualités :
1. Finesse.
2. Égalité du brin.
3. Parallélisme.
5. Longueur. Dans les laines fines, la longueur du brin étendu est de $0^m.07$ à $0^m.10$.
   Le brin moelleux et transparent d'une laine fine s'allonge ordinairement des 2/3 de la longueur de la mèche.
6. Moelleux.
7. Souplesse.
8. Légèreté.
9. Lustre, éclat ou brillant.
10. Nerf, ou force.
11. Faculté de feutrer.
12. Pureté, ou netteté; laine propre.
13. Mollesse.

Défauts :
1. Laine feutrée.
2. Fourchue, celle dont les brins se divisent à leurs extrémités.
3. Morte, celle qui, provenant de bêtes malades ou mortes de maladie manque entièrement de force.

[1] On trouvera dans la *Maison Rustique*, t. III, une description détaillée du lavage des laines en Espagne et dans les fabriques françaises.

4. Inégale.
5. Vrillée.
6. Poils raides.
7. Jarres ou poils de chien.
8. Laine bourrue.
9. Laine plate.
10. — maigre.
11. — bouillie.
12. — sèche et cassante.
13. — faible et tendre.
14. — colorée.

La plupart de ces défauts n'ont pas besoin d'explications. Il y a des dénominations peu importantes sur lesquels les Français et les Allemands ne sont pas d'accord. Les Allemands nomment poils de chèvre, ou poils de chien, des brins tout à fait grossiers et brillants que l'on rencontre isolément sur quelques parties du corps, particulièrement sur les cuisses et quelquefois sur la tête.

Nous avons vu précédemment qu'on nommait jarre des poils raides, courts, brillants, mêlés isolément dans la toison. S'ils ne sont pas en trop grande quantité, ils déprécient peu une toison, parce qu'ils se séparent et tombent de la laine lorsqu'on la travaille.

§ 3. — DE LA LAINE EN MÈCHES.

Sous le nom de mèches, on comprend une agglomération de brins, telle qu'on la remarque surtout dans les mérinos. Si la crue de la laine est régulière et parallèle, les plus petites agglomérations sont composées de 15 à 20 brins, et les plus grosses de 30 à 35.

La formation des mèches de laine se remarque déjà sur les agneaux mérinos. Sur les bêtes communes, les mèches sont moins apparentes et moins prononcées.

L'observation des mèches est d'autant plus importante qu'elles sont un indice de la nature du brin de laine. De belles mèches régulières ne peuvent être formées que par des brins réguliers et de bonne nature.

Hauteur, diamètre, forme, tassé des mèches. — La hauteur des mèches est le résultat de la longueur de la laine; mais cette longueur varie selon les races, et, comme nous l'avons déjà vu, elle est modifiée par l'ondulation plus ou moins forte.

Le diamètre des mèches est moindre dans les laines fines que dans les laines communes.

Des mèches bien conformées doivent être du même diamètre en haut qu'en bas, de forme cylindrique, aplaties et arrondies à la surface de la toison.

Si la mèche est plus grosse à son extrémité supérieure, c'est une preuve que les brins, à leurs pointes, sont moins fins.

Des mèches pointues sont un indice que les brins ne sont pas de la même longueur, et que leur croissance a été inégale.

Si, à l'extrémité des mèches, les brins se séparent, cela vient de ce qu'ils n'ont pas une grosseur régulière, ou de ce que leurs pointes sont grossières.

Des mèches cylindriques et aplaties à leur extrémité accompagnent ordinairement une laine tassée, tandis que des mèches pointues indiquent une toison peu serrée.

Egalité. — Comme les brins de laine doivent être égaux entre eux, de même aussi les mèches doivent être égales. On peut le mieux juger de cette qualité en séparant la laine sur le dos d'une brebis, pour former une raie d'environ la longueur d'une main. Les brins de laine dont on peut alors observer la disposition ne doivent pas s'entrelacer les uns dans les autres; pressés les uns contre les autres, ils doivent présenter des ondulations égales, la même hauteur, la même direction, la même forme de mèches.

Une égalité parfaite sur tout le corps ne se trouve jamais. Il y a toujours des parties où les brins et les mèches ont une autre configuration, mais on peut demander que le changement ne soit pas trop brusque, que la différence ne soit pas trop grande et particulièrement qu'on ne rencontre pas réunies des mèches de différentes configurations. Si ce dernier défaut existe, c'est une preuve que la laine est inégale et que la race n'est pas pure. Si, sur différentes parties du corps, par exemple le dos et les cuisses, la longueur de la laine diffère de moitié ou plus, on peut en conclure, lors même que la finesse est satisfaisante, qu'il y a eu une faute commise dans l'appareillement du père et de la mère et qu'on ne peut pas compter sur une race constante.

Ondulations. — Les mèches sont ondulées de la même manière que les brins. Plus l'ondulation des brins est régulière et égale, plus l'ondulation des mèches est aussi belle et régulière. L'ondulation dans sa plus grande régularité est telle que tous les fragments de mèches se rapportent si bien les uns aux autres, que l'on distingue des cannelures transversales dans toute l'épaisseur de la mèche, et qu'elle semble avoir été passée à la calandre.

Les différents degrés d'ondulation sont indiqués par les mots *faible*, *irrégulière*, *régulière*, *forte ou marquée*.

Laine embrouillée. — Quoiqu'il soit admis que le nombre des ondulations dans le brin considéré isolément, et par conséquent aussi dans la mèche, est en rapport direct avec la finesse de la laine, cependant il peut aussi, sous ce rapport, y avoir excès. Avec de très-fortes ondulations, les brins ne se rapportent pas aussi parfaitement les uns aux autres et si la toison n'est pas bien fournie, il en résulte la laine *embrouillée.* Ce défaut consiste en ce que les brins ne sont plus parfaitement parallèles entre eux et qu'il s'en trouve de contournés en spirale, qui entourent des fragments de mèches, et, dans cet état, la laine n'est pas susceptible d'être filée sans se mêler.

Laine en écheveaux. — Si les brins de laine, quoique conservant entre eux une direction parallèle, ne se réunissent pas suffisamment pour former des mèches, on dit que la laine est en *écheveaux*, ce qui est aussi un défaut, mais moins grave que le précédent.

La laine embrouillée apparaît fréquemment dans les

produits de brebis à laine grossière avec un bélier fin. Ce défaut s'est souvent présenté en Saxe, dans des troupeaux à laine fine, lorsqu'on recherchait surtout le plus grand nombre d'ondulations de la laine, à l'époque où l'on venait de reconnaître le rapport des ondulations avec la finesse.

Laine mêlée, feutrée. — Quand les brins de laine sont ondulés irrégulièrement et de manières différentes, ils ne peuvent pas se réunir pour former des mèches, et la laine est *mêlée*, elle ressemble un peu à du coton. Si ce défaut est porté à l'excès, elle est *feutrée*.

Si les ondulations, quoique un peu faibles, sont très-régulières, la laine possède ordinairement une grande faculté d'extension et une grande douceur; elle est estimée des fabricants.

Pointes de la laine. — Les mèches pointues sont défectueuses, parce que, dans la règle, elles accompagnent une toison peu fournie, cependant la valeur de la laine peut n'en être pas diminuée. Si, comme cela a lieu dans une toison peu fournie, la laine est réunie en petites mèches minces, mais que les brins soient également doux et fins jusqu'à leur extrémité, et qu'aucun ne dépasse les autres, alors cette laine peut même avoir une grande valeur. Si, au contraire, les mèches se terminent par quelques brins plus longs que les autres, c'est la preuve d'une croissance inégale, et qu'une partie des brins de laine sont plus courts que les autres, ou ont une conformation défectueuse, qui les empêche de s'appliquer parallèlement, les uns aux autres, dans les mèches. Les brins qui s'élèvent au-dessus des autres sont, pour la plupart, grossiers et raides, et n'ont que peu ou point d'ondulations. Si une telle laine est employée à fabriquer du drap, ces pointes doivent être coupées, parce que, se trouvant à la surface de l'étoffe, elles lui donneraient une apparence grossière. Cette laine défectueuse est un indice d'un sang mêlé et se rencontre chez des métis plus ou moins avancés. Cependant les influences atmosphériques contribuent aussi à rendre les pointes sèches et raides dans un troupeau qui est dehors, tous les jours, par tous les temps. Ce défaut est héréditaire et pour le faire disparaître, les éleveurs ne doivent employer que des béliers porteurs de toisons irréprochables.

§ 4. — DE LA LAINE EN TOISONS.

Après avoir examiné la laine en brins et en mèches, il nous reste à l'examiner en toisons.

Tassé de la toison. — Le tassé de la laine est encore une qualité exigée dans une toison. On le reconnaît déjà à l'apparence extérieure, cependant, pour en avoir la certitude, on doit ouvrir la laine sur le dos de la bête et on voit si les brins sont suffisamment serrés.

Plus il y a de brins sur une surface donnée, et plus nécessairement ils doivent être fins. Par cette raison, il y a sur un centimètre carré plus de brins de laine mérinos que de laine commune. Pétri indique pour une bête commune le nombre de 700 brins par centimètre carré, et pour un mérinos, selon la finesse 3,000 à 6,000.

La laine épaisse est ordinairement plus courte, et il paraît que le défaut de tassé peut être compensé par la longueur. Mais en admettant qu'il en soit ainsi, la laine plus courte est assez supérieure à la plus longue pour qu'on doive donner la préférence aux toisons tassées.

Toison tête de chou-fleur. — Une bonne toison de laine fine et douce ne paraît pas unie à l'extérieur comme si elle avait été tondue, mais sa surface présente une multitude de petites éminences arrondies qui indiquent que des mèches d'un diamètre égal et peu considérable sont pressées les unes contre les autres et se terminent de manière qu'on a comparé cette toison à une *tête de chou-fleur*.

Toison creuse. — Il arrive fréquemment qu'une toison offre à l'extérieur l'apparence du tassé et ne le possède pas réellement. Cela a lieu lorsque les brins sont à leur pointe plus gros que près de leur racine. Ainsi non-seulement cette toison est peu fournie, mais encore la laine est inégale. Une laine inégale, et dont les pointes des mèches sont mêlées, peut encore présenter la même apparence et faire paraître une toison plus tassée qu'elle n'est réellement. Un suint abondant et épais peut encore induire en erreur. Quand l'extérieur présente l'apparence du tassé et que cette qualité manque à l'intérieur, on dit que la toison est *creuse*.

On peut tomber dans une erreur opposée avec la laine longue. Celle-ci paraît toujours à l'extérieur moins serrée qu'elle ne l'est réellement, ce qui est facile à comprendre parce que, avec de la laine longue, le cercle que forme la toison s'élargissant rapidement, les pointes des mèches doivent être aussi plus éloignées les unes des autres que dans une toison formée de laine courte. Le moyen le plus sûr pour apprécier le tassé d'une toison est toujours de l'ouvrir sur le dos de la bête.

Quoiqu'on estime toujours les toisons formées d'une laine courte et tassée, il y a pourtant une limite qu'il faut craindre de franchir et qu'il importe au producteur de laine fine d'observer. Une laine trop courte donne des toisons qui manquent de poids, en outre la laine est moins douce.

Finesse et égalité de la toison. — Quel que soit le degré de finesse de la laine, elle doit être égale, c'est-à-dire qu'elle doit être égale et de même qualité sur toutes les parties du corps de la bête. Si cela n'est pas, si la même toison présente des qualités de laine différentes, l'éleveur ne peut pas prétendre à avoir un troupeau pur et constant. Une laine de finesse moyenne, mais égale, acquiert par là une valeur plus grande, que celle d'une autre laine plus fine, mais mélangée.

Une égalité entière de la toison ne peut cependant pas exister. On demande la plus grande égalité possible, mais chaque bête possède différentes qualités de laine, selon les différentes parties du corps. Voici dans quel ordre ces parties peuvent être rangées selon la finesse[1].

1. Les épaules et les côtés jusqu'à la croupe. — C'est sur l'épaule que se trouve la laine la plus fine de toute la toison.

2. Les deux côtés du cou.

3. Le ventre[2].

4. Une bande sur la colonne vertébrale, la croupe et la partie supérieure des cuisses.

5. Le dessus et le dessous du cou, la nuque, le garrot, la naissance de la queue et la partie inférieure des cuisses.

6. La tête, le fanon, la partie antérieure de la poitrine, la queue, la partie postérieure des cuisses.

Si la finesse de la laine ne diminue pas dans cet ordre, la bête manque de constance.

Dans les bêtes fines, c'est par la laine qui couvre les cuisses et la naissance de la queue que l'on juge du mérite de la toison. Moins la différence de finesse est grande, plus la laine de ces parties est égale, plus toute la toison a de valeur. Dans l'examen des cuisses, il ne faut pas oublier que les bêtes, se couchant journellement sur cette partie, la laine en est tassée, les mèches sont déformées, et on ne peut pas porter un jugement d'après l'apparence extérieure

L'examen de la laine du garrot est souvent décisif pour toute la toison, c'est là surtout que se trouve la laine en écheveaux, et s'il n'y en a pas là, il n'y en a sur aucune autre partie du corps.

C'est par la laine du ventre que l'on juge de son abondance sur le reste du corps. Plus la laine, sur cette partie, est longue et serrée, plus on peut conclure sur l'ensemble d'une lourde toison.

[1]. Cette division, adoptée par Weckherlin, n'est pas la même que celle admise pour les laines d'Espagne.

[2]. Il s'agit ici de la finesse naturelle de la laine du ventre, car cette laine a tant à souffrir par le contact avec la terre sur laquelle la bête se couche au parc, et avec le fumier de la bergerie, qu'elle devient, en définitive, laine de la dernière qualité.

La finesse moyenne de la toison peut être appréciée par la laine qui se trouve à la largeur d'une main, derrière l'épaule, et à une distance un peu plus grande de la colonne vertébrale. Si le temps de tondre une bête est venu, et si on veut que pourtant ceux qui la verront, après la tonte, puissent asseoir un jugement sur la toison, c'est à cette place qu'on laisse une forte mèche de laine.

Appréciation des toisons. — Quand on veut apprécier une toison non lavée et encore sur le dos de la bête, on commence par examiner son apparence extérieure. La toison d'une bête commune ne présente pas de mèches distinctes, la laine en est mêlée irrégulièrement. A mesure que la laine devient plus fine, les mèches deviennent aussi plus distinctes et plus régulières. Dans les métis de première génération, les mèches sont larges et présentent un diamètre d'environ $0^{m}.03$. Elles deviennent plus petites à mesure que le métissage est plus avancé, pour arriver à représenter la *tête de chou-fleur*, et enfin lorsque la toison atteint le plus haut degré de finesse, les mèches sont si petites que chacune ne se compose plus que de 10 à 15 brins, et on dit que la surface de cette toison présente alors l'aspect de *graine de colza.*

Après avoir observé l'apparence extérieure de la toison, on a recours au tact. Si avec les deux mains on aplatit la laine, en la pressant sur le corps de la bête, et qu'on l'examine ensuite contre le jour, elle doit présenter une surface à peu près égale, au-dessus de laquelle ne s'élèvent ni pointes, ni brins isolés. Les extrémités des mèches ne doivent présenter que de petites élévations régulières et très-peu prononcées. La laine doit, en outre, être douce au toucher et ne conserver que peu de temps l'impression de la main.

Pour juger du tassé de la laine et de la formation régulière des mèches, il faut ouvrir la toison sur diverses parties du corps. On voit alors si la laine se sépare depuis l'extrémité des mèches jusqu'à la peau, s'il n'y a pas de brins qui courent transversalement et si la laine n'est pas mêlée.

De la toison lavée à dos. — Nous avons, jusqu'à présent, considéré la toison sur le dos de la bête et non lavée. Par le lavage à dos, les mèches se raccourcissent et la laine paraît être d'autant plus courte qu'elle est plus fine. L'eau ayant dissout une partie du suint, les brins qui forment les extrémités des mèches ne sont plus aussi adhérents entre eux, la laine est moins douce au toucher et la toison paraît moins fine qu'avant le lavage. Par contre, la laine paraît avoir gagné en force et en nerf, les brins isolés sont susceptibles d'une plus grande extension, et sont plus élastiques; si la laine est embrouillée, ce défaut se reconnaît mieux après le lavage par la plus grande adhésion qu'ont les brins entre eux.

§ 5. — CARACTÈRES DE LA LAINE LA PLUS PARFAITE.

J'ai exposé les diverses qualités qu'on demande à la laine, autant qu'il est nécessaire que l'éleveur les connaisse, pour travailler vers un but déterminé. Je terminerai en définissant l'idéal d'une bonne laine mérinos superfine, telle que la dépeint Weckherlin qui, jusqu'à présent, m'a servi de guide.

« Une bonne laine superfine ne doit pas être trop longue, elle doit être parfaitement douce, soyeuse, sans avoir pour cela moins de nerf. Elle doit présenter une croissance égale, dans les brins et dans les mèches. Celles-ci, avec un petit diamètre, doivent être arrondies à leurs extrémités, en forme de tête de chou-fleur. Les ondulations nombreuses doivent être plutôt basses que hautes, ce qui est un indice du tassé et de l'union intime des brins entre eux comme des mèches. »

J'ajouterai que cette union intime a lieu sans nuire à une régularité parfaite, et qu'une mèche coupée sur la bête présente l'aspect et le toucher du tissu le plus fin, ce qui lui a fait donner le nom de laine crêpe (Kreppwolle.)

Si, dans une mèche qu'on a aplatie entre les doigts, les ondulations présentent des lignes transversales régulières, on a le plus haut point de régularité à laquelle on puisse prétendre.

Ce sont les fabricants anglais qui, les premiers, ont remarqué le mérite d'une telle laine et l'ont signalée aux éleveurs. On ne l'obtient qu'avec une race pure, et l'éleveur qui est parvenu à la produire, peut compter avec certitude sur la constance de son troupeau.

Cette belle laine ne doit pas être confondue avec la laine cotonneuse. Les deux ont bien entre elles quelque ressemblance, mais à la dernière, il manque le tassé et la régularité des brins et des mèches.

Par tout ce que je viens de dire, on voit que la parfaite connaissance de la laine est une des branches les plus difficiles de l'agriculture, non pour l'homme qui veut seulement posséder cette connaissance, mais pour l'éleveur qui veut produire la laine la plus parfaite. Cette production de la laine superfine était devenue une véritable science chez les propriétaires des troupeaux perfectionnés de la Saxe. J'espère que j'en ai dit suffisamment pour la faire connaître, mais il y a pourtant des détails que j'ai négligés, des mots techniques que je n'ai pas pu traduire. Je n'ai pas attaché à ces détails une grande importance, parce que cette science des laines superfines n'offre plus le même intérêt qu'elle offrait il y a quarante ans. Si les producteurs de laines superfines ont eu de bien beaux temps, ces temps sont passés et les prix ne sont plus assez élevés, pour que la finesse puisse compenser les petites quantités de laine que donnent les brebis électorales.

Les Français ont été assez habiles, ou assez heureux pour suivre une autre route. Le troupeau de Naz[1] est, à ma connaissance, le seul où l'on se soit exclusivement attaché à la production des laines fines, et il avait acquis

1. MM. Perrault de Jotemps, Fabry fils, et F. Girod copropriétaires du troupeau de Naz, département de l'Ain, ont fait paraître, en 1824, un livre intitulé *Nouveau Traité sur la laine et sur les moutons*

une grande réputation, mais depuis longtemps on n'en entend plus rien et il a probablement cessé d'exister tel qu'il était alors. A Rambouillet, on a demandé moins de finesse et des toisons plus lourdes, et on n'a pas complétement négligé les formes des bêtes comme le faisaient les éleveurs saxons. D'autres propriétaires de grands troupeaux ont suivi la même direction, et la preuve que cette direction était la bonne, c'est qu'ils vendent aujourd'hui pour l'Allemagne des béliers à des prix élevés. Les mérinos français actuels sont plus grands, plus lourds, et ils ont plus de laine que n'en avaient les premiers mérinos espagnols dont ils descendent, et, pour les formes et la viande, ils sont bien supérieurs aux saxons. Aujourd'hui que l'on comprend toute l'importance de la production de la viande, si des éleveurs intelligents travaillaient à améliorer, sous ce rapport, leurs mérinos, s'ils parvenaient à faire disparaître les cornes et les fanons des béliers, ils auraient une race dont ils pourraient être orgueilleux comme les Anglais le sont de leurs leicesters et de leurs southdowns.

§ 6. — DE LA LAINE A PEIGNER.

Jusqu'ici, je me suis surtout occupé de la laine qui sert à la fabrication des draps, il me reste à parler de la laine que l'on désigne par le nom de *laine à peigner*.

On a vu que les ondulations sont en rapport avec la finesse de la laine, c'est-à-dire que plus un brin de laine présente d'ondulations sur une longueur donnée, plus il est fin. Ces ondulations sont une qualité indispensable pour la fabrication des draps, parce que la laine doit se feutrer pour donner une étoffe belle et solide, et plus les ondulations sont régulières, mieux la laine se prête à l'opération de la carde, mieux elle se feutre et plus elle a de valeur. Pour que la laine se prête bien à la carde et au feutrage, pour que le mélange des brins entre eux s'opère bien, la laine doit aussi être courte.

Les qualités de la laine à peigner sont tout autres. Elle

doit être longue et elle doit être lisse. De fortes ondulations seraient un défaut pour les usages auxquels on l'emploie, tricots et tissus, tels que châles, mérinos, camelots, etc. C'est pourquoi on range ordinairement les laines communes très-peu ondulées parmi les laines à peigner, tandis que les laines fines, les mérinos sont laines à carder.

La différence qui existe entre ces deux laines est facile à saisir, mais il n'est pas possible de tracer entre elles une ligne exacte de démarcation, et de même que, par suite du perfectionnement des machines, les fabricants sont arrivés à produire de beaux draps avec des laines communes, de même aussi on emploie des laines mérinos pour les tissus les plus fins.

A l'exception des ondulations et de la longueur, les qualités qu'on exige d'une bonne laine à peigner sont les mêmes qu'on demande d'une bonne laine à carder.

Le comte de Schwerin, grand producteur de laine, exprime ainsi les qualités que doit posséder la laine à peigner.

« Les bêtes qui produisent la laine à peigner doivent être d'une race pure, tout aussi bien que celles qui portent la laine à carder superfine. Le premier problème à résoudre par l'éleveur est d'obtenir des mèches serrées et qui se maintiennent régulièrement droites, malgré leur longueur, de sorte que, vue d'en haut, une toison de laine à peigner ne se distingue pas d'une toison de laine à carder. La force et l'égalité des brins sur toute leur longueur sont une condition importante, afin que, malgré cette grande longueur, ils ne se brisent pas dans l'opération du peignage.

« La laine doit être longue et propre au peigne sur toutes les parties du corps; autrement si le fabricant est dans la nécessité d'en séparer des parties dont il ne peut pas faire usage, la toison perd beaucoup de sa valeur. »

Plus la laine à peigner est longue, toute choses égales d'ailleurs, plus elle a de mérite. Au-dessous de 0m.05

de longueur, la laine ne peut pas être employée pour le peigne. Les laines communes ont cette longueur d'environ 0m.05, la laine anglaise de la race leicester a une longueur de 0m.22.

Les laines fournies par les moutons des grandes races du nord de la France sont laines à peigner ou laines lisses, qui servent à la fabrication des étoffes rases, bouracans, popelines, bombasins, camelots, flanelles, etc. Elles proviennent des troupeaux de la Flandre, de la Picardie, de l'Artois et autres races analogues. C'est l'Angleterre qui fournit les plus belles laines à peigner et en plus grande quantité. Nous savons que les éleveurs anglais se sont surtout attachés à la production de la viande, et que c'est Bakewell qui, le premier a amené les bêtes d'engrais à une remarquable perfection. La race qui a été perfectionnée par Bakewell, celle du comté de Leicester, était une race à longue laine; les bêtes de Bakewell devinrent un type améliorateur et l'on comprend que ce furent ainsi les bêtes à longue laine qui acquirent le plus d'importance en Angleterre et se multiplièrent plus que les races à laine courte. Il paraît, en outre, que le climat et le sol convenaient mieux à ces races. Elles existaient primitivement dans les comtés du Centre, tandis que des bêtes à laine courte peuplaient les dunes du Sud, tout comme le nord de la France avait des races à longue laine analogues à celles de l'Angleterre, et que les pâturages secs du midi nourrissaient des bêtes plus petites et portant une laine plus courte et plus fine, uniquement propre à la carde.

Quelle qu'ait été l'influence de ces causes, ce qui est aujourd'hui positif, c'est que c'est l'Angleterre qui produit les plus belles laines à peigner, en plus grande quantité qu'aucun autre pays, parce qu'elle possède mieux qu'aucun autre les éléments de cette production qui convient le mieux à ses cultivateurs et qui semble devoir devenir toujours plus avantageuse. La demande de laines longues fines augmente, les Anglais ont presque seuls le privilége de les produire, tandis que les laines propres à la fabrication du drap leur arrivent de toutes les parties du monde et à des prix qui font aux éleveurs de la France et de l'Allemagne une dangereuse concurrence. Déjà cet état de choses a été observé en Allemagne, et la presse agricole a engagé les éleveurs à diriger leurs efforts vers la production de laines longues, au lieu de produire uniquement des laines courtes.

§ 7. — CAUSES QUI INFLUENT SUR LA CROISSANCE ET LA QUALITÉ DE LA LAINE.

Nous avons vu précédemment (page 203), que le sol le climat et le régime exercent une certaine influence sur la toison des bêtes à laine. Quelle est la mesure de cette influence? C'est ce qu'il serait intéressant de connaître.

Si l'on peut approximativement calculer quelle quantité de nourriture est nécessaire pour produire 1 kilogr. de viande, on ne peut pas faire un calcul semblable pour la production de la laine. — Si la nourriture accordée aux bêtes est seulement celle rigoureusement nécessaire à l'entretien de la vie, le poids de la laine diminue dans une proportion considérable, mais si une bonne nourriture est nécessaire pour obtenir une bonne récolte de laine, on ne peut cependant pas augmenter ce produit au delà d'une certaine proportion, en augmentant la nourriture. Avec une alimentation très-abondante, on produit de la graisse, on ne produit pas de la laine.

Si la laine des bêtes qui souffrent de la faim devient plus fine, celle au contraire des bêtes très-fortement nourries perd de sa finesse, comme si la peau d'une bête grasse étant dilatée, les pores s'élargissaient et laissaient passage à des brins plus gros. Cet état de la peau a une telle influence, que si une bête a été grasse à l'automne, qu'elle ait souffert de la faim pendant l'hiver, puis qu'elle ait retrouvé l'abondance au printemps, une observation attentive fera reconnaître, dans chaque brin de laine, le degré de finesse en rapport avec l'état où se trouvait la bête, au moment de la croissance de la laine.

La nourriture des bêtes a sur les qualités de la laine une influence facile à observer. La bête qui a souffert de la faim a une laine fine, sèche et cassante, la bête qui a été engraissée a une laine qui aussi est grasse, chargée de suint, et qui a moins de nerf; une nourriture aqueuse produit une laine molle.

Les bêtes mâles donnent plus de laine que les femelles. — Chez les brebis qui allaitent un agneau, la production de la laine diminue sensiblement. — Les jeunes bêtes produisent plus de laine que les vieilles. — Lorsque les bêtes sont formées et que leur croissance est terminée, la production de la laine commence à diminuer.

Ainsi que je l'ai déjà fait remarquer en parlant de la tonte (page 203), on entend souvent dire qu'il faut couper les cheveux aux enfants pour qu'il deviennent plus épais; dans le même but, on tond souvent la crinière et la queue des poulains; les bêtes ovines nous prouvent qu'on est, à cet égard, dans l'erreur. On aura beau couper et tondre, le nombre des cheveux, des poils ou des brins de laine reste le même, on ne peut pas changer l'organisation de la peau, et si on tond les brebis une fois, ou deux fois dans une année, ou seulement tous les deux ans, la croissance de la laine reste toujours la même.

J'ai dit également qu'il y a des endroits où l'on tond les bêtes deux fois; des pesées exactes ont fait croire que deux tontes donnaient un peu plus de laine qu'une seule. M. de Weckherlin attribue cette différence à ce que les pointes des mèches sont toujours chargées d'impuretés que le lavage à dos n'enlève pas complétement, et si l'on a deux fois ces pointes, elles occasionnent une légère différence de poids. Il paraît cependant certain que la première pousse de la laine qui vient d'être tondue est un peu plus rapide. C'est ce qui a lieu aussi pour l'herbe des prairies, pour les arbres des bois taillis. Mais cette première croissance s'arrête promptement, et si même on a un peu plus de laine, la légère différence de poids ne suffit pas pour compenser les frais d'une seconde tonte, et la moins-value de la laine qui n'a que la moitié de sa longueur normale.

§ 8. — DES DIVERSES MANIPULATIONS QUE SUBIT LA LAINE

Je résume en partie ce que j'ai dit dans ce chapitre.

La première opération que subit la laine est la tonte. — Ou la laine est coupée sans avoir subi aucune préparation, ou les bêtes, avant la tonte, sont lavées à l'eau froide, dans une eau courante. Dans le premier cas, la laine est *en suint ;* dans le second elle est *lavée à dos*. En France on ne lave pas les mérinos avant de les tondre et la laine est livrée au commerce en *suint*. On ne lave pas les mérinos en France, parce que leurs toisons sont lourdes, et tassées, et que la laine est très-chargée de suint. Par ces raisons, le lavage à dos, à l'eau froide, a peu d'effet, et les bêtes ont ensuite beaucoup de peine à sécher ; ces inconvénients n'existent pas pour les bêtes à laine commune. Ils n'existent pas non plus au même degré pour les mérinos saxons, dont les toisons sont beaucoup plus légères.

En Allemagne, toutes les laines sont généralement lavées à dos. Cet usage doit primitivement avoir été général, au moins partout où l'on a à sa disposition de l'eau convenable. Si la laine est vendue et doit être transportée au loin, comme elle perd par le lavage environ moitié de son poids, les frais de transport sont diminués d'autant.

Si une partie de la laine est employée dans les ménages, ce lavage suffit aux ménagères qui la filent. Le temps n'est pas encore si loin de nous, où les fermiers étaient vêtus avec la laine de leurs brebis et avec le chanvre qu'ils avaient récolté. Pendant longtemps, j'ai porté des chaussettes faites avec la laine de mes brebis, filée et tricotée chez moi. Les progrès de l'industrie ont amené la diminution de prix des étoffes; elles sont moins solides, mais elles sont plus belles et moins chères, on les achète au lieu de les fabriquer. Ce n'est plus qu'exceptionnellement que l'on file, dans les campagnes, la laine et le chanvre, et si l'industrie a un beau côté, que je suis loin de contester, celle-ci prive d'ouvrage bien des pauvres femmes auxquelles il est bien difficile de trouver une autre occupation pendant l'hiver. C'est ainsi qu'il n'y a si bonne chose qui n'ait son mauvais côté.

Quand les bêtes sont tondues, lavées à dos, ou non lavées, je crois que le propriétaire du troupeau fait bien de vendre la laine le plus tôt possible. Conservée en magasin, la laine diminue de poids, elle est exposée aux mittes [1], et il est prudent, de la part des cultivateurs, de la livrer au manufacturier immédiatement après la tonte.

Nous allons suivre rapidement les diverses manipulations que subit la laine, jusqu'au moment où les divers objets si variés qu'elle sert à fabriquer sont livrés à la consommation.

Le triage est la première opération. Comme chaque toison contient diverses qualités de laine, on sépare ces qualités pour en former autant de lots qui doivent être séparément travaillés. La toison est pour cela étendue sur une table, de manière que la partie qui était sur le corps de la bête est en haut, et des ouvriers exercés séparent et mettent de côté chaque qualité de laine, parce qu'il importe, pour la bonne fabrication des étoffes, que la laine dont elles sont faites soit aussi homogène que possible ; la toison d'un mérinos peut donner jusqu'à sept qualités de laine.

Après qu'elles ont été triées, les laines subissent le

1. Le plus redoutable ennemi qu'on ait à craindre quand on conserve longtemps les laines en magasin, est l'insecte connu sous le nom de teigne du drap (*Tinea sarcitella*), qui est un petit papillon d'un gris argenté, avec un point blanc de chaque côté du thorax. C'est sous forme de larve ou chenille que la teigne fait des ravages en dévorant la laine et en se formant un fourreau de soie, ayant le plus souvent la forme d'un fuseau. Ces insectes voltigent, depuis le commencement d'avril jusqu'en octobre, et déposent sur la laine leurs œufs, qui éclosent en octobre, novembre et décembre, selon la température. Les chenilles restent engourdies pendant l'hiver. Mais au printemps elles grossissent et mettent une grande activité à dévorer la laine. — On tue les papillons sur les murs blanchis du magasin, on cherche à les éloigner par l'odeur du camphre, etc. (*Maison Rustique*, t. III).

lavage qu'on nomme lavage de fabrique, qui doit enlever tout le suint qu'elles contiennent ; celui-ci se fait à l'eau chaude et en ajoutant des substances alcalines. Les laines, après le lavage, peuvent avoir trois emplois différents, elles servent à faire des feutres, ou des draps, ou des étoffes lisses.

Feutres. — La fabrication des feutres est du domaine des chapeliers; ils y emploient des laines d'agneaux et seulement, par exception, d'autres laines. Les poils conviennent mieux à cette fabrication. Poils ou laine ne sont pas filés, ils sont mêlés dans tous les sens, et pressés jusqu'à ce que, sous l'influence de la chaleur et de l'humidité, ils forment un feutre.

Draps. — Pour la fabrication des draps, la laine déchirée et mêlée par l'action des cardes, ou des instruments qui remplacent les cardes naturelles, est ensuite filée, puis lissée, enfin soumise à l'action du foulon, qui donne à l'étoffe plus de corps et diminue sa perméabilité.

Étoffes lisses. — Tandis que pour la fabrication des draps on mêle les brins de laine et on déchire ceux qui ont trop de longueur, on cherche, au contraire, pour les étoffes lisses, à conserver aux brins de laine leur longueur et leur parallélisme. Au lieu de cardes, on emploie des peignes en acier, à dents fines; les brins trop courts ou trop faibles, ou mêlés, sont enlevés par le peigne.

Cette courte explication suffira, je pense, pour faire bien comprendre la différence qui existe dans la nature et dans l'emploi des deux sortes de laine, l'une, laine courte, ondulée, laine à carder ; l'autre, laine longue, lisse, laine à peigner.

Après que les laines ont été filées, elles sont tissées; les laines lisses sont tissées ou tricotées.

Les draps sont, encore après le tissage, foulés, puis avec un instrument analogue à la carde on unit leur surface en dirigeant dans le même sens toutes les pointes de laine qui sont à la surface du tissu, enfin on coupe ces pointes en tondant les draps les plus fins.

§ 9. — NOTES SUR LA PRODUCTION ET LES PRIX DE LA LAINE SUPERFINE

Avant l'Exposition universelle de 1855, les mérinos saxons n'étaient pas encore connus en France; j'ai entendu alors répéter un mot d'un berger, qui montre comment ces mérinos étaient jugés, par ceux qui les voyaient pour la première fois. — « J'aimerais mieux, disait ce berger, voir un loup au milieu de mes brebis, qu'un de ces béliers à l'époque de la monte. »

On sait combien les expositions ont été utiles aux progrès de la science agricole, et combien elles contribuent à instruire les éleveurs, en leur donnant les moyens d'établir des comparaisons.

Voici des notes écrites par moi il y a trente-sept ans et qui aideront à éclairer la question des bêtes électorales :

En décembre 1826, j'ai voyagé de Metz à Paris avec un marchand de laine saxon, associé d'une maison de Leipzig et demeurant lui-même en Angleterre. Pendant deux jours passés en tête-à-tête dans le coupé d'une diligence, j'ai pu longuement causer avec lui laine et bêtes à laine, et voici ce que j'en ai appris :

La diminution considérable des droits d'entrée des laines en Angleterre, il y a deux ans, a donné lieu à beaucoup de spéculations. Une hausse considérable a d'abord eu lieu en Allemagne, et d'énormes pertes s'en sont suivies. Les laines sont aujourd'hui (1826) redescendues à une valeur qu'on peut regarder comme leur valeur réelle :

Laine superfine, le stein (22 livres)	24 thalers.	soit	90 fr.
— belle finesse	—	12 à 20	—	45 à 75 —
— ordinaire	—	7 à 10	—	26 à 38 —

(Le thaler, ou écu de Prusse, vaut 3f75. La livre est un peu moins de 1/2 kilogr.).

Les bêtes superfines, petites et mal faites, ne donnent en moyenne que 1 livre 1/2 de laine; la laine des moutons est décidément inférieure à celle des brebis. La viande des bêtes à laine superfine est de valeur presque nulle, c'est pourquoi les Anglais, grands consommateurs de viande, ne veulent pas s'en occuper.

Aux prix ci-dessus, les bêtes à laine superfine offrent moins d'avantage que les bêtes fines, qui portent beaucoup plus de laine.

Les bêtes à laine frisée ont été un moment à la mode, et beaucoup de bergeries renommées ont sensiblement déchu. On y a employé, pour la monte, tous les béliers possédant cette qualité, qui est aujourd'hui reconnue pour un défaut. Bien des acheteurs ont ainsi payé fort cher des bêtes qui n'avaient pas une grande valeur. Tel bélier d'une bergerie fameuse aura coûté 600 fr., tandis qu'un autre, d'une valeur supérieure, n'aura coûté que 60 fr. chez un éleveur obscur.

Les laines d'Espagne sont aujourd'hui au dernier rang, et bientôt personne n'en voudra plus, parce que les Espagnols les gâtent en les lavant à l'eau chaude.

Les bêtes de Saxe sont aujourd'hui une mode, une fureur, qui coûtera cher à bien des spéculateurs. On en achète pour l'Allemagne, pour la France, pour la Russie surtout.

En terminant ce chapitre des laines, je donnerai encore sur le troupeau de Naz, et autres troupeaux de bêtes à laine superfine, quelques notes qui offrent un intérêt que l'on peut dire historique.

Voici d'abord quelle est la quantité de laine produite, à Naz, par les bêtes superfines :

Laine en suint.

	kil.		kil.	
Un agneau	» 1/2	à	1 »	de laine
Un antenais	1 1/2	à	2 1/2	
Une brebis portière.	2 1/2	à	3 1/2	
Un bélier ou un mouton	3 »	à	6 »	

En Saxe, les proportions des diverses qualités d'une toison sont :

Laine lavée à dos.

D'après Wagner :	1re sorte	2e	3e	Ecouailles.
	8/12	2/12	1/12	1/12
D'après Thaer :	Electa.		Prima.	Secunda.
	4/10		5/10	1/10
D'après Pétri :	Electa.		Prima.	Secunda.
	1re, 2e, 3e classes.		4e, 5e classes.	6e classe.
	4/10		5/10	1/10

Pétri obtient généralement de ses troupeaux :

Electa, 1re, 2e et 3e classes		41 2/3
Prima, 4e et 5e	39 / 11	50
Secunda.		4
Basses sortes		3 1/3
Déchet.		1
Total. . .		100

Compte du produit en argent du troupeau de Naz dans l'année.

452 toisons ont donné en suint 1,085 kilogr. qui ont produit, après les différentes opérations du triage et du lavage à froid, savoir :

1re qualité.	375 kil.
2e —	54
5e —	28
6e —	115
Débris	17
	589

Lesquels 589 kilogr. ont rendu en argent... 10,547 fr.
D'où il suit :

1° Que la moyenne du poids de la toison en suint serait 2kil.400
2° Que cette même moyenne après le lavage à froid serait 1kil.300
3° Que le prix moyen du kilogr. en suint ressortirait à . 9f.72
4° — du kilogr. lavé à froid. 17f.90
5° Enfin que la valeur moyenne de chaque toison entière s'élèverait à. 23f.33

Compte d'une brebis de race pure électorale et d'une valeur de 36 florins, soit 77f.40[1].

Intérêts du capital à 5 0/0, nourriture, soins, etc. . . .		11f.18
Laine, y compris celle de l'agneau, 1 kilogr. 1/2 à 8f.60 le kilogr . . .	12f.90	15.05
Fumier 5 quintaux. (250 kil.).	2.15	
Reste revenu net, non comprise la valeur de l'agneau. . .		3.87

Valeur de l'agneau :

100 brebis ne donnant que 84 agneaux; il faut retrancher 1/5 de la valeur de la mère, reste pour valeur moyenne d'un agneau.	62f. »
Mais comme l'agneau n'a cette valeur qu'au bout de deux ans, il faut faire encore la déduction de frais de toute espèce, (19f.35) moins la valeur de la laine de la 2e année (10f.75), soit.	8.60
Il reste.	53.40
Supposant 1/2 femelles, 1/4 béliers, 1/4 moutons, la valeur de l'agneau serait les 3/4 de 53f.40 ou. . . .	40f.05

Le produit net d'une brebis de 77f.40, dont la laine se vend 4f.30 le 1/2 kilogramme, se décompose donc ainsi :

Valeur de la laine et du fumier.	3f.87
Valeur de l'agneau.	40.05
Total.	43.92

Perrault de Jotemps dit qu'en 1821, les laines de Saxe superfines se vendaient alors, en Angleterre, 8 shilling 6 pence (9f.52) tandis que les laines d'Espagne, qui avaient valu 7f.28 en surge, étaient offertes à 4f.20. — La raison, dit-il, de ces variations se trouve surtout dans la demande faite de tous les points du globe de draps de qualité superfine et dans l'augmentation partout considérable de la quantité de laine produite.

On voit d'après ces diverses notes, comme les idées ont varié chez les producteurs de laine et à quels résultats imprévus on est arrivé depuis quarante ans. Mais ce qui est

[1] Le florin vaut 2f.15; il se divise en 60 kreuzers; 28 kreuzers valent 1 franc.

bien remarquable, c'est qu'alors on ne voyait que la laine comme produit des bêtes, et que, hors de l'Angleterre, personne ne paraissait penser à la viande des moutons.

Pictet en France, Pétri en Allemagne sont d'avis que les brebis qui donnent une plus grande quantité de laine fine sont plus lucratives que celles qui donnent une moindre quantité de laine superfine.

La laine de la première tonte est ordinairement la plus fine, et elle est d'autant plus belle que les agneaux ont été tondus plus tôt la première année, mais cette laine manque d'élasticité et de corps. La laine des bêtes de 2 à 6 ans est la plus parfaite sous le rapport de la quantité et des qualités.

Si les agneaux n'ont pas été tondus, la toison de la bête antenaise qui contient la laine d'agneau perd de sa valeur.

CHAPITRE XIV

MALADIES DES BÊTES A LAINE

Je n'ai pas étudié la médecine vétérinaire. — Il y a encore beaucoup d'autres choses que j'aurais dû apprendre dans ma jeunesse, et que j'ai le regret de n'avoir pas apprises. — Je ne veux pas donner un traité des maladies des bêtes à laine, je veux surtout indiquer les moyens de les prévenir, aider les jeunes cultivateurs qui me liront à acquérir la science de l'hygiène des troupeaux et à pouvoir se passer du secours d'un vétérinaire, dans un grand nombre de circonstances qui peuvent journellement se présenter.

En général, les médecins vétérinaires qui sortent des écoles ne connaissent que théoriquement les maladies des bêtes à laine, et beaucoup se trouvent placés de manière qu'il leur est difficile d'acquérir la pratique. Le cultivateur craint souvent de dépenser en visites du médecin plus que le malade ne vaut; en outre, les accidents ont souvent lieu lorsque le berger est seul avec son troupeau, et le berger, comme je l'ai déjà dit, est ennemi du vétérinaire, par prévention héréditaire et par amour-propre. Cependant comme ce n'est pas le berger, mais le propriétaire du troupeau qui supporte les pertes, celui-ci doit toujours être le maître chez lui et recourir au vétérinaire lorsqu'il le juge convenable.

Le premier devoir du fermier envers son troupeau, c'est de le voir tous les jours, si cela est possible, et de s'assurer que toutes les bêtes sont en bonne santé. — Il n'est, pour voir, que l'œil du maître. — Trop souvent les bergers ne voient qu'une bête est souffrante que quand le mal a déjà fait de tels progrès, qu'il n'est plus possible d'y porter remède.

L'état de souffrance d'une bête se fait connaître à des yeux exercés par l'apparence extérieure. Si l'on remarque une bête qui ne paraît pas être dans son état normal, on la prend et on l'examine. En saisissant de la main gauche la laine à pleine main au haut du cou sous la ganache, on lui tient la tête haute et elle a moins de force pour s'échapper. On peut alors la palper, et au besoin on la retourne, pour voir si elle n'a pas le pis malade, si elle n'a pas quelque plaie occasionnée par une morsure du chien, ou autrement.

Si la bête est languissante, on examine d'abord l'œil, pour cela on l'enfourche et on la tient par le cou entre les deux genoux. On prend alors sa tête entre les deux mains, et on l'incline sur le côté gauche de manière que les deux pouces se joignent sur son œil droit. Le pouce de la main droite abaisse un peu la paupière inférieure, et le pouce de la main gauche soulève et retourne la paupière supérieure. Dans la bête saine, l'intérieur des paupières est rosé, et les veines sont d'un rouge vif. S'il y a un commencement de pourriture, les veines sont pâles, la paupière est boursouflée et l'œil est mouillé. A un degré du mal encore plus avancé, le boursouflement est encore plus considérable, les veines sont apparentes mais remplies de sérosité, plutôt que de sang, et tout l'intérieur de l'œil, au lieu d'être rose, est d'un jaune plus ou moins prononcé. Une bête dont l'œil est seulement pâle peut se remettre, mais la couleur jaune est un indice certain que le foie est altéré.

Le résultat de cet examen est qu'on reconnaît si la bête est dans son état normal, ou si elle est attaquée d'un mal plus ou moins grave.

Les bêtes à laine sont sujettes à beaucoup de maladies. Un viel adage disait :

Qui veut voir son bien aller et venir,
Doit le mettre en mouches et en brebis.

Dans les troupeaux mal soignés, comme ils l'étaient autrefois généralement, et comme ils le sont encore dans beaucoup de villages, un été pluvieux, la mauvaise qualité ou la disette de fourrage, pendant un hiver rigoureux, amenaient souvent des pertes considérables par la *pourriture, cachexie aqueuse*, et c'est par cette maladie que je commencerai ; je la regarde comme la plus dangereuse par le grand nombre de bêtes qu'elle enlève.

§ 1. — POURRITURE OU CACHEXIE AQUEUSE.

Cette maladie est chronique, non contagieuse, mais comme les mêmes causes peuvent agir sur un grand nombre de bêtes, elle attaque souvent tout un troupeau, ou les troupeaux de toute une province. Les auteurs français s'en sont peu occupés, les Anglais et les Allemands beaucoup plus. Voici ce qu'en dit Youatt :

« J'estime qu'un million de brebis et d'agneaux succombent chaque année à cette maladie.

« Dans l'hiver de 1830 à 1831, ce nombre a plus que doublé, et si cette peste avait étendu ses ravages sur toute l'Angleterre, comme elle a sévi dans quelques comtés, c'en était pour ainsi dire fait de l'élevage des bêtes à laine chez nous. — Elle enlève aussi bien des bêtes en Allemagne, elle apparaît fréquemment dans les départements du Nord de la France, elle a décimé bien des troupeaux dans l'Amérique du Nord, elle n'épargne ni la terre de van Diemen, ni l'Australie. La pourriture des brebis a été connue dans les temps les plus anciens. Hippocrate en donne une fidèle description, et se trompe seulement en ce qu'il prend les douves du foie pour des hydatides. — Ses ravages sont mentionnés dans plusieurs périodes de l'histoire d'Angleterre, et notamment Fitz Herbert, un de nos plus anciens agriculteurs, la décrit, (1532), telle quelle est aujourd'hui devant nos yeux. »

Youatt donne ensuite les mêmes indications que j'ai tout à l'heure données sur l'œil. Il ajoute que si une bête est attaquée de pourriture, la peau entre les jambes de devant, vers la région du sternum, est pâle jaunâtre. Je n'ai pas encore vérifié cette observation, mais ce qui est bien connu, c'est que si on entr'ouvre sur les côtés la laine d'une bête en parfaite santé, on y voit la peau d'un beau rose, tandis qu'elle est pâle quand la bête est malade.

Au commencement de la maladie, les bêtes ne maigrissent pas, elles sont, au contraire, disposées à engraisser. C'est ainsi, comme je l'ai déjà dit, que Bakewell mettait, à l'automne, ses brebis sur un pré qu'il avait inondé au mois de juin. Là elles prenaient le germe de la pourriture, mais elles engraissaient rapidement et il les livrait à la boucherie avant que le mal ait fait des progrès sensibles.

La graisse de bêtes engraissées ainsi est molle, la viande est molle et pâle, elle est plus tendre, mais elle manque de goût.

Plus la maladie fait de progrès, plus on peut remarquer la couleur jaune des yeux et la pâleur des naseaux et de la bouche. Alors la bête maigrit, elle est faible, la laine est sèche et s'arrache facilement; la diarrhée indique ordinairement le dernier période de la maladie, dont la durée peut aller à six mois.

Si on ouvre une bête morte de la pourriture, on trouve la chair blanchâtre, le sang décomposé [1], le tissu cellulaire infiltré, de l'eau dans les cavités de la poitrine et du ventre, souvent des tubercules et des hydatides dans les poumons, des vers dans les intestins, et le foie désorganisé. Il est pâle ou taché, il s'écrase sous la moindre

[1] M. Delafond a démontré que la pourriture est une altération primitive du sang.

pression, il est dur dans des parties et en suppuration dans d'autres, et les conduits biliaires sont remplis de douves. C'est là dans le foie qu'est évidemment le siége du mal. Les vétérinaires considèrent la maladie primitive comme une maladie du foie non inflammatoire, mais lente et chronique.

Voici la description que M. Delafond, professeur à l'Ecole vétérinaire d'Alfort, donne de la pourriture:

« Le foie est jaunâtre et présente à sa surface des saillies irrégulières, allongées, du volume d'une grosse plume à écrire à celui du doigt. Lorsque l'on coupe ces saillies, il en sort une bile d'un jaune noirâtre et une grande quantité de vers plats, blanchâtres, ou jaunâtres, souvent grisâtres. Ces vers sont connus sous le nom de douves ou *fascioles hépatiques;* ils sont souvent très-nombreux, on peut les compter par centaines chez quelques bêtes. La vésicule biliaire est rétrécie et contient également des douves. La bile est épaisse et noirâtre. Indépendamment de ces vers, la substance du foie présente souvent des vessies ou poches remplies d'un liquide clair. Ces ampoules renferment des vers nommés *échinocoques*. Les poumons sont très-pâles et ne contiennent que très-peu ou point de sang. Les tuyaux bronchiques sont parfois remplis çà et là de vers blancs de $0^m.02$, $0^m.05$ à $0^m.07$, et de la grosseur d'un fil ordinaire, enveloppés les uns dans les autres ou pelotonnés. Ce sont des vers nommés *strongles filiaires*. Des vessies ou kistes contenant des vers échinocoques peuvent aussi se montrer dans le tissu des poumons. Le cœur est pâle, comme lavé; ses cavités, ainsi que les grosses veines qui y abordent, ne renferment que de très-petits caillots sanguins. »

Les douves du foie sont un de ces nombreux parasites dont on ne sait pas d'où ils proviennent, ni quelle métamorphose ils subissent. Un écrivain allemand dit qu'ils existent sur les plantes sous forme d'une petite limace, et qu'ils arrivent ainsi dans l'estomac des bêtes. Il est plus probable qu'ils sont avalés sous la forme d'œufs.

Ce parasite, *fasciola hepatica* selon Linné, *distoma hepatica* selon Rudolphi, *planaria* selon Goese, se trouve dans les conduits biliaires, non-seulement de la brebis, mais de la chèvre, du cerf, et de beaucoup d'autres animaux, même de l'homme.

Il n'est pas, comme celui qui occasionne le tournis, une des méthamorphoses du ver solitaire et il n'est pas encore bien connu des naturalistes. On croit que la douve, telle que nous la voyons, est la bête parfaite, susceptible de se multiplier, mais qu'elle ne se multiplie pas dans le corps de l'animal chez lequel elle habite; on croit que ses œufs sont avalés avec les aliments, et arrivent ainsi dans les intestins pour de là pénétrer dans le foie. Les douves contiennent un nombre infini d'œufs, et s'il était possible qu'ils vinssent à éclore dans le corps même d'une brebis, leur nombre serait tellement infini qu'ils devraient en très-peu de temps amener sa mort. — Selon Stephens, on a trouvé dans le foie d'une brebis plus de mille douves, et un nombre tellement infini d'œufs, qu'il n'était pas possible de les compter. — On croit que ces œufs passent avec les sécrétions du foie et de la bile dans le canal intestinal d'où ils sortent avec les matières excrémentitielles. Celles-ci étant délavées par les pluies, les œufs restent isolés et peuvent arriver ainsi sur les plantes que pâturent les brebis, qui les avalent en broutant. On sait que ces œufs, comme beaucoup d'autres germes, peuvent conserver pendant un temps infini la vie et la faculté de se développer.

On a demandé si les douves sont cause ou suite de la maladie.

Elles ne peuvent pas être considérées comme cause, puisque toutes les bêtes sont exposées à avaler leurs œufs, et que l'on trouve des douves dans des bêtes jouissant d'une bonne santé. Mais si ces œufs trouvent dans une bête déjà affectée de la pourriture des circonstances favorables à leur développement, alors les douves éclosent, et, par leur nombre, contribuent certainement à rendre la maladie plus grave.

Il est à remarquer que beaucoup de moutons sont tués comme sains, qui ont cependant des douves dans le foie, et on en trouve aussi dont le foie présente des cicatrices qui prouvent qu'il a antérieurement subi de graves lésions par une maladie qui a été guérie.

Causes de la pourriture. — La maladie est bien connue; ce qui serait le plus intéressant pour nous, c'est de savoir quelles sont ses causes, et malheureusement la science et la pratique ne sont pas encore parvenues à les découvrir. On sait qu'elle provient en général de l'humidité, mais seulement dans certaines circonstances. Elle apparaît fréquemment après un été pluvieux, mais les bêtes ne la contractent pas dans un terrain couvert d'eau, par exemple dans une prairie inondée, où elles entrent fréquemment dans l'eau pour saisir les herbes qui paraissent encore à la surface. Au contraire quand les eaux se sont retirées, cette prairie doit être interdite aux moutons qui y contractent la pourriture.

Les terres à sous-sol imperméable ne sont pas dangereuses pendant qu'il pleut, elles le sont plus tard lorsque la chaleur du soleil les dessèche. On rencontre quelquefois, dans les champs, des creux d'une étendue plus ou moins grande qui, pendant les pluies, sont remplis d'eau que la chaleur fait ensuite évaporer. La pâture y est mortelle pour les moutons. Dans beaucoup d'endroits il y a des places d'où l'on sait que les moutons ne doivent pas approcher, et on a lieu de croire qu'il ne faut qu'un très-court séjour sur ces endroits dangereux pour leur faire contracter la pourriture. On dit qu'il s'élève de la terre des miasmes. Mais qu'est-ce que ces miasmes? — C'est ce qu'on ne sait pas. — On sait que l'entrée des prés marécageux doit généralement être interdite aux moutons; mais on sait aussi que quand la terre est gelée, ils y pâturent sans danger. — On dit qu'alors il n'y a pas de miasmes.

Youatt pense que ces miasmes agissent comme ceux qui, souvent dans le voisinage des marais, occasionnent des maladies chez les hommes. Les débris végétaux, dit-il, qui couvrent la terre entrent en décomposition lorsqu'ils sont saturés d'eau, puis lorsque l'eau s'est retirée, ils entrent en putréfaction sous l'influence de la chaleur, et c'est alors que les miasmes se dégagent.

Youatt croit aussi que si on pouvait reconnaître la maladie dès son invasion, on constaterait l'existence de la fièvre.

On compte aussi, parmi les causes de la pourriture l'eau stagnante et corrompue. Dans les terres montueuses, il se trouve quelquefois des places où un rocher, ou bien un banc d'argile ne permet pas à l'eau de s'infiltrer ; il en résulte un espace souvent très-peu étendu, où la terre est toujours mouillée. Là, dans le pas d'un cheval ou dans une ornière, il se forme un amas d'eau stagnante, que les bergers, à cause de sa couleur, nomment eau cuivrée, ou vitriolique, et qu'ils regardent comme très-dangereuse pour les brebis ; cependant elles semblent la boire avec plaisir lorsqu'à quelques pas de là elles peuvent boire l'eau pure d'une source.

On regarde encore comme pouvant causer la pourriture, les fortes rosées, les gelées blanches, lorsque les bêtes, pressées par la faim, mangent les plantes chargées de rosée ou de givre, comme aussi celles qui sont couvertes de miélat ou de blanc. Ces causes doivent certainement être évitées, mais je les regarde comme beaucoup moins dangereuses que celles que j'ai indiquées précédemment.

Il y a des plantes que les bergers regardent comme cause de la pourriture ; je ne crois pas que ces plantes soient dangereuses par elles-mêmes, mais elles le sont certainement parce qu'elles croissent dans des endroits humides et marécageux, dont l'accès doit être toujours interdit aux troupeaux. Ces plantes sont la lisimaque monnoyère, *lisimachia nummaria ;* les bergers la nomment douve, douvette, herbe à la pourriture ; la renoncule flammette, *ranonculus flammula*, le fluteau plantaginé, *alisma plantago*.

Il y a encore une cause que je ne dois pas omettre,

quoique les preuves à l'appui me manquent. On croît que la malice d'un berger peut perdre tout un troupeau lorsque, par une chaude journée, il le fait courir, harcelé par les chiens, et lorsque les bêtes sont bien échauffées et haletantes, il les mène à l'eau et les laisse boire à discrétion. Ce sont là des secrets du métier que les bergers se transmettent de génération en génération, mais qu'ils n'avouent pas et aucun propriétaire ne sera tenté de vérifier sur son troupeau, si cette cause de pourriture est réelle.

Il y a aussi des causes atmosphériques dont l'effet se fait sentir sur tout un pays. Après l'été pluvieux de 1828, il y avait partout une abondante pâture, les troupeaux engraissèrent et conctractèrent le germe de la pourriture. Ce fut seulement en janvier et février 1829, je parle du pays que j'habite (la Bavière rhénane), qu'on s'aperçut du mal, et à la fin de février, on estimait que les trois quarts des troupeaux étaient perdus. Les propriétaires des troupeaux vendaient à bas prix toutes les bêtes pour lesquelles ils trouvaient des acheteurs, et la viande baissa successivement dans les boucheries jusqu'à 2 kreutzers (7 centimes 1/2) le demi-kilogramme. — On citait un troupeau de 73 bêtes vendues pour 165 fr.

Les circonstances qui avaient amené cette maladie étaient telles que sa terminaison n'était pas toujours celle ordinaire de la pourriture. Les bêtes qui étaient grasses se trouvaient dans un état de pléthore[1] qui leur faisait longtemps conserver l'apparence de la santé, puis elles succombaient tout à coup. Dans un troupeau de moutons gras en marche, il y en avait qui tombaient si subitement, que le berger qui les conduisait n'avait pas toujours le temps de les saigner. Les bêtes qui survivaient présentaient plus tard tous les symptômes de la cachexie aqueuse. Ainsi ce n'est toujours qu'une même maladie; quand le dénoûment arrive plutôt et presque subitement, on la nomme, en al-

[1]. Les bergers disaient qu'en appuyant avec la main sur le dos d'une bête, la douleur qu'on lui faisait éprouver était un signe certain de la maladie, et les vétérinaires expliquaient le fait par la raison que la glande, dite *pancréas*, était particulièrement affectée.

lemand, pourriture du foie, et arrive-t-il plus tard, on la nomme pourriture générale.

J'avais alors un troupeau de 300 brebis et j'avais aussi payé mon tribut. J'en avais perdu 15 au printemps de 1829 et je croyais le reste sauvé. Mais la maladie a continué ses ravages en 1830, et d'immenses quantités de bêtes ont péri en Allemagne et en France. Lorsque j'ai reconnu que tout mon troupeau était attaqué, j'ai vendu tout ce que j'ai pu vendre et il m'est resté 34 brebis que j'ai mieux aimé garder que de les vendre à 5 fr. la pièce. Je les ai alors abondamment nourries avec des résidus de la distillation des pommes de terre et elles se sont remises.

Cette expérience et d'autres encore m'ont donné la conviction que les résidus de la distillation des pommes de terre, ou du grain, sont une nourriture très-saine pour les brebis, malgré l'opinion générale qu'une nourriture aqueuse est dangereuse pour les bêtes à laine.

Un des symptômes de la pourriture est ce que les bergers nomment *bouteille*, *goître*, etc., ici, une *barbe*. C'est un amas d'eau sous la ganache. On le remarque surtout le soir, lorsque la bête a pâturé toute la journée la tête basse, et ordinairement il est dissipé le lendemain matin. Les bergers, dès qu'ils remarquent la grosseur, font écouler cette eau par une incision dans la peau. Cet amas d'eau est un indice de la décomposition du sang, mais s'il est un signe caractéristique de la maladie, il n'est pas, comme des auteurs l'ont écrit, un indice d'un état très-avancé de cette maladie. J'ai vu plusieurs fois des brebis, qui avaient eu la bouteille au printemps, être encore à l'automne suivant en assez bon état, pour être vendues avec les autres brebis de réforme.

Traitement de la pourriture. — Les causes de la pourriture étant connues, il ne sera plus aussi difficile de trouver les moyens de la prévenir.

Avant tout, il faut assainir les pâturages par le drainage. Si l'on calcule la perte que l'on peut éprouver de tout un troupeau par la pourriture, on n'hésitera pas à faire les dépenses nécessaires pour éloigner par le drainage les causes de cette maladie. Si l'on ne peut pas drainer des terres qui auraient besoin de l'être, il faut renoncer aux bêtes à laine, ou du moins aux brebis portières, pour ne tenir que des moutons à engraisser. — Si l'on draine, on doit le faire complétement, c'est-à-dire, que toutes les places dangereuses doivent être desséchées ; on comprend que s'il en reste une seule, elle peut suffire pour faire périr un grand nombre de bêtes.

Les pâturages étant assainis, il ne reste plus qu'à confier le troupeau à un bon berger, suivre les indications que j'ai précédemment données sur la conduite des troupeaux au pâturage et leur nourriture à la bergerie.

Si la pourriture étend ses ravages sur tout un pays, par des causes inconnues, c'est un cas de force majeure, mais contre lequel on peut cependant lutter, au lieu de le subir comme une fatalité à laquelle la plupart des fermiers sont, dans ce cas, disposés à se soumettre. Ce qui prouve que la maladie n'est pas incurable lorsqu'elle n'est pas trop avancée, c'est que fréquemment on remarque dans le foie d'un mouton, tué à la boucherie, des cicatrices qui prouvent qu'il a antérieurement subi de graves lésions, occasionnées par une maladie qui a été guérie.

Ici l'aide d'un vétérinaire sera très-utile, pour reconnaître si la maladie existe et à quel degré elle existe. Si l'état sanitaire du troupeau donne des inquiétudes, on doit de suite sacrifier une ou deux bêtes; elles ne sont pas perdues dans un ménage de ferme, et par l'autopsie on sait dans quelle position on se trouve et quelles sont les mesures à prendre. — Pour un petit nombre de bêtes, le couteau du boucher est le remède le plus certain. Dans un compte rendu d'une ferme avec un institut agricole, on se vante de ne pas perdre par maladie une seule bête. Le moyen est facile, il consiste à tuer les bêtes pour les empêcher de mourir et je crois que ce moyen est le plus sûr quand on peut en faire usage, c'est-à-dire quand on a à nourrir un nombreux personnel.

Si l'existence de la pourriture est reconnue, mais si la

maladie est encore à son début, à l'état que Youatt considère comme une fièvre inflammatoire, ce vétérinaire conseille la saignée d'abord, puis un purgatif qui peut même être réitéré. — Il indique comme purgatif le sel d'Epsom, à la dose de 60 à 90 grammes.

Ces moyens me semblent être d'une application bien difficile, si l'on a un troupeau de plusieurs centaines de bêtes, et le moment où leur emploi est convenable me paraît aussi difficile à saisir.

Si la maladie a passé la période inflammatoire, alors il faut attaquer la *cachexie aqueuse*. La première chose à faire, c'est de donner aux bêtes une nourriture substantielle et tonique. De bon foin et de l'avoine remplissent cette indication. Le tourteau de colza est particulièrement recommandé. Le trèfle et la luzerne valent du foin de première qualité de prés naturels. En même temps on donne du sel aux bêtes, autant qu'elles en veulent manger, et on leur fait prendre de l'oxyde de fer, mêlé à l'eau qu'elles doivent boire, dans la proportion de 1 gramme d'oxyde par litre d'eau. Il faut alors placer des baquets dans la bergerie et forcer les bêtes à boire l'eau mélangée d'oxyde qu'ils contiennent, en ne les laissant pas boire ailleurs.

Ces deux remèdes, le sel et le fer, sont les plus simples et ceux que tous s'accordent à reconnaître les plus efficaces, mais la première condition est toujours une bonne et abondante nourriture.

Voici encore d'autres remèdes qui ont été recommandés :

Vin de quinquina, remède cher, qui ne peut être employé que pour des bêtes d'un grand prix.

Vin poivré; pour 12 bêtes, 1 litre de vin dans lequel on a fait infuser 30 gr. de poivre en grains. On en donne chaque matin, 3 à 4 cuillerées à chaque bête.

Pain fait de 20 kilogr. de farine, avec protosulfate de fer et carbonate de soude, ensemble 15 grammes et sel 1 kilogramme.

Avoine concassée avec protosulfate de fer 20 gr., et carbonate de soude 20 grammes.

Poudre de *chicorée* sauvage, 5 grammes ou de *gentiane* 5 grammes, ou *tanaisie* vulgaire hachée, 10 grammes, ou baies de *genièvre* en poudre, 5 grammes.

Ces produits doivent être ajoutés à un fourrage tel que du son ou de l'avoine égrugée; on peut aussi les mélanger.

On emploie encore :

Limaille de *fer*, ou oxyde de fer, 2 grammes par bête et par jour.

Graine de *lupin*, 25 litres par jour pour 100 bêtes.

Salicine, ou écorces de saule.

Eau-de-vie.

Vin ou *bière*; on fait cuire du seigle dans de l'eau, dans la proportion de 1/4 de litre de seigle par bête, et lorsqu'il est encore tiède, on répand dessus du vin, ou de la bière, 1/12 litre par bête. — L'eau-de-vie pourrait être administrée de la même manière, en en diminuant la quantité de moitié.

Assa fœtida, une pilule de 15 grammes par jour et par bête.

Aiguilles de pin, de sapin, genêts, bruyère; marcs de raisins, marrons d'Inde, glands.

Le pâturage des jeunes seigles est aussi considéré comme très-salutaire.

Plâtre en poudre, non cuit : 5 litres de sel mêlé à 3 litres 1/2 de plâtre pour 300 bêtes, à donner au printemps et l'automne, deux fois par semaine, pendant deux semaines de suite; ainsi 8 fois dans le courant d'une année.

Ce dernier remède a été recommandé en Allemagne non comme curatif, mais comme préservatif de la pourriture. Des propriétaires, qui éprouvaient des pertes chaque année, ont assuré en être exempts depuis qu'ils employaient le plâtre. — On a craint que le plâtre ne fût, sous d'autres rapports, nuisible à la santé des bêtes; des expériences qui ont été faites ont amené à croire qu'on peut le donner sans danger.

Le nombre des remèdes pour guérir la pourriture prouve d'abord qu'il n'y en a pas d'infaillible, quoi que tous aient été recommandés comme tels. En voici cependant encore un, qui est annoncé avec une telle confiance, que je ne peux pas omettre de l'indiquer.

M. Jacquemart (*Journal d'agriculture pratique* du 5 octobre 1862) fait part d'un résultat remarquable obtenu par lui dans le traitement de la pourriture, et si de nouveaux essais viennent confirmer ce résultat, on possédera un moyen précieux et d'une application bien facile pour la guérison de cette maladie.

Ce moyen, c'est celui déjà connu, la couperose, mais calcinée et mêlée avec les aliments, en y ajoutant du sel. Le traitement recommandé par M. Jacquemart est le suivant :

1°. Par tête et par jour, un gramme de couperose verte, calcinée, broyée, et mêlée avec 10 grammes de sel; saupoudrer avec ce mélange la nourriture que consomment les bêtes. — Chez M. Jacquemart ce sont des pulpes de betteraves.

2°. Mettre 1 gramme de couperose verte (protosulfate de fer) par litre, dans l'eau servant à abreuver le troupeau.

3°. Donner pendant quelques jours 100 grammes de tourteau par tête, ou 1/4 de litre d'avoine.

Ayant à choisir entre la couperose calcinée et la couperose ordinaire, nous avons, dit M. Jacquemart, préféré la première, dans la pensée que l'état de peroxydation du fer présenterait quelques avantages, mais on pourrait sans doute, à défaut de couperose calcinée, donner 2 à 2 gr. 1/2 de couperose ordinaire. Les bêtes, — des antenais âgés de seize mois, — étaient fortement attaquées, 10 portaient déjà la *bouteille*, et le berger les considérait comme perdues, mais dès le huitième jour de l'administration du remède, l'œil et la bouche étaient généralement moins décolorés, et après trois à quatre semaines, ils avaient repris leur couleur naturelle. Cependant le traitement dura, au total, six semaines à deux mois, afin de consolider les résultats obtenus. Pas une seule, de 170 bêtes à laine en traitement, ne succomba; les 10 plus malades que les autres, pour lesquelles la dose de couperose calcinée fut élevée de 2 à 3 grammes par jour, furent remises en très-bon état et vendues au boucher à de bons prix; les autres ont été conservées.

Une note dit que la couperose calcinée est un mélange de persulfate et de sous-sulfate de fer peroxydé et de peroxyde de fer. Il serait plus exact de dire couperose desséchée et grillée.

Les résultats obtenus sont si remarquables, qu'il est bien à désirer que de nouveaux essais viennent les confirmer.

M. Jacquemart dit que les bêtes ainsi guéries ont été conservées, il ne dit pas si c'est pour la reproduction, mais je ferai l'observation que des lésions organiques, même non apparentes, se transmettent si facilement, que je ne crois pas prudent de conserver, comme brebis portières, des bêtes qui ont été attaquées et guéries de la pourriture.

Ceci était écrit, lorsque j'ai lu dans le *Journal d'agriculture pratique* un rapport de M. Magne, directeur de l'Ecole vétérinaire d'Alfort, lu dans la séance de la Société centrale d'agriculture du 14 janvier 1863.

M. Magne fait d'abord observer que c'est contre les maladies incurables, ou très-difficiles à guérir, contre la rage, la morve, l'épilepsie, la pourriture, etc., qu'on a cru trouver le plus de remèdes infaillibles; il demande si les 160 bêtes qui ne présentaient pas la bouteille étaient réellement attaquées de la pourriture, et il croit que la bonne et abondante nourriture donnée aux bêtes, tourteau et avoine, a été encore plus efficace que le remède.

« Bien administrés, dit M. Magne, les médicaments, notamment les ferrugineux et le sel de cuisine sont utiles, c'est incontestable, pour combattre l'appauvrissement du sang et raffermir les tissus, mais leur action ne peut être que secondaire; seuls les bons aliments constituent un préservatif efficace de la pourriture, tandis que les remèdes, s'ils ne sont donnés avec une nourriture convenable ne produisent aucun effet. »

Je cite avec plaisir cette opinion de M. Magne, qui vient à l'appui de tout ce que j'ai dit précédemment.

Si l'on veut entreprendre le traitement d'un troupeau attaqué de la pourriture, les premiers moyens à employer sont le sel et l'oxyde de fer. On doit donner aux bêtes du sel autant qu'elles en veulent manger, leur instinct règlera la quantité dont elles ont besoin. — On n'oubliera pas que l'excès de sel serait nuisible. — Si l'on peut avoir des pierres de sel gemme, on en place dans la bergerie de manière que les bêtes puissent les lécher à volonté. A défaut de pierres (on peut avoir des pierres de sel gemme aux salines de Dieuze, département de la Meurthe), on peut mettre du sel dans de petits sacs, de grosse toile à claire-voie, suspendus à la portée des bêtes.

Outre le sel et le fer, on emploiera un des remèdes indiqués ci-dessus, celui dans lequel on aura le plus de confiance et qu'on trouvera le plus facile à administrer. Malheureusement la médecine des animaux, comme celle des hommes, est toujours un art conjectural.

Je ferai remarquer, relativement à ces remèdes, que le vin poivré n'est pas facile à administrer quand on a beaucoup de bêtes, et qu'en le leur donnant, il s'en perd toujours beaucoup.

La salicine est bonne, mais il sera difficile de se procurer ou la salicine, ou les écorces de saule en quantité suffisante. Car il ne faut pas attendre de résultats d'un remède administré pendant quelques jours, si l'on a à combattre un mal qui est dans le sang et qui a déjà occasionné des lésions organiques plus ou moins graves. Je crois qu'il faut plus d'un mois de traitement pour obtenir les résultats désirés.

Il faut que les bêtes prennent seules le remède, ou qu'au moins il soit très-facile à administrer, comme une pilule.

Le prix du remède est aussi à prendre en considération. L'assa fœtida a été indiqué par M. Dutreil, vétérinaire à Alger, et un grand propriétaire de l'Algérie m'a assuré l'avoir employé avec succès. Je l'ai essayé sur un mouton antenais et il a été rétabli ; traité au mois de mars et avril, il a été vendu en septembre avec d'autres, et paraissait être alors en parfaite santé. Mais les pilules préparées par un pharmacien m'ont coûté presque autant que la bête valait. Il faudrait prendre l'assa fœtida chez un droguiste et préparer soi-même les pilules.

Il y a encore un moyen d'arrêter la pourriture commençante, mais ce moyen, bien peu de cultivateurs l'auront à leur disposition. C'est de faire émigrer le troupeau, en le transportant sur des terres calcaires sèches, ou sur des bruyères.

On sait que les sols calcaires sont les plus favorables au développement des hommes et des animaux, qui deviennent plus grands et plus forts que ceux qui vivent sur les sables privés de chaux. Un fermier qui cultive des terres calcaires m'a plusieurs fois acheté mes brebis de réforme, et il sait que celles qui, chez moi sont douteuses, se remettent promptement chez lui.

Les bruyères fournissent aussi une pâture saine, mais maigre, et ne peuvent être considérées que comme un moyen accessoire, de même que les genêts et les aiguilles de pin et sapin.

Tout ce que je viens de dire sur la pourriture est confirmé par Hamont, vétérinaire français, qui a fondé une école vétérinaire à Alexandrie pendant la domination de Méhémed-Ali. Lorsque, dit-il, les eaux du Nil se retirent, la terre se couvre d'une herbe épaisse que les brebis mangent avec avidité et qui les engraisse promptement. Mais si on ne les livre pas à la boucherie, la pourriture fait de rapides progrès, et il estime au moins à 160,000 le nombre des bêtes qui, chaque année, succombent à cette maladie. Les Arabes du désert connaissent bien le danger, lorsqu'ils amènent leurs troupeaux sur les limites de la vallée du Nil, où ils trouvent l'abondance et où ils engraissent; ils vendent tout ce qu'ils peuvent vendre, puis avec le reste, ils se hâtent de rentrer dans le désert où tous les symptômes de pourriture ne tardent pas à disparaître.

En définitive, on doit, par toutes les précautions possibles, chercher à se mettre à l'abri de la pourriture. — Si des bêtes en sont atteintes, les tuer pour le ménage de la ferme ou les vendre, si on trouve à le faire sans trop de perte. —

Si on ne peut pas s'en défaire, commencer de suite le traitement et le suivre avec persévérance et énergie, en se rappelant toujours qu'une bonne et abondante nourriture est une condition indispensable de succès.

§ 2. — MALADIE DE SOLOGNE

J'ai commencé le chapitre des maladies par la pourriture, parce qu'elle est celle qui exerce les plus grands ravages dans les troupeaux, parce qu'elle est aussi celle qui est la mieux connue, et que, dans bien des circonstances, on peut s'en mettre à l'abri. Les progrès de l'agriculture doivent amener le temps où elle ne paraîtra plus qu'exceptionnellement, comme une maladie analogue cessera d'exister dans une province de la France dont la pauvreté était proverbiale. Grâce à une heureuse et vigoureuse impulsion, la pauvre Sologne se métamorphose et il faut espérer que bientôt les hommes y seront délivrés de la fièvre, et les troupeaux de la maladie à laquelle la province a donné son nom.

Cette maladie paraît être particulière à la Sologne, je n'ai pas eu occasion de l'observer je me bornerai à transcrire le peu qu'en dit la *Maison Rustique*.

Cette maladie est aussi nommée maladie rouge, maladie d'été, et ainsi que son nom l'indique, enzootique dans l'ancienne province de Sologne (département du Cher et du Loir-et-Cher); on la voit ordinairement paraître au mois de mai; elle est dans toute sa force au mois de juin, et elle s'éteint insensiblement à la fin de juillet et au commencement d'août.

Cette maladie est annoncée par la tristesse, le dégoût, la lenteur dans la marche; bientôt les yeux deviennent larmoyants et ternes, la bouche est livide, les naseaux sont bouchés par une matière épaisse, les urines coulent lentement, la tête et les membres de devant paraissent gonflés. Les animaux sont très-faibles, cherchent l'ombre pour se garantir des mouches, qui se jettent en grand nombre sur eux, sans qu'ils fassent d'efforts pour les chasser; ils refusent d'aller aux champs, ou bien ils s'y perdent.

Dans les derniers temps de la maladie ils boivent abondamment, et il sort de leur bouche une bave écumeuse; plusieurs rendent par le nez ou par l'anus une petite quantité de sang peu foncé; près de mourir, ils offrent généralement un flux extraordinaire d'urine. La maladie dure de six à dix jours; les bêtes qui ont bavé, ou rendu du sang, ou bu abondamment, meurent toutes; la fraîcheur du temps paraît augmenter la mortalité.

L'affection exerce plus particulièrement ses ravages sur les agneaux et les antenais.

Causes de la maladie. — Les causes de la maladie de Sologne se déduisent de la manière dont on conduit les bêtes à laine dans ce pays. On les mène aux champs pendant toute l'année, quelque temps qu'il fasse; on ne les nourrit pas à la bergerie, ou bien on leur donne si peu de nourriture qu'elles souffrent souvent de la faim; les agneaux naissent faibles et ne trouvent pas assez de lait au pis de leur mère pour se nourrir; au mois de mai on commence à traire les brebis ce qui diminue encore la nourriture des agneaux. Comment ces animaux auraient-ils une bonne constitution? D'ailleurs le pays est humide, et les herbes sont aqueuses; les bergeries sont basses.

Traitement. Les saignées et les rafraîchissants sont nuisibles, les toniques produisent de bons effets. Un régime d'herbes sèches, des breuvages composés avec la décoction d'écorce moyenne de sureau ou d'hysope, de sauge, de pouliot, et légèrement nitrés (5 à 6 grammes de sel de nitre par litre) ont amené des guérisons, lorsque la maladie ne faisait que commencer, mais ces cas sont assez rares, et l'affection est trop souvent mortelle. C'est donc aux préservatifs qu'il faudrait recourir, mais ces préservatifs ne pourront être trouvés que lorsqu'on aura rendu le pays salubre et fertile, et c'est le gouvernement seul qui peut entreprendre cette tâche.

Lorsque ceci a été écrit, — la *Maison Rustique* a paru en 1837, — on ne soupçonnait pas que vingt ans plus tard, l'empereur Napoléon III entreprendrait la transformation de la Sologne.

§ 3. — SANG DE RATE ET SANG DES REINS.

Sang de rate. — Une autre dangereuse maladie, qui, dans ses causes et dans ses symptômes, est précisément l'opposé des précédentes, est celle désignée par les noms de *sang de rate*, *maladie de sang*, *coup de sang*, etc.

C'est, dit la *Maison Rustique*, une maladie inflammatoire ou apoplectique, remarquable par la rapidité de sa marche et par la promptitude avec laquelle elle frappe de mort les individus qui en sont atteints. Rien ne peut faire prévoir qu'un animal va être frappé de cette terrible affection; il paraît jouir d'une santé parfaite, et tout à coup il s'arrête, paraît étourdi, chancelle, trébuche, ouvre la bouche, écume et rend du sang avec les excréments et les urines; bientôt il tombe à la renverse, bat du flanc, râle et meurt; quelquefois dans l'espace d'une demi-heure, d'un quart heure et même de quelques instants. Alors on voit sortir de sa bouche et de ses narines un sang noir et épais, son corps ne tarde pas à se gonfler et à se tuméfier. Si on en fait l'ouverture, on voit tous les vaisseaux de la peau injectés, les chairs violettes et la rate volumineuse et gorgée de sang.

C'est ordinairement pendant les mois de juin, juillet et août, que cette maladie fait le plus de ravages; la mortalité est plus commune dans les années sèches, les fortes chaleurs et les jours d'orages; elle se ralentit dans les temps frais et après les pluies, elle semble sévir de préférence sur les animaux robustes et vigoureux. On attribue généralement cette maladie à l'influence d'une nourriture trop substantielle, des grandes chaleurs et des sécheresses prolongées.

Je crois que l'on peut ajouter que cette maladie est un véritable charbon, analogue à celui des bêtes à cornes, que l'on nomme aussi *sang de rate*, dont on ignore les causes et auquel on n'a pas encore trouvé de remède. Cette maladie est pour les sols secs calcaires, où les bêtes trouvent une nourriture substantielle, où l'eau est rare, ce que la pourriture est pour les terres humides. On conseille la saignée comme remède préservatif, lorsque la maladie éclate dans un troupeau, et on croit que le meilleur moyen de l'arrêter est de transporter le troupeau dans des pâturages moins riches, où les bêtes trouvent de la fraîcheur, de l'ombre, en un mot ce qui manque aux pâturages où elles ont été atteintes de la maladie. On croit en Allemagne que le mieux est, quand on le peut, de les transporter sur des bruyères.

Un vétérinaire allemand [1] dit qu'un des caractères de cette maladie, c'est que le cadavre ne devient pas raide, parce que le sang a perdu la faculté de se coaguler et que la putréfaction du cadavre a lieu presque immédiatement après la mort. Il dit que c'est à tort qu'on considère la rate comme le siége de la maladie, qu'il a quelquefois trouvé la rate et aussi le foie dans leur état normal, mais que toujours le sang est décomposé et que la maladie est dans le sang. Il insiste sur les précautions à prendre pour mettre les hommes et les animaux à l'abri de la contagion par le contact avec les bêtes malades et avec les cadavres. On sait combien le charbon est, sous ce rapport, une maladie dangereuse, avec quelle facilité il peut être inoculé et quelles en sont les terribles conséquences.

Sang des reins. — Il y a encore une autre maladie qui a de l'analogie avec celle-ci, et que je ne trouve indiquée dans aucun des auteurs qui ont traité des maladies des bêtes à laine. Les bergers la nomment ici *sang*, ou *sang des reins*. C'est la même maladie que j'ai décrite sous le nom de *sang*, ou *coup de sang*, dans mon *Manuel de l'éleveur de bêtes à cornes*.

[1] Haselbach, *der Rathgeber im Schafstalle*.

C'est une fièvre inflammatoire aiguë, avec affection particulière de tous les organes contenus dans l'abdomen.

Il ne se passe pas chez moi d'année sans qu'elle attaque quelque bête, en été ou en automne, mais malgré sa gravité, lorsque le berger s'en aperçoit à temps il sauve toujours celles qui en sont atteintes. Les pertes n'ont lieu que quand le mal arrive pendant la nuit.

Le traitement est le même que pour les bêtes à cornes; le berger vide le rectum aussi loin qu'il peut atteindre avec deux doigts, puis il saigne. Ce traitement suffit ordinairement et on se dispense des breuvages et des lavements. Pour les administrer, il faudrait ramener les bêtes malades à la ferme, ce qui n'est pas facile quand le troupeau parque à une grande distance.

§ 4. — DU TOURNIS

Le tournis est une maladie qui fait éprouver aux éleveurs des pertes souvent considérables[1] dont on s'est beaucoup occupé et sur laquelle on a beaucoup écrit. Il n'y a pas longtemps qu'on en connaît la cause et que l'on sait que tous les moyens qui ont été jusqu'à présent proposés pour la prévenir n'ont aucune valeur. On savait depuis longtemps que la guérison est à peu près impossible, et malheureusement les nouvelles découvertes de la science ont confirmé ce fait.

Le tournis n'attaque que les agneaux et les antenais; il y a des années où il fait de nombreuses victimes, dans d'autres il semble ne pas exister. Ce fait a été la cause de l'erreur dans laquelle sont tombés des éleveurs qui ont attribué aux moyens préservatifs employés par eux la disparition du tournis.

Ceux qui achètent des agneaux ont toujours la crainte qu'il ne s'en trouve parmi eux qui sont déjà attaqués du tournis, non apparent au moment de la vente, mais

[1] On dit en Allemagne jusqu'à 10 pour 100.

qui ne tardera pas à se déclarer. Selon Youatt, on reconnaît ces bêtes à leurs yeux qui ont une teinte bleuâtre particulière et qu'elles tournent de côté et d'autre. Un berger expérimenté, dit Youatt, ne se trompe pas à ce symptôme.

Quand le mal commence à paraître, la bête reste par moments en arrière du troupeau, elle ne craint plus le chien, souvent elle s'égare, et le berger la perd dans les pays accidentés. Bientôt, quand les accès surviennent plus violents, elle commence à tourner toujours du même côté, dans un cercle qui se resserre, jusqu'à ce qu'elle tombe. Il paraît qu'elle souffre d'atroces douleurs dont ceux qui sont affectés d'une névralgie peuvent se faire une idée. Dès que ces symptômes paraissent, il n'y a rien à faire qu'à livrer au boucher la bête qui alors n'a pas encore maigri.

Hydatides. — Le mal est uniquement dans la tête ; en ouvrant le crâne avec précaution, on trouve une, quelquefois deux, même plusieurs vessies transparentes pleines d'une eau dans laquelle nagent des parasites qui se nourrissent de la substance de la cervelle. On nomme ces parasites *hydatides, cœnurus cerebralis*.

Les bergers qui ont voulu faire cette recherche ont crevé les vessies, ils ont vu couler le liquide qu'elles contenaient, et ils ont dit, et ils croient, que la cervelle se change en eau.

Le symptôme le plus ordinaire, celui qui a fait donner son nom à cette maladie, c'est que les bêtes tournent. Cependant il se présente encore d'autres symptômes, selon la place qu'occupe l'hydatide. Quelquefois les bêtes courent droit devant elles, portant la tête haute, levant les pieds et sans paraître voir aucun des obstacles qui peuvent se trouver sur leur chemin ; d'autres fois elles marchent très-vite, tenant la tête très-bas, jusqu'à ce qu'elles culbutent ; d'autres fois elles marchent dans la même direction, comme si elles étaient aveugles et s'arrêtent lorsque leur tête vient heurter contre un obstacle ; d'autres fois enfin elles font des sauts, de rapides conversions, puis tombent attaquées de convulsions et se relèvent pour recommencer encore.

Les bergers ont donné à ces divers symptômes des noms que je crois inutiles de traduire, ce ne sont toujours que des variantes du tournis; les hydatides peuvent exercer une pression non-seulement sur la cervelle, mais aussi sur la moelle épinière, et, selon les douleurs qu'elles occasionnent, les symptômes peuvent varier.

Traitement. — On a attribué le tournis à diverses causes, et pour le prévenir, on a aussi proposé divers moyens; de ne pas tondre les agneaux sur la tête, de la couvrir d'un emplâtre de poix, de la cautériser avec un fer chaud, etc. Tous ces moyens préservatifs ne pouvaient pas avoir d'effet; quant aux moyens curatifs, on a bientôt reconnu combien ils étaient incertains, on peut cependant les tenter pour sauver des bêtes d'une grande valeur.

La guérison ne peut être obtenue que par la destruction de l'hydatide; pour cela il faut d'abord savoir où elle est.

Si elle est sur un côté de la tête, la bête tourne toujours de ce côté. Ses mouvements sont plutôt en avant si l'hydatide est au milieu, à la partie antérieure de la tête; tandis que si elle lève très-haut la tête, l'hydatide doit se trouver à la partie postérieure. Si l'hydatide se trouve immédiatement sous le crâne, l'os s'amincit et cède sous une forte pression. On cherche ce point le plus mince en appuyant avec le pouce. Quand on croit avoir reconnu la place occupée par l'hydatide, on perce le crâne avec un trocart, on couche la bête sur le dos, et si on atteint la vessie, l'eau qu'elle contient s'écoule par l'ouverture.

On a essayé de joindre au trocart une seringue par laquelle on aspirait l'hydatide, mais ce moyen occasionnait dans la cervelle des lésions qui y ont fait renoncer.

Enfin on a employé le trépan. Après avoir fait à la peau une incision cruciale, et l'avoir soulevée et écartée, on enlève avec le trépan une petite portion d'os, on incise la peau qui se trouve dessous et qui sert d'enveloppe à la cervelle, et on peut extraire l'hydatide, si l'on a bien choisi la place pour faire l'opération.

On conçoit combien ces moyens sont incertains. La première difficulté est de trouver la place où est l'hydatide. Elle est quelquefois dans la substance de la cervelle, quelquefois il y en a plusieurs. Enfin lors même que l'opération a réussi, elle occasionne une inflammation à laquelle la bête succombe souvent.

Percer l'hydatide avec une aiguille à tricoter. — Youatt dit qu'un jeune berger, qui tricotait en gardant un troupeau d'agneaux, eut l'idée de percer l'hydatide en enfonçant par un naseau une de ses aiguilles à tricoter jusqu'à l'endroit où il supposait qu'était le siége du mal et qu'il se vantait de guérir les bêtes ainsi opérées. Youatt ajoute qu'il a essayé l'opération, qu'il ne l'a pas trouvée aussi facile que le prétend le berger, et que si l'on peut ainsi atteindre une hydatide placée à la surface de la cervelle, on n'atteint pas celles qui sont dans l'intérieur et dans le cervelet.

Il paraît cependant que l'extraction de l'hydatide n'est pas nécessaire et qu'il suffit qu'elle soit percée. Le même Youatt cite deux cas, où une bête atteinte du tournis, étant tombée d'une grande hauteur, avait été guérie par la rupture de l'hydatide amenée par la commotion de la chute. Partant de cette idée qu'il suffit de percer l'hydatide, on a, après avoir fait sans succès une ouverture avec un trocart, enfoncé par cette ouverture un poinçon dans diverses directions pour chercher l'hydatide dans l'épaisseur de la cervelle et cela sans amener la mort de la bête ainsi opérée.

Ceux qui ont vu de près les bergers savent combien, sans être méchants, ils sont insensibles pour les bêtes et souvent barbares dans leurs opérations. Ils ont imaginé plusieurs moyens plus cruels les uns que les autres pour amener la rupture de l'hydatide, mais ils arrivent ordinairement à faire périr la bête, ils emportent le malade avec le mal.

Le souverain remède est donc encore ici le couteau du boucher, et on ne saurait l'employer trop tôt dès que l'existence du mal est reconnue.

On doit à des découvertes qui datent de peu d'années[1], la connaissance des causes qui produisent l'hydatide, et j'ai le regret de ne pas pouvoir dire par qui et comment ces découvertes ont été faites. On a reconnu que ces parasites, qui vivent dans la cervelle, sont produits par le ver solitaire, autre parasite qui vit dans les intestins. On a fait manger à des brebis des œufs de ver solitaire et le tournis n'a pas tardé à se déclarer. On a reconnu que la ladrerie du porc est occasionnée par une multitude de parasites qui proviennent aussi du ver solitaire. Cette question est encore étudiée, et on arrivera sans doute à d'autres découvertes, quoiqu'elle présente des mystères que l'on ne peut pas espérer de percer jamais.

On connaît déjà les métamorphoses que subissent un grand nombre d'insectes, et il y a là aussi des merveilles que nous ne pouvons pas comprendre; mais s'il s'agit d'êtres infiniments petits, tellement petits qu'ils échappent même au microscope, et qui vivent en nombre souvent infini dans les viscères des grands animaux et de l'homme, alors on renonce même à les étudier, et on est réduit à se courber humblement devant l'intelligence suprême qui a créé le monde et qui le gouverne dans un but qui nous restera toujours inconnu.

Je suis de ceux qui croient que les œufs du ver solitaire peuvent être avalés avec les herbes que broutent les brebis.

Les œufs des insectes, comme les graines des plantes, sont souvent en si grand nombre que beaucoup peuvent être détruits et un seul qui trouve la place favorable à son développement assure la conservation de l'espèce. — Qui sait si, parmi ces innombrables atomes qui remplissent l'air, il n'y a pas des œufs de parasites qui voyagent, pous-

[1] Youatt, que j'ai déjà plusieurs fois cité, n'avait pas encore connaissance de cette métamorphose. — V. C. Th. de Siebold, professeur à l'université de Munich. *Unber die Band und Blasenwürmer.*

sés par le vent, comme la graine du chardon, et que nous avalons sans nous en douter?

§ 5. — DU VER SOLITAIRE, TENIA.

On sait que tous les animaux ont des vers, les brebis en rendent souvent, mais je ne savais pas qu'elles pussent aussi avoir le ver solitaire [1]. Il y a quelques années, j'avais des brebis qui dépérissaient sans qu'on pût reconnaître les causes de leur mal. Une était déjà morte et les autres menaçaient de la suivre. J'appelai à mon aide un vétérinaire ; une bête fut sacrifiée, et il trouva dans ses intestins le ver solitaire dont il n'avait, pas plus que moi, soupçonné l'existence. Les premiers moyens employés pour le détruire furent trop énergiques et les malades furent tués avec le parasite. Plus tard, d'autres bêtes ayant été attaquées, ont été guéries par le remède suivant, administré en trois fois différentes :

Écorce de Kousso [2]
Infusée dans alcool et eau par moitié.

Il est à remarquer que tous les remèdes administrés aux ruminants doivent être donnés à très-petites doses, autrement ils arrivent directement dans la panse, où leur effet est à peu près nul.

Si on me demande comment on reconnaît l'existence du ver solitaire, j'avoue que je ne peux pas répondre à cette question, et que j'ai alors négligé d'étudier les symptômes de ce mal, qui n'a pas reparu depuis. Les chiens qui ont le ver solitaire en rendent des fragments, et c'est proba-

[1] On a cru longtemps que ce parasite, que les naturalistes nomment *Tenia* et qui est le même pour les animaux que pour l'homme, ne se trouvait jamais que seul, et depuis on a reconnu qu'il peut en exister plusieurs dans les intestins d'un même individu. Sa longueur est parfois de plusieurs mètres.

[2] Kousso, bruyère, plante originaire de l'Abyssinie, dont la fleur, réduite en poudre, paraît avoir une efficacité infaillible contre le ténia, mais on dit que souvent telle que nous la trouvons dans les pharmacies elle est éventée et a perdu son efficacité.

blement de même pour les brebis. Si on remarque qu'une bête est souffrante, qu'elle dépérit, sans présenter pourtant aucun symptôme d'une autre maladie, une observation attentive doit faire bientôt arriver à reconnaître si le ver solitaire est la cause du mal.

Selon Haselbach, l'auteur que j'ai déjà cité, les agneaux seuls, lorsqu'ils tettent encore, sont sujets au ver solitaire, tandis que chez moi on l'a trouvé chez des brebis et jamais chez des agneaux. Le même auteur dit encore que si on fait manger à une brebis des œufs provenant du ver solitaire d'une autre brebis, il n'en résulte pas le tournis, tandis qu'il survient toujours, si une brebis mange des œufs du ver solitaire d'un carnivore.

Ce fait est à noter pour ceux qui voudraient faire des expériences et il semble confirmé par ce qui est arrivé chez moi. Plusieurs brebis ont eu le ver solitaire pendant un même été. Mais le mal n'a pas reparu depuis, et pourtant on doit supposer que ces brebis ont rendu avec leur fiente des œufs des vers, comme les rendent les chiens.

Voici le remède qu'indique Haselbach pour les agneaux :

Kousso 3 grammes 82,

Créosote 0gr.26.

Alcool et eau de chacun 30 grammes.

On prépare les agneaux en leur faisant boire pendant deux jours une décoction de graine de lin, puis le troisième jour, on leur administre le vermifuge.

On ne reconnaît avec certitude, dit-il, la nature du mal que quand les agneaux rendent des fragments du ver.

On peut demander comment le germe de ce ver est-il arrivé dans les intestins de cet agneau, qui n'a encore vécu que du lait de sa mère, et comment le ver existe-t-il chez l'agneau qui vient de naître, lorsque la mère en est exempte? — C'est ici encore le même impénétrable mystère que pour le tournis.

La conséquence à tirer de tout ceci, c'est que jusqu'à présent on s'était trompé sur les causes du tournis, mais que si elles sont aujourd'hui connues, on n'est guère plus avancé sur les moyens de prévenir le mal, et pas plus sur les moyens de le guérir. Tout ce que l'on peut faire, c'est de surveiller les chiens de la ferme, particulièrement ceux du berger, et les traiter, même les éloigner dès qu'on aperçoit l'existence du ver solitaire. Mais les renards, qui mangent des lièvres, les chats qui mangent des rats et des souris avalent souvent des œufs d'où sortent les parasites que l'on observe si souvent dans le foie de ces animaux ; de là il résulte que le mal peut être propagé de beaucoup de manières, sans que nous puissions l'empêcher. — Une bonne précaution à prendre c'est de ne pas laisser manger aux chiens les têtes des bêtes attaquées du tournis ni les foies de celles qui ont succombé à la pourriture.

Heureusement le feu, qui, dit-on. vulgairement, purifie tout, détruit les germes de ces parasites. Car on tue souvent, dans les boucheries, des porcs ou des bêtes à cornes attaqués de ladrerie et surtout des moutons dont le foie n'est pas sain, mais ce qui peut être dangereux pour les hommes, ce sont les saucissons faits avec de la viande non cuite. C'est surtout dans les saucissons que passe la viande suspecte, et les naturalistes ont reconnu que les germes ou œufs de ces parasites qui nous occupent peuvent passer un long temps, dans un saucisson, dans un tas de fumier, ou ailleurs, sans perdre la vie et la faculté de se développer quand ils arrivent à la place qui leur convient.

§ 6. — DES ŒSTRES.

Par le tournis, j'ai été amené à parler du ver solitaire et je suis amené à parler encore d'une affection que l'on a quelquefois confondue avec le tournis, mais qui a de tout autres causes.

Pendant l'été, lorsqu'un troupeau est exposé vers le milieu du jour à l'ardeur du soleil, les bêtes ne pensent pas à manger : elles se réunissent en un groupe serré, elles baissent la tête jusque près de terre, et on les voit souvent frapper avec les pieds. Elles cherchent à écarter un ennemi qu'elles connaissent par instinct.

Cet ennemi est une mouche, *l'œstre de la brebis* (*œstrus ovis*), un peu plus grosse que celle qui nous est si incommode dans les maisons, velue et d'un gris foncé. Elle dépose ses œufs à l'orifice des narines de la brebis. Au bout de quelques heures, il sort de ces œufs de petites larves, qui grimpent dans les fosses nasales, y grossissent et y vivent jusqu'au printemps suivant. Pendant le temps que les larves montent, les brebis courent et secouent la tête, *s'ébrouent* et paraissent éprouver un vif sentiment d'inquiétude et de douleur, mais qui ne dure pas longtemps. On ne remarque ensuite plus rien, jusqu'au moment où les larves, dans les mois de mai et juin, veulent sortir des sinus frontaux, où elles ont passé neuf à dix mois. Si en s'ébrouant la brebis expulse les larves, celle-ci cherchent de suite à s'enfoncer en terre, où elles restent sous la forme de chrysalides pendant un temps plus ou moins long. De ces chrysalides sortent de nouvelles mouches, qui ne vivent que le temps nécessaire pour multiplier leur espèce. Elles s'appairent, le mâle meurt, la femelle vit le temps nécessaire au développement de ses œufs, et, après les avoir pondus, elle meurt à son tour[1].

Le nombre des larves qui se développent et vivent ainsi dans les sinus frontaux d'une brebis ne peut pas être considérable. Il n'y en a souvent que deux ou trois. S'il y en a plusieurs, leur sortie est plus difficile et les douleurs qu'éprouve la brebis amènent des symptômes qu'un berger inexpérimenté peut prendre pour ceux du tournis commençant.

Une seule fois cela est arrivé chez moi. Le berger me dit le soir qu'il avait remarqué une bête atteinte du tournis. C'est de règle que je fais tuer de suite une bête atteinte du tournis, et le lendemain matin celle-ci était tuée. J'étais jeune alors et je cherchais à m'instruire.

[1] J'emprunte ces détails à Youatt, déjà plusieurs fois cité.

J'ouvris la tête et je n'y trouvai pas d'hydatides, mais des œstres, ou plutôt leurs larves.

Bien des années s'étaient écoulées sans qu'il y eût eu dans mon troupeau rien qui indiquât la présence des œstres, lorsque vers le commencement de l'année 1863, j'ai perdu, en même temps, trois brebis. Les symptômes parurent tout à coup si violents et si extraordinaires qu'on ne savait à quelle cause les attribuer. Les bêtes ne mangeant plus du tout, restant couchées et en proie à d'affreuses convulsions, finirent par mourir, et l'autopsie fit découvrir un grand nombre d'œstres qui n'avaient pas atteint leur développement complet. L'autopsie a été faite par un vétérinaire, mais, pas plus que moi, il n'a pu deviner les causes qui avaient tout à coup déterminé d'aussi violents symptômes, les bêtes ayant jusqu'alors toutes les apparences de la santé, lorsque les œstres existaient chez elles depuis plusieurs mois.

On conseille, quand on soupçonne la présence des œstres, de faire éternuer la bête, en lui soufflant dans les narines du tabac en poudre, ou en lui faisant respirer de la fumée de vieux cuir brûlé.

Il y a des auteurs qui ont conseillé le trépan, mais ce serait, à mon avis, un remède bien incertain, et à employer seulement pour une bête de prix, ou dans un cas désespéré.

Le docteur Störig, professeur à Möglin, recommande, au lieu du trépan, l'emploi du trocart. Pour déterminer la place où les ponctions doivent être faites, on suppose, dit-il, une ligne tirée du milieu d'un œil, au milieu de l'autre œil; sur cette ligne on mesure la largeur de deux doigts à partir du bord extrême de l'arcade du sourcil, que l'on sent très-distinctement en faisant mouvoir la peau sous la pression du doigt, et là on enfonce le trocart. Mesurant ainsi de chaque côté, on fait deux ponctions qui se trouvent distantes, l'une de l'autre, d'environ 0m.03 à 0m.04, selon la largeur du front de la bête, et qui correspondent aux deux sinus frontaux. Dans chaque ouverture on laisse couler quelques gouttes d'huile animale de Dippel (*oleum animale Dippeli*), puis on couvre les plaies de goudron. Le lendemain, on souffle dans chaque narine une prise de poudre sternutatoire et la bête, en éternuant, expulse les larves qui ont été tuées par l'huile de Dippel.

§ 7. — CLAVEAU, CLAVELÉE, VARIOLE, ETC.

Le claveau est une maladie éminemment contagieuse, dont les causes sont encore inconnues et qui consiste principalement dans une éruption de boutons.

Le claveau se transmet, par l'introduction dans un troupeau d'une bête atteinte de la maladie, par les hommes qui manient des bêtes saines après avoir manié des bêtes malades ; par le passage d'un troupeau sain, sur les traces d'un troupeau malade, par la laine, les peaux, le fumier, même par l'air qui apporte à un troupeau sain placé sous le vent, les miasmes d'un autre troupeau malade. — Cette dernière cause de transmission prouve combien sont souvent illusoires les précautions que l'on prend pour se mettre à l'abri de la contagion quand la maladie existe dans les environs.

J'emprunte à la *Maison Rustique* la description de la maladie.

« Lorsque la clavelée pénètre dans un troupeau, elle n'attaque jamais toutes les bêtes à la fois, elle commence par se déclarer sur quelques individus chez lesquels elle parcourt ses périodes avec assez de régularité. Cette première attaque dure environ un mois, puis la maladie, qui semblait se calmer, se déclare sur la majeure partie du troupeau et est ordinairement plus grave qu'à la première atteinte. Enfin, vers le troisième mois, la partie du troupeau qui avait jusqu'alors résisté à la contagion est atteinte à son tour. On donne vulgairement le nom de bouffées, ou de lunes, à chacune de ces trois époques. — La clavelée, considérée sur les individus et non sur les troupeaux, peut être *régulière* et *bénigne* ou *irrégulière* et *maligne*.

« *Symptômes et marche de la clavelée régulière.* — La marche de la clavelée peut être divisée en quatre périodes distinctes. La première est celle de l'*incubation*. C'est elle qui succède à la contagion. Le virus claveleux n'a pas encore produit d'effet apparent, et les bêtes paraissent jouir d'une santé parfaite; cette période dure, terme moyen, quatre jours en été, cinq à six jours en hiver. — La deuxième période est celle de l'*éruption des boutons;* elle s'annonce par la tristesse, l'abattement, la perte de l'appétit, la chaleur de la peau, la soif, l'agitation des flancs, la rougeur des yeux, la fréquence du pouls. Au bout de trois à quatre jours de cet état de fièvre, les boutons apparaissent dans les endroits privés de laine; ils commencent par de petites taches violacées qui s'élèvent et grossissent; leur bord est bien marqué, bien distinct et leur centre est aplati; leur grosseur varie depuis celle d'un grain d'orge jusqu'à celle d'une pièce de vingt sous, ils sont peu nombreux dans la clavelée régulière et séparés les uns des autres; ils sont quelquefois entourés d'une auréole rouge. La fièvre tombe ordinairement dès que les boutons sont développés. — Cette éruption dure cinq à six jours environ, puis commence la période de *suppuration*, qui s'annonce de nouveau par la fièvre, de l'abattement et la perte de l'appétit. Les boutons blanchissent à leur sommet et il se forme dans leur intérieur une sérosité roussâtre et transparente, qui suinte de tous les points de la surface du bouton lorsqu'on a enlevé la pellicule qui le recouvre, c'est cette sérosité qui constitue le *virus claveleux*, propre à l'inoculation de la maladie, il ne conserve sa pureté et sa limpidité que pendant trois à quatre jours. — Enfin douze à quinze jours après le développement de la maladie, les boutons se dessèchent, forment croûte et se détachent. C'est ce qui constitue la quatrième et dernière période de la clavelée. Alors l'animal, débarrassé pour toujours de cette maladie, et désormais à l'abri de ses atteintes, ne tarde pas à reprendre de l'appétit, de la gaieté et son état habituel de santé.

« *Symptômes de la clavelée irrégulière.* — Ici la fièvre, la difficulté de respirer, la fétidité de l'haleine et la faiblesse sont quelquefois portées à l'excès. La laine vient à la moindre traction, la bouche est sèche et la soif ardente; il s'établit un écoulement abondant de bave par la bouche, et un flux par le nez d'une humeur épaisse, jaunâtre, sanguinolente, fétide, qui forme parfois à l'entrée des narines des croûtes qui augmentent la difficulté de respirer. Les yeux sont enflammés et toute la tête se gonfle. Si l'éruption survient, la fièvre ne diminue pas, et les boutons, au lieu d'être isolés et en petit nombre, sont très-nombreux, peu distincts, *confluents* et réunis de manière à former de larges plaques raboteuses. Si la maladie se prolonge avec ces fâcheux symptômes, les flancs se retroussent, la faiblesse devient très-grande, les boutons s'affaissent, la diarrhée survient et l'animal meurt. Quelquefois la gangrène fait tomber les lèvres, les oreilles et des plaques plus ou moins larges de différentes parties du corps.

« *Traitement.* — Lorsque la clavelée est régulière, et elle l'est presque toujours lorsqu'elle est la suite de la *clavélisation*, elle ne demande aucun traitement. On doit, dans ce cas, se contenter d'éloigner toutes les causes qui peuvent entraver le travail de la nature et la marche naturelle de la maladie. Bergerie sèche, nourriture bonne et choisie, éviter l'action du froid humide, aiguiser l'eau qui sert de boisson, avec du sel ou un peu de vinaigre. Lorsque l'éruption languit, il faut administrer quelques toniques, un peu de vin, une infusion de petite centaurée.

« La clavélisation, faisant presque toujours développer une clavelée très-bénigne, qui de même que la clavelée naturelle met à tout jamais les animaux à l'abri d'une récidive, et par conséquent les préserve d'une contagion, il est bon de clavéliser les troupeaux, lorsqu'on redoute le développement de cette maladie. »

Telle était relativement au claveau la situation de la médecine vétérinaire en France, lorsque la *Maison Rus-*

tique a été imprimée en 1837. Cette maladie est heureusement rare en France. Pour ma part, je n'ai jamais eu occasion de l'observer, et il n'est pas à ma connaissance qu'elle ait paru depuis cette époque. Du moins la presse agricole ne s'en est pas occupée; ce n'est que tout récemment qu'il s'est élevé une discussion qui n'est pas encore terminée.

Le claveau en Angleterre — Au mois d'octobre 1862, M. de La Tréhonnais a annoncé aux lecteurs du *Journal d'agriculture pratique* que le claveau s'était déclaré dans plusieurs comtés de l'Angleterre. — Les souvenirs, dit-il, des années 1847 et 1848, où cette terrible maladie causa de si grands ravages, sont encore assez récents pour justifier l'agitation qui remue non-seulement les esprits des agriculteurs, mais encore excite la sollicitude du gouvernement lui-même. On sait que, en 1847, la maladie a été importée en Angleterre par un lot de moutons venus du Danemark; l'origine du fléau en 1862 est inconnue. On a supposé que la maladie a pu être apportée dans la ferme où elle a d'abord éclaté, par les eaux d'un ruisseau traversant une tannerie où auraient été préparées des peaux provenant de bêtes mortes de la clavelée.

M. Gamgees, professeur au collége vétérinaire d'Edinburgh et M. Symonds, attaché au collége vétérinaire de Londres, sont sur les lieux, et les mesures les plus énergiques sont prises pour arrêter la contagion. Mais M. Symonds préconise l'inoculation avec la plus grande confiance, et M. Gamgees condamne ce moyen comme propagateur énergique de la contagion.

M. E. Gayot répond à M. de La Tréhonnais, le 20 octobre, par l'intermédiaire du *Journal d'agriculture pratique*, que la maladie est bien connue, et que lui-même a eu occasion de la combattre victorieusement. Le remède certain, selon M. E. Gayot, c'est la *clavélisation*, ou *inoculation* du claveau par laquelle on substitue à la clavelée naturelle, si souvent meurtrière, une clavelée artificielle, ou inoculée, généralement bénigne, qui met pour l'avenir les animaux à l'abri des atteintes du mal. A cette opinion formulée d'une manière aussi absolue par M. Gayot, M. de La Tréhonnais répond, le 5 novembre, par des lettres de cultivateurs, éleveurs de moutons, dont le nom est une autorité, — Jonas Webb, Henri Overman, Samuel Jonas, — et ces éleveurs affirment que en 1848, ils ont préservé leurs troupeaux par la *vaccination*, c'est-à-dire par l'inoculation du vaccin de la vache, tandis que la *clavélisation*, ou inoculation du claveau est condamnée par tous les cultivateurs qui l'ont essayée en Angleterre. A cela M. Gayot répond à son tour qu'il a, dans sa jeunesse, clavélisé quinze à vingt mille bêtes et que son père en a clavélisé cinq ou six fois autant; que si on a obtenu de mauvais résultats en Angleterre, c'est qu'on a inoculé du *pus*, recueilli au centre des boutons claveleux arrivés à la période de suppuration; qu'il ne faut inoculer ni matière sanguinolente, ni pus, ni matière sèche ou croûte purulente, qu'il faut inoculer le *virus*, sérosité si claire et si limpide qu'on la voit à peine. On communique ainsi une clavelée bénigne, qui porte à peine atteinte à la santé, tandis que le pus provoque des accidents d'une grande gravité et souvent mortels.

M. Gayot conseille d'employer, pour faire l'opération, une aiguille cannelée et de faire une piqûre à la face interne de chaque cuisse.

Le gouvernement anglais a fait acheter deux cents moutons, et M. Marson, médecin interne à l'hospice de la petite vérole, à Londres, et le professeur Symonds, du collége vétérinaire, sont chargés de faire des expériences pour arriver à savoir laquelle des deux méthodes, la vaccinatton ou l'inoculation du claveau est à préférer.

Youatt, que j'ai déjà plusieurs fois cité, ne parle pas de la vaccination, que sans doute il ne connaissait pas. Il recommande l'inoculation du claveau et il conseille de la faire à la face inférieure de la queue. On prend, dit-il, de la lymphe claire, — c'est le virus indiqué par M. Gayot, — fraîche s'il est possible, si on ne peut pas l'avoir fraîche, on se sert de lymphe qui a été conservée desséchée et que l'on fait dissoudre dans de l'eau chaude. — On n'emploie du sang, ou du pus, que dans le cas de nécessité absolue. — On remplit de cette lymphe une lancette creuse, et on l'introduit sous l'épiderme, par une légère piqûre qui ne doit pas saigner. Une lancette ainsi chargée suffit pour deux ou trois bêtes, et une seule pustule peut fournir de la lymphe pour cent bêtes inoculées, et on opère de nouveau celles où la première opération n'a pas produit de résultat. Si la matière est bonne et si l'opération a été bien faite, il n'en résulte qu'une seule pustule, dont la guérison est prompte. Douze jours après l'inoculation, une pustule fournit du virus pour d'autres inoculations. — On doit préserver les bêtes inoculées de la pluie et du froid ; un refroidissement peut amener le tétanos — L'inoculation, dit encore Youatt, donne une sûreté complète contre le claveau. — On y a recours quand le claveau éclate dans un troupeau, ou par mesure de précaution, lorsqu'il existe dans les environs. — On l'emploie enfin, comme en Autriche et en Hongrie, dans des pays exposés à cette maladie, comme un préservatif à l'aide duquel on met les troupeaux à l'abri de toute atteinte imprévue. On a, dans ce cas, l'avantage de pouvoir choisir l'époque de l'année et les circonstances les plus favorables.

M. de La Tréhonnais, dans ses chroniques agricoles de l'Angleterre n'a plus rien dit du claveau, ce qui ferait croire que le mal n'était pas aussi grand qu'on l'avait cru d'abord, et ce qui autorise à croire que dans le cas d'invasion de la maladie, on fera bien de s'en tenir à l'inoculation, telle qu'elle est recommandée par M. Gayot.

§ 8. — PIÉTIN.

Voici la description qu'en donne la *Maison Rustique :*

Maladie du pied, consistant dans le développement d'un ulcère qui intéresse d'abord exclusivement le sabot, et altère progressivement les parties intérieures. Cette affection commence par le décollement de l'ongle vers le biseau et du côté du talon. Si on enlève la portion de corne décollée, les parties sous-jacentes se présentent dans leur état normal et sont recouvertes d'un épiderme très-fin humecté d'un fluide oléagineux. Ce décollement de l'ongle précède toujours la formation de l'ulcère, qui s'annonce par une légère tuméfaction, s'établit sans abcès et tend toujours à creuser. Alors la bête boite, le pied devient chaud et douloureux, et la portion de corne détachée se durcit et se fendille. Comme la douleur est très-aiguë, les bêtes dépérissent promptement; si plusieurs pieds sont attaqués, elles restent couchées et continuent à manger dans cette position, jusqu'à ce qu'un traitement convenable ou la mort aient mis fin à leurs souffrances. Le piétin, abandonné à sa marche naturelle, peut amener la chute de l'onglon, la carie du dernier phalangien et des ligaments, et des désordres qui gagnent progressivement les parties supérieures.

Les boues âcres, les litières imprégnées d'urine et d'excréments sont, dit-on, les causes du piétin; la contagion paraît avoir beaucoup de part dans sa propagation. Quand une bête en est attaquée dans un troupeau, il est bien rare que l'affection ne s'étende pas à plusieurs autres bêtes.

Traitement. — On enlève la portion de corne détachée et les chairs filandreuses, en évitant de faire saigner, et on cautérise l'ulcère. C'est toujours par là que l'on doit commencer, dès que l'on s'aperçoit de l'existence du mal. Cette première partie de l'opération est facile à faire au moyen de l'appareil Chatriet (grav. 44), qui sert à fixer ensemble, dans les entravons *aaaa* les quatre pieds du mouton. L'appareil se fixe par les courroies C, *d*, au corps de l'opérateur, qui peut ainsi effectuer tous les pansements sans avoir à craindre les mouvements de l'animal (grav. 45).

Pour la cautérisation, beaucoup de moyens ont été indiqués :

1. L'acide nitrique ou eau-forte. On l'étend sur l'ulcère

avec les barbes d'une plume ou un très-petit pinceau.

2. Le sulfate de cuivre (vitriol bleu), réduit en poudre très-fine, et appliqué sur la partie préalablement mouillée avec de l'eau.

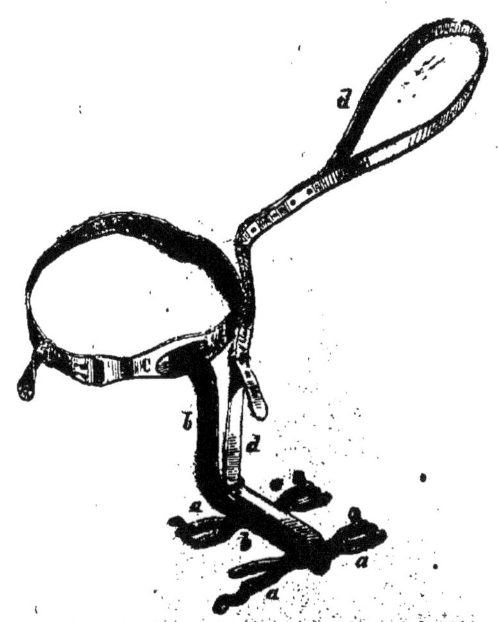

Grav. 44. — Appareil Chatriet pour le traitement du piétin.

3. On a conseillé la composition suivante :

Sous-acétate de cuivre (vert-de-gris).	190 grammes.
Vinaigre . . . . suffisante quantité.	

4. Autre formule :

Goudron	60	grammes.
Essence de térébenthine } Acide chlorhydrique }	15	—
Sulfate de cuivre pulvérisé.	120	—

5. Alun calciné.

Acide sulfurique, quantité suffisante pour former une pâte.

6. Acétate de plomb.
Alun en poudre.
Tannin.
7. Perchlorure de fer.

On a encore recommandé d'établir dès l'invasion de la maladie, à l'entrée de la bergerie, une caisse contenant à une profondeur de quelques centimètres du lait de chaux, ou une dissolution de chlorure de chaux, que les bêtes sont obligées de traverser en entrant dans la bergerie et en en sortant (grav. 46).

Grav. 45. — Pansement d'un mouton au moyen de l'appareil Chatriet.

Un autre cultivateur a employé de la même manière une dissolution de sulfate de cuivre de première qualité, 4 kilogr. dans 80 à 100 litres d'eau.

Ce moyen me semble pouvoir être utile comme préservatif, plutôt que comme curatif, mais ne doit pas empêcher le traitement individuel des bêtes malades.

La science en était là relativement au piétin, lorsqu'en 1861, M. Bauchière, de Toulon, a annoncé qu'il avait trouvé un remède pour la guérison du piétin, et des rapports favorables ayant été faits sur cette découverte, le ministre de l'agriculture a chargé M. Renault, inspecteur général des écoles vétérinaires de vérifier par l'expérience la valeur des médicaments de M. Bauchière.

M. Renault a formé une commission agissant sous sa présidence et composée d'un vétérinaire et de quatre propriétaires éleveurs. Le *Moniteur* a publié, le 18 avril 1862, un extrait du rapport de M. Renault, d'où il résulte que

Grav. 46. — Traitement du piétin par l'eau de chaux.

la commission est demeurée convaincue, après l'expérience qu'elle a faite, que le moyen de traitement que possède M. Bauchière et qu'il a mis en pratique sous ses yeux, et sous son contrôle, non-seulement est efficace contre la maladie des bêtes ovines généralement connue sous le nom de piétin, mais encore, qu'il est d'une grande facilité dans son application, qu'il produit une guérison sensiblement plus prompte qu'aucun des autres moyens connus et usités dans la médecine vétérinaire.

Les expériences ont été faites sur un troupeau de

1200 bêtes, appartenant à M. le comte de Vitrolles, à Boisvert, domaine de la commune d'Arles. Ce troupeau était dans sa généralité attaqué du piétin à un tel degré de gravité, qu'un grand nombre de bêtes ne pouvaient plus se tenir debout et se traînaient sur leurs genoux. La commission a traité un certain nombre de bêtes d'après les formules 3, 4, 5, ci-dessus indiquées (page 287), les autres ont été traitées par M. Bauchière qui procédait de la manière suivante : Il commençait par enlever rapidement avec un instrument tranchant toutes les portions d'onglon qui étaient détachées par la suppuration, en évitant autant que possible de faire saigner les parties mises à nu. Il dut dès lors, sur plus d'un animal, enlever le, ou les onglons tout entiers. Ceci fait, il essuyait les pieds avec un linge sec, de la matière purulente plus ou moins mêlée de sang qui les humectait, et à l'aide d'un pinceau, il les enduisait d'un liquide brunâtre contenu dans un vase placé à sa portée; puis il les saupoudrait avec une poudre blanche, sans odeur, préparée par lui dans un autre vase.

Les résultats ont été complétement favorables au procédé Bauchière, les bêtes ont été toutes guéries, bien plus promptement que par l'emploi des autres moyens.

C'est, dit M. Renault, une des particularités importantes du traitement de M. Bauchière, qu'il n'applique aucun appareil de pansement sur les pieds opérés et traités par lui, et qu'aussitôt après l'opération, les animaux peuvent être abandonnés soit à la bergerie, soit dans la prairie, quelque temps qu'il fasse.

Il est incontestable à mes yeux, — c'est toujours M. Renault qui parle, — que s'il est vrai que le traitement Bauchière n'est pas le seul à l'aide duquel on puisse guérir le piétin du mouton, il est assurément beaucoup plus certain et plus prompt dans ses effets qu'aucun des médicaments connus : à ce titre, il mérite de fixer sérieusement l'attention et il serait désirable qu'il fût connu et que son emploi pût être généralisé.

Le même remède doit être aussi efficace pour les bêtes

à cornes dont les pieds sont malades par suite de l'affection connue sous le nom de cocote.

Ce remède est encore le secret de celui qui l'a trouvé. Déjà M. Bauchière a reçu une récompense du ministre de l'agriculture. Espérons qu'on lui accordera une juste rémunération pour sa découverte, qu'elle cessera bientôt d'être un secret et sera mise à la disposition de tous les propriétaires de troupeaux.

Youatt regarde la maladie comme contagieuse, mais pouvant aussi se développer spontanément dans les troupeaux qui vivent sur des pâturages au sol mou, où la corne de leurs pieds ne s'use pas et il regarde la croissance irrégulière des sabots, comme la cause déterminante du mal. Il conseille, comme les vétérinaires français, d'enlever avec le bistouri toutes les parties de corne qui sont détachées, et comme caustique à appliquer sur les chairs mises à nu, il prescrit le beurre d'antimoine. Il dit que si, dans tous les temps, il y a eu dans tous les troupeaux des bêtes dont les pieds sont devenus malades, le véritable piétin ne date que de l'époque où, en perfectionnant les races, on a rendu les bêtes plus délicates. — Duttenhofer croit que l'existence du piétin en Allemagne date de l'introduction des mérinos.

Le *Journal d'agriculture pratique* du 5 mars 1863 indique encore un autre remède pour le piétin. L'article est signé Crace Calvert, professeur honoraire de chimie à l'institution royale de Manchester, et le remède est l'*acide phénique*. Voici comment s'exprime M. C. Calvert :

« L'acide phénique étant un corps solide aux températures inférieures à + 34°, il faut, avant de s'en servir, commencer par le liquéfier; pour cela il suffit de plonger la bouteille qui le contient dans de l'eau chaude pendant quelques instants. Ceci fait, et les pieds de l'animal ayant été préalablement bien nettoyés, on applique l'acide liquide au moyen d'une plume, sur les parties affectées. On abandonne ensuite le mouton sous un abri pendant 12 heures environ. Une application suffit en général, deux amènent toujours la guérison. »

On voit que les propriétaires de troupeaux ont à leur disposition beaucoup de remèdes entre lesquels ils peuvent choisir pour le traitement du piétin, maladie que je n'ai jamais eu occasion d'observer.

Fourchet. — Mal qui attaque les pieds et qui n'est pas le piétin.

C'est un ulcère entre les deux ongles, près de la couronne. Dès qu'on remarque la boiterie, on doit visiter le pied et le nettoyer. Si le mal est peu avancé, le vinaigre de saturne suffit pour le combattre (*Maison Rustique du 19e siècle*).

§ 9. — MÉTÉORISATION, INDIGESTION, DIARRHÉE.

Météorisation.

Le météorisation est le gonflement de la panse par des gaz qui s'y développent, parfois en telle abondance qu'ils amènent son déchirement et une mort immédiate. Comment se développent ces gaz? — C'est ce que la science n'explique pas d'une manière satisfaisante. — Ils sont de diverses natures : un remède peut agir favorablement dans un cas et ne pas produire d'effet dans d'autres, c'est ce qui explique pourquoi dans le grand nombre de remèdes qui ont été proposés, pour les bêtes à cornes ou pour les bêtes à laine, il n'y en a point d'infaillible.

S'il est difficile de traiter une vache ou un bœuf météorisés, la difficulté est encore bien plus grande pour les bêtes à laine, parce qu'on en a souvent un grand nombre à traiter à la fois, et parce que le berger, souvent loin de la ferme, seul avec son troupeau, ne peut pas avoir les médicaments qui seraient nécessaires. Le mieux est donc de prévenir la météorisation, et les accidents sont effectivement rares, avec un berger soigneux et expérimenté.

Si l'on peut administrer un remède, le premier à essayer et le plus facile, c'est l'ammoniaque liquide (alcali volatil). La dose pour une vache est une cuillerée d'alcali dans un demi-litre d'eau; cette dose pour une brebis sera réduite au cinquième.

C'est ordinairement sur les trèfles que les bêtes gonflent. Le berger doit savoir qu'il ne doit jamais laisser aller sur un trèfle les bêtes à jeun. Lorsqu'elles ont le ventre vide et qu'elles mangent avec voracité, c'est alors que la météorisation est le plus à craindre. Le berger doit encore savoir que ce n'est pas quand le trèfle est mouillé par la rosée ou par la pluie qu'il est le plus dangereux, c'est au contraire quand il est sec, échauffé par le soleil et quand il fait du vent.

Le moment le plus convenable pour pâturer un trèfle, c'est le soir; les bêtes alors achèvent de s'y remplir. Mais on ne les y laisse jamais longtemps; au bout d'une demi-heure, on les en fait sortir pour les y ramener ensuite, si elles ne sont pas entièrement rassasiées.

Le berger doit observer attentivement son troupeau et il se hâte de l'éloigner du trèfle, s'il remargue des commencements de gonflement. Si des bêtes sont déjà gonflées de manière à lui donner de l'inquiétude, et s'il est seul, alors sa position est difficile.

Faire courir les bêtes peut être utile, s'il n'y a qu'un commencement de gonflement; mais quand il est prononcé, on peut par là hâter le déchirement de la panse, et mieux vaut laisser les bêtes tranquilles. On conseille de plonger les bêtes dans l'eau, si l'on a une eau assez profonde à sa disposition, ce qui est rare. S'il y a seulement une fontaine, le berger remplit d'eau son chapeau et la verse sur la nuque et le cou de la bête. C'est un remède dans lequel ont foi les bergers de ce pays-ci, mais qu'ils ont rarement occasion d'employer, faute d'eau.

Dans un danger imminent, on peut recourir à la ponction, mais pour l'opérer, il faudrait que le berger fût porteur d'un trocart et d'un nombre de canules souvent considérable. Avec un seul trocart on peut ponctionner un grand nombre de bêtes, mais il faut une canule pour chaque bête ponctionnée. On enfonce le trocart garni de la canule.

on retire le trocart seul et on laisse la canule, qui n'est pas autre chose qu'un tuyau qui assure la liberté de l'ouverture par laquelle les gaz peuvent se dégager.

Grav. 47. — Trocart pour la ponction des animaux météorisés.

La gravure 47 donne le dessin du trocart; le rebord dont il est garni l'empêche de s'enfoncer dans la plaie, et ce rebord doit être percé de deux trous dans lesquels, au besoin, on peut passer un cordon qui fait le tour de la bête et empêche la canule de remonter et de sortir, si on est obligé de la laisser quelque temps et qu'on ne puisse pas continuellement surveiller la bête opérée.

Le berger peut aussi opérer la ponction avec son couteau, et l'opération en elle-même n'est pas difficile. Il faut seulement enfoncer la lame au milieu du flanc, à égale distance de la hanche, de la dernière côte et des apophises transversales des vertèbres lombaires. La difficulté de pratiquer avec succès l'opération à l'aide du couteau seul vient de ce que la panse éprouve des mouvements par suite desquels les deux ouvertures faites à la peau extérieure et à la panse ne correspondent plus, et c'est comme si la ponction n'avait pas eu lieu. On dit bien que le berger peut remplacer la canule du trocart par un autre tuyau, par exemple par un morceau de bois de sureau ; mais on n'a pas réfléchi que pendant qu'il chercherait et préparerait son tuyau en bois de sureau, les bêtes auraient dix fois le temps de crever.

Si la ponction est faite avec le trocart, les gaz et les portions d'aliments qu'ils peuvent entraîner s'échappent par la canule. Si la ponction a été faite avec un couteau et qu'on n'ait pas un tuyau à mettre dans l'ouverture, il arrive que des portions d'aliments sortent de la panse et tombent dans la cavité de l'abdomen, où leur présence occasionne des accidents plus ou moins graves.

Lorsque le berger est privé de tout aide et de toutes ressources, le remède le plus sûr qu'il puisse employer est de couper le cou aux bêtes météorisées au moment où elles tombent Alors au moins la viande n'est pas perdue.

Les bêtes ainsi tuées doivent être immédiatement vidées ; s'il y a un déchirement intérieur, il en résulte une odeur infecte qui se communique à la viande.

Indigestion

Si une bête a une indigestion, la météorisation en est ordinairement la suite; cependant il est arrivé chez moi que des brebis entrées par mégarde dans la bergerie et y trouvant à discrétion des betteraves découpées et mélangées de tourteau destinées à tout le troupeau, en ont mangé tellement que le lendemain matin on en a trouvé deux mortes.

Si j'avais pu avoir connaissance du mal et le temps de le combattre, j'aurais employé le remède que les paysans emploient ici pour les bêtes à cornes, un mélange d'eau-de-vie et d'huile. On donne à un bœuf ou à une vache un quart de litre d'eau-de-vie mélangé à un huitième de litre d'huile. On pourrait faire avaler à une brebis un mélange de deux cuillerées d'huile avec quatre cuillerées d'eau-de-vie, en donnant après un demi quart d'heure une seconde dose si la première n'opérait pas. Ce remède agit comme tonique et purgatif. La diarrhée qui en résulte et qui est la suite assez ordinaire d'une indigestion passe aussi ordinairement sans remèdes.

Diarrhée.

La diarrhée apparaît fréquemment, quand les bêtes passent au printemps de la nourriture sèche à la nourriture verte, et aussi dans le courant de l'été, lorsque le troupeau passe d'une pâture maigre à une pâture jeune et abondante. Bien peu de bergers savent user avec modération de la pâture. La diarrhée qui peut survenir dans ce cas n'est pas dangereuse et passe ordinairement d'elle-même. Si elle persistait, le remède serait de conduire le troupeau sur un pâturage moins abondant et moins substantiel.

La diarrhée peut être un symptôme d'une maladie plus grave. Elle est quelquefois le dernier symptôme de la pourriture et alors le mal est sans remède.

Quelquefois la diarrhée se déclare chez des bêtes qui sont dans un état de souffrance, sans présenter de symptôme d'une maladie caractérisée. Dans ce cas, j'ai employé avec succès le raifort (*Cochlearia armo-*

rica), plante que l'on devrait trouver à la campagne dans tous les jardins, qui doit remplacer la moutarde sur la table des cultivateurs qui aiment à trouver chez eux à peu près tout ce qui est nécessaire à leur cuisine. Il y a des parties de l'Allemagne où le raifort est cultivé avec un soin particulier et où on en obtient des racines longues de 0m.30 avec un diamètre de 0m.05. On prépare pour la table le raifort, en y ajoutant, après l'avoir râpé, un peu d'huile, de vinaigre, de sel et de poivre.

Pour les moutons on ajoute à la racine râpée de raifort une suffisante quantité de farine, et on en fait des boulettes grosses à peu près comme un œuf de pigeon. On fait avaler chaque matin à la bête souffrante une de ces boulettes. J'ai ainsi rétabli des bêtes qui étaient languissantes (qui se nourrissaient mal), sans présenter de symptôme précis d'aucune maladie.

§ 10. — VIGOGNE OU NOIR MUSEAU. — ENFLURE DE LA TÊTE ET DES OREILLES. — APHTHES, MAL AU PIS, CORYZA.

Vigogne ou noir museau

La Maison Rustique indique une maladie que je n'ai pas eu occasion d'observer et qui, dit-elle, a de l'analogie avec la gale et les dartres, et qui siége sur le museau d'où elle s'étend quelquefois aux côtés de la tête jusqu'aux oreilles. On la reconnaît à des croutes plus ou moins larges. On doit frotter les parties malades avec une pommade composée de une partie de fleur de soufre et une partie de graisse de porc.

Chancre de la bouche. — Le même ouvrage indique une autre maladie, le chancre de la bouche, mal grave qui parfois, fait tomber les dents et même périr les bêtes. On doit, dit le même auteur, cautériser les chancres avec un pinceau trempé dans de l'acide nitrique.

Je me borne à indiquer le mal, le mieux, s'il se présente, sera de recourir à un vétérinaire.

Enflure de la tête causée par le sarrasin.

Je ne croyais pas à ce mal, mais ayant une fois abandonné au troupeau un champ de sarrasin qui n'était ni assez haut, ni assez épais pour être fauché, dès le second jour plusieurs brebis avaient toute la tête enflée. En les éloignant de ce champ, le mal n'a pas tardé à passer de lui-même.

Stephens (*the book of the farm*) dit que le sarrasin est un excellent fourrage pour les vaches, maisqu'il a sur elles un effet stupéfiant (*stupifiging affect*). Voilà encore un sujet sur lequel il y aurait à faire d'intéressantes observations, et où probablement la chimie pourrait, par l'analyse, venir en aide à la pratique.

Enflure des oreilles.

Les oreilles des brebis enflent quelquefois, de manière à avoir au moins deux fois leur épaisseur ordinaire. Cet accident est assez rare. Les bergers font sur les oreilles de petites piqûres d'où sort une sérosité jaunâtre. Ils se servent pour cela d'une fourchette en fer. De petites insisions avec la pointe d'une lancette vaudraient certainement mieux.

Ce mal n'est pas dangereux, et comme il n'apparaît que très-rarement, je n'ai jamais eu occasion de l'observer que quand le berger avait déjà employé son remède.

Chez moi les pâturages sont éloignés, pendant cinq mois le troupeau ne rentre pas à la bergerie, je suis quelquefois plusieurs jours sans le voir, et tant qu'il n'y a pas d'accidents graves, je suis forcé de laisser au berger une certaine latitude.

Sétons aux oreilles. — Les bergers ont encore ici un autre remède qu'ils appliquent aux oreilles; c'est une sorte de séton qu'ils font en perçant l'oreille avec la pointe de leur couteau et y passant un cordon qu'ils tressent avec une mèche de laine, et à chaque extrémité duquel ils font un nœud. Ce séton doit exciter une légère suppuration et ils l'emploient quand une bête a les yeux larmoyants et et les paupières gonflées.

Aphthes.

A la fin du mois de novembre 1835, presque tout mon troupeau a été attaqué d'aphthes dans la bouche. Les bêtes mangeaient alors difficilement et souffraient beaucoup. Le vétérinaire consulté a prescrit de faire mâcher aux bêtes du tabac, — quelques-unes mangent le tabac, d'autres le refusent; — de faire dissoudre de l'alun dans l'eau destinée à leur boisson;—30 grammes d'alun pour un seau d'eau. En mêlant du son à cette eau, les bêtes la boivent.

Si l'on n'a pas un grand nombre de bêtes, il est bon de leur laver la bouche avec du vin dans lequel on a fait bouillir des feuilles de sauge. Le berger m'a demandé d'employer du vitriol (sulfate de cuivre) en poudre et délayé dans du vinaigre étendu d'eau. Je lui ai laissé faire l'essai. Toutes les bêtes ont guéri en peu de temps.

Sont-ce les remèdes, ou est-ce la bonne nature seule qui a opéré la guérison?

Mal au pis des brebis.

Il survient quelquefois aux brebis, peu de temps après qu'elles ont mis bas, une enflure au pis; elle peut provenir d'un engorgement causé par le lait, si la brebis, par une cause quelconque, n'a pas été tetée, mais elle provient le plus souvent d'un refroidissement. Le pis est enflé, rouge, douloureux et la brebis ne laisse plus approcher son agneau. Le berger doit alors la tenir pour la faire teter. Si le mal devient plus grave et qu'on voie qu'il se forme un abcès, alors il faut nourrir l'agneau d'une autre manière. On graisse le pis malade avec du saindoux et quand l'abcès est ouvert, on le panse avec un digestif préparé avec un jaune d'œuf et de la térébentine. Le pis de la brebis est alors ordinairement perdu et elle devra être réformée.

Wagenfeld, auteur d'un ouvrage estimé, prescrit dans ce cas un mélange par parties égales d'onguent d'althea mercuriel dont on frotte le pis trois fois par jour. Ce moyen est destiné à favoriser la résolution de l'abcès et n'est employé que jusqu'à ce qu'il soit ouvert.

Coryza

Par suite de pluie et de refroidissements, les brebis ont souvent ce qui chez les hommes est appelé un rhume. Quelquefois elles jettent seulement par les naseaux, d'autres fois elles toussent; elles sont affectées de ce que les médecins nommeraient catharre, ou bronchite. On conçoit combien il serait difficile de traiter pour un mal semblable un grand nombre de bêtes, il faut les abandonner à la bonne nature, en les mettant le plus possible à l'abri de la pluie et des refroidissements.

§ 11. — DE LA GALE

La gale doit avoir été autrefois bien plus commune qu'elle ne l'est aujourd'hui, car Daubenton voulait que le berger eût toujours avec lui l'onguent nécessaire pour frotter les bêtes chez lesquelles il remarquait des symptômes de gale. Les troupeaux étaient alors beaucoup moins bien soignés qu'ils ne le sont aujourd'hui; il est probable que dans l'avenir ils le seront encore mieux, et que la gale deviendra aussi rare chez les moutons qu'elle l'est chez les chevaux.

Il y a cependant encore des départements en France, où la gale règne constamment dans les troupeaux, et particulièrement dans les troupeaux communaux. Là elle est devenue endémique, on semble la regarder comme un mal auquel on ne peut pas se soustraire, et si on emploie des remèdes, ils ne servent qu'à atténuer le mal, et non pas à le guérir radicalement.

Il n'en est pas de même en Allemagne. Ici, dans la Bavière rhénane, la gale est très-rare et comme elle est une maladie éminemment contagieuse, si elle paraît dans un troupeau, la police, qui est très-bien faite sans être vexatoire, intervient quand cela est nécessaire, et le troupeau est ordinairement vendu pour la France. Je crois cependant que si un fermier avait le malheur de voir la gale se déclarer dans son troupeau, il ne serait pas forcé de le vendre, mais pourrait le traiter et le guérir en prenant les précautions nécessaires pour éviter que les troupeaux du voisinage n'en soient infectés. Si la gale paraît quelquefois, c'est ordinairement dans des troupeaux appartenant à des hommes qui font le commerce de moutons, et souvent on ne sait d'où elle a été apportée

Symptômes. — La bête attaquée de la gale est agitée, elle cherche à se gratter avec les pieds et avec les dents elle se frotte contre tous les objets qui sont à sa portée. Dès que l'on remarque ces symptômes, on doit prendre la bête et la visiter, en entr'ouvrant la laine. La gale se déclare ordinairement d'abord sur les flancs; la peau est d'abord rouge et rude, puis il se forme de petites pustules qui plus tard s'ouvrent, laissent échapper un liquide visqueux, puis se dessèchent et se couvrent de petites croûtes. D'autres pustules se forment successivement, et si on ne vient pas en aide à la bête affectée, le mal fait de tels progrès qu'elle finit par périr misérablement. La laine des brebis galeuses est sèche et cassante, elle reste par flocons attachée aux objets contre lesquels les bêtes se frottent; les bêtes elles-mêmes en arrachent avec leurs dents, de sorte qu'une brebis amaigrie par la gale, et à laquelle il ne reste plus que des lambeaux de toison, présente un triste et dégoutant spectacle. Je me souviens d'en avoir vu de semblables dans mon enfance dans le département de la Moselle ; j'aime à penser qu'il n'en existe plus aujourd'hui d'aussi misérables.

Transmisson de la gale. — On sait aujourd'hui que la gale est causée par un insecte, *Acarus*, qui n'est pas si petit qu'on n'ait pu très-bien l'observer, et la maladie se communique d'une bête à l'autre, comme elle se communique d'un homme à un autre homme par le transport de ces insectes.

Dans la *Maison Rustique du 19e siècle*, qui contient un bon article sur la gale, on dit que cette maladie peut se développer *spontanément*, par la malpropreté, etc. Cette opinion n'est pas la mienne, je crois que rien ne vient de rien, et que s'il y a bien des mystères que nous ne pouvons pas pénétrer, bien des phénomènes que nous ne pouvons pas expliquer, on ne doit pas pour cela admettre la *génération spontanée*.

Aux partisans de cette doctrine de la génération spontanée, je demanderai pourquoi nous ne voyons paraître aucune créature nouvelle, ni dans le règne animal, ni dans le règne végétal? Nous voyons éclore des êtres appartenant à l'un ou à l'autre règne, là où nous ne pouvons pas comprendre comment existaient leurs germes, mais ce sont toujours des espèces connues qui naissent dans des circonstances identiques. Il n'y a pas longtemps que l'on a découvert que les hydatides, qui existent dans le crâne d'un mouton attaqué du tournis, proviennent du ver solitaire, et les anciens ne savaient pas que la gale provient d'un animalcule qui vit en parasite sous la peau des animaux. On fera sans doute encore d'autres découvertes, mais en attendant, on sait que l'air, l'eau, toutes les substances aminales et végétales peuvent être peuplées de myriades de germes si petits qu'ils échappent aux meilleurs microscopes, et qui n'attendent pour se développer que le moment où ils arriveront à la place qui leur a été assignée par la nature pour croître et se multiplier. Buffon, qui admettait la végétation spontanée, dit cependant que si la moisissure est la plus petite végétation que l'on ait observée, il y a dans le règne animal des êtres mille fois plus petits que la plus petite moisissure.

Voici une note extraite des *Lettres sur l'agriculture moderne*, par Liebig qui prouve quelle multitude de végétaux existent en terre, qui n'attendent que des circonstances favorables pour se développer, et si on pouvait constater la quantité de graines qui existent aussi en terre, je suis sûr qu'on en trouverait autant.

Cette question ne touche pas immédiatement les bêtes à laine, mais elle est d'un tel intérêt pour les cultivateurs, que je pense qu'ils liront cette note avec plaisir.

Extrait des *Lettres sur l'agriculture moderne* par Liebig :
« Pendant l'année 1857, j'examinai un jour attentivement une motte de gazon d'une croissance peu ancienne; ce gazon touffu et extrêmement fin provenait d'un endroit dont le sol avait été abaissé pour faire écouler les eaux d'une grande prairie voisine. Sur une surface de 11 pouces hessois carrés de ce gazon[1], j'ai compté 265 graminées; sur une motte de gazon ancien, prise dans les prés irrigués, je trouvai sur 14 pouces hessois carrés 210 graminées et 12 pieds d'autres plantes. Une autre motte de 13 pouces hessois carrés, me donna 150 graminées et 25 autres plantes.

« J'ai étudié l'état des prairies dans un moment où les tiges avaient acquis leur plus grand développement. J'ai enlevé avec soin des mottes de gazon et les ai mesurées; une immersion dans l'eau en sépara la terre et j'eus un tissu de racines enchevêtrées les unes dans les autres. Je comptai les individus et j'obtins les résultats suivants (tout est reporté à une surface de 1 pied hessois (environ 8 décimètres carrés) :

« 1. Pré irrigué, endroit sec, 472 pieds de plantes, dont 36 en tiges.

« 2. Pré irrigué, endroit humide, 1,230 pieds de plantes, dont seulement 20 en tiges.

[1] Le pouce hessois équivaut à peu près à 0m,030.

« 3. Pré sec, non irrigué, fumé avec du compost, 668 plantes, dont 601 graminées et 67 autres plantes; 66 avec tiges.

« 4. Pré irrigué, beaucoup de mousse, 716 plantes, dont 584 graminées et 132 autres plantes. — 125 avec tiges.

« 5. Dans un pré non loin de Balsbach, dans l'Odenwald, Peter Krenz a trouvé 1,176 plantes, dont 1,070 graminées, 56 trèfles et 80 autres plantes. — 38 avec tiges.

« 6. Pré de l'Odenwald; le même a trouvé 790 plantes, dont 710 graminées et 10 plantes non graminées.

« 7. Pré au même lieu; le même a trouvé 920 plantes, dont 800 graminées et 120 autres plantes. — 14 avec tiges.

« Pour les nos 5, 6 et 7, on a toujours pris des surfaces de 1 pied carré (environ 9 décimètres carrés), ce qui a exigé un travail difficile; M. P. Krenz, qui a fait ces études, s'exprime ainsi : Nous avons séparé avec soin toutes les plantes, et, pour ne pas nous tromper, nous les avons disposées par petits tas de 10, en les prenant brin à brin; ensuite de ces petits tas, nous avons faitdes tas de 100.

« 8. Dans un pré non irrigué, jardin de la cure de Hohenstein, M. le pasteur Snell a trouvé sur 1 pied carré de Nassau 1,040 plantes, dont 832 graminées, 80 trèfles et 128 autres plantes. — En tiges 208.

« 9. Dans un pré sec et non fumé, près de Sehlheim, on a trouvé 379 plantes, dont 276 graminées et 103 autres plantes. — Aucune en tiges.

« Sinclair a trouvé sur une surface de 1 pied carré anglais (environ 9 décimètres carrés) les résultats suivants :

« Prairie naturelle, sol riche, 1,000 plantes, dont 940 graminées, 60 trèfles et autres.

« Pré ancien, riche, 1,090 plantes, dont 1,032 graminées, 58 trèfles et autres.

« Pré ancien, 910 plantes, dont 880 graminées, 30 trèfles et autres.

« Pré ancien, sol humide, beaucoup de mousse, 634 plantes, dont 510 graminées, 124 trèfles et autres.

« Pré irrigué, 1,798 plantes, dont 1,702 graminées, 96 trèfles et autres.

« Les nombreuses plantes que l'on trouve dans un état de développement très-peu avancé restent, en quelque sorte, endormies, jusqu'à ce que vienne le temps de leur développement complet. Une espèce de plante exigeante sera donc ainsi refoulée par une autre espèce moins difficile aussi longtemps qu'elle ne se trouvera pas dans des conditions favorables de développement. »

. . . .

Après cette digresssion, je reviens à la gale des brebis.

Je ferai, d'abord, la remarque que chaque animal a ses parasites, et que celui qui cause la gale chez la brebis n'est pas le même que celui de la gale de l'homme. Cependant je trouve, dans une note de Youatt, que Livius, liv. IV, chap. XXX, parle d'une maladie, *Scabius*, qui, 424 ans avant J.-C., a régné aux environs de Rome, sur les bêtes bovines et ovines, et se communiquait aussi aux hommes, particulièrement aux esclaves. Cette maladie était probablement autre que la gale actuelle.

L'insecte (d'après Walz) s'enfonce dans la peau, où l'on ne remarque d'abord qu'un petit point rouge. Le dixième ou le douzième jour, on peut sentir avec le doigt un petit bouton et la peau prend une nuance bleu-verdâtre. Alors il se forme promptement une pustule qui s'ouvre vers le seizième jour. L'insecte femelle en sort, portant attachés à ses pattes ses petits qui viennent d'éclore se répandent tout autour, s'enfoncent dans la peau comme avait fait leur mère, y vivent et se multiplient.

On conçoit que de cette manière, le mal gagne rapidement, jusqu'à ce que la malheureuse brebis finisse par y succomber. On comprend aussi comment la gale se communique par le transport des insectes d'une bête affectée à une bête saine. La brebis galeuse se gratte avec les pieds et avec les dents, elle s'arrache des flocons de laine, elle se frotte contre les autres brebis, contre tous les objets qui sont à sa portée et les insectes sont ainsi transportés sur toutes les bêtes d'un troupeau dont une seule bête a primitivement été infectée.

Ceci explique comment la gale peut devenir endémique

dans une ferme. On a reconnu que l'insecte peut vivre engourdi de l'automne au printemps, ailleurs que sur le corps d'une brebis, et qu'il peut rester attaché à des murs, à des poteaux, à des arbres contre lesquels une brebis galeuse se sera frottée. Des cultivateurs ont vendu leur troupeau galeux, ils ont blanchi à la chaux les murs de la bergerie, ils ont pris les précautions qu'ils croyaient suffisantes, mais elles ne l'étaient cependant pas. Ils ont racheté des bêtes saines, et bientôt celles-ci sont devenues galeuses, parce que la destruction des animalcules n'avait pas été complète, et si une seule femelle avait survécu, elle suffisait pour propager de nouveau la gale. Il faut donc, dans ce cas, purifier tous les objets avec lesquels les bêtes peuvent se trouver en contact. Si on le fait, — si on ne croit pas à la génération spontanée, mais si on prend des précautions pour détruire entièrement les germes du mal, je ne doute pas qu'on n'y parvienne. Si même on devait rester une année sans troupeau, cela vaudrait encore mieux que de voir des bêtes achetées saines devenir bientôt galeuses.

Traitement de la gale. — Mais la gale n'est pas une maladie incurable et chez les hommes on la guérit avec une grande facilité, tandis que, autrefois, elle exigeait un long traitement. Il y a beaucoup de remèdes pour la gale ; Daubenton prescrivait un onguent composé de : essence de térébenthine 1 partie et graisse de porc 4 parties.

Les fermiers de la Lorraine emploient le jus de tabac. J'en connais qui l'emploient et chez lesquels la gale est cependant en permancence, mais elle est peu apparente, elle ne fait pas de progrès et si elle n'est pas entièrement détruite ; c'est qu'elle existe depuis un temps très-long dans les bergeries, elle se transmet comme je viens de l'expliquer tout à l'heure, et on ne la combat pas assez énergiquement. On peut préparer soi même le jus de tabac de la manière que j'indique pour la destruction des poux. Les fermiers l'achètent ordinairement dans les manufactures de tabac, où on la vend sous le nom de presse de tabac.

La *Maison Rustique* dit qu'il y a un grand nombre de remèdes pour guérir la gale. L'auteur de l'article, J. Beugnot, donne une recette dont la formule lui appartient, et dont l'expérience lui a prouvé l'efficacité un grand nombre de fois. Voici sa composition.

Fleurs de soufre	3	parties.
Sulfure d'antimoine	4	—
Cantharides en poudre	1	—
Euphorbe	1	—

Le tout, exactement mêlé, est incorporé dans de la graisse de porc, dans la proportion de 1 partie de poudre pour 4 parties de graisse.

« On a ainsi, dit l'auteur, une pommade antipsorique, très-économique, d'un emploi facile et dont l'efficacité ne s'est jamais démentie entre mes mains. »

Le berger gratte la surface galeuse, puis la graisse avec la pommade. Si la gale a déjà fait de grands progrès, il est bon de tondre les bêtes. Dans ce cas les Anglais ont des préparations dans lesquelles on plonge les bêtes tout entières. Le cultivateur qui aura le malheur de voir éclater la gale dans son troupeau fera toujours bien d'appeler à son aide un vétérinaire.

§ 12. — DES POUX

Tous les animaux ont des parasites qui vivent à leurs dépens, les uns sur leur peau, les autres dans l'intérieur de leur corps. Le cultivateur doit, autant qu'il est en son pouvoir, délivrer de ces parasites les animaux qui, réduits à la domesticité, prospèrent par les soins intelligents de l'homme, qui est leur maître, ou dépérissent par suite de sa négligence.

Outre les mouches, qui la piquent pour boire son sang, celles qui déposent dans une plaie les vers qui rongent les chairs, celles qui déposent à l'orifice des narines les vers qui produisent les œstres, outre tous les vers dont elle avale les œufs avec ses aliments, qui vivent dans l'intérieur de son corps, la brebis a aussi des poux qui lui sont particuliers. L'un, *hippobosca ovina* (grav. 48) bien connu des bergers et des propriétaires de troupeaux, est gros à peu près comme une punaise ; à l'œil nu il est brun ; si on le regarde à la loupe (grav. 49), les six pattes et la partie antérieure du corps sont brunes, le corps est grisâtre avec des taches noires ; la tête (grav. 50) est terminée par une sorte de trompe recourbée en bas (un rostre) et tout le corps est couvert de poils rudes peu épais. Il est très-agile ; si, à

Grav. 48. — *Hippobosca ovina*, de grandeur naturelle.

Grav. 49. — *Hippobosca ovina*, vu au microscope.

la tonte, un de ces poux est coupé en deux par les ciseaux, on voit sa partie antérieure courir rapidement et vivre encore longtemps.

Stephens le nomme *melophagus ovinus*, et en Allemagne, dans le langage des bergers, on le nomme souvent tique des brebis, pour le distinguer d'un autre pou, dont je parlerai tout à l'heure ; mais il n'a que six pattes, et la tique en a huit ; on ne peut pas le confondre avec la tique des chiens, que tous les chasseurs connaissent[1].

[1] Cette tique des chiens se trouve aussi quelquefois sur les brebis, dans les parties qui ne sont pas recouvertes de laine.

Si l'on voit suspendu à des brins de laine un corps ovale (grav. 51 et 52) luisant, ressemblant assez pour la couleur et la forme à un petit pepin de pomme, on a alors non pas l'œuf, mais la chrysalide déposée par la femelle du pou, car cet insecte appartient à la classe de ceux dont la femelle met au monde ses petits sous la forme de nymphes (les hippoboscides).

Quelquefois ces poux se multiplient de manière à faire beaucoup souffrir les bêtes. Stephens dit que si on achète des moutons maigres pour les nourrir avec des turneps,

Grav. 50. — Tête de l'*Hippobosca ovina*.

Grav. 51. — Chrysalide de l'*Hippobosca ovina*, de grandeur naturelle, suspendue à la laine.

c'est au moment où ils commencent à engraisser que le poux se multiplient d'une manière étonnante. Ici ce sont les agneaux qui en souffrent le plus, et quelquefois à la tonte, ils ont à la partie antérieure du cou des places qui en sont littéralement couvertes. Après la tonte, les poux disparaissent entièrement, et c'est pour les éleveurs un motif suffisant pour tondre les agneaux souvent âgés seulement de trois à quatre mois. Beaucoup de ces poux sont coupés par les ciseaux des tondeurs, beaucoup restent dans la toison, les agneaux se grattant avec leurs pieds de derrière, les font tomber. Les brebis, avec leurs dents, en débarrassent les agneaux, de sorte qu'au bout de deux jours on n'en voit plus. Même à la pâture, les bergeronnettes viennent se percher sur le dos des bêtes et prennent les poux et les mouches.

Les brebis sont encore tourmentées par une autre espèce de pou, *pediculus ovis* (grav. 53), que les naturalistes nomment *trichodectes spharocephalus;* celui-ci est très-

Grav. 52. — Chrysalide de l'*Hippobosca ovina*, vue au microscope.

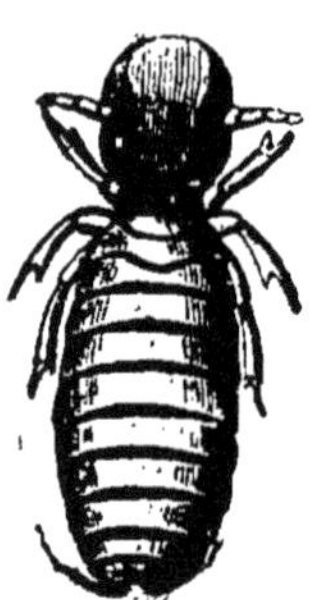

Grav. 53. — *Pediculus ovis*, vu au microscope.

petit, et il faut y regarder de près pour le voir quand on entr'ouvre la toison d'une bête qui en est affectée. Il est rouge, et il a à peu près l'apparence d'un grain de sable. Ce sont surtout les antenais qui ont à souffrir de ce dernier pou pendant l'hiver, et particulièrement par les temps pluvieux.

Il y a beaucoup de moyens à l'aide desquels on peut détruire les poux. L'onguent mercuriel est un moyen certain, mais son emploi peut être dangereux. Il n'en faut pourtant pas une grande quantité ; il n'y a pas longtemps que j'ai fait passer les poux d'un jeune chien d'arrêt qui en était couvert, et pour cela il a suffi d'en frotter avec le doigt quatre places, derrière les oreilles et aux épaules, où il y avait plus de poux que de poils. Il paraît que l'action de l'onguent mercuriel s'étend sur toute la peau de l'animal et c'est précisément là ce qui en fait le danger.

On peut aussi employer l'arsenic, mais il est encore plus dangereux.

J'ai essayé la poudre insecticide, j'en ai répandu une très-petite quantité sur des poux et ils n'ont pas tardé à mourir; mais il en faudrait une bien grande quantité pour en répandre sur tout le corps d'une brebis. La laine grasse de suint ne permet pas à la poudre de s'étendre comme sur le dos d'un chien; ce serait un moyen fort coûteux et d'une application difficile. En outre, la poudre qu'on trouve dans le commerce est souvent mauvaise.

Le remède le plus simple et le plus généralement employé, c'est le jus de tabac. Ici les bergers y ajoutent du sel et d'autres drogues que je crois au moins inutiles.

Pour obtenir le jus de tabac, on prend du tabac en feuilles, un demi-kil. et on le fait lentement bouillir pendant plusieurs heures dans un litre d'eau. Chez moi, je fais verser sur le tabac de l'eau bouillante, puis on place le pot qui le contient sur le foyer de la cuisine et on le laisse là pendant 24 heures plutôt infuser que bouillir. Ensuite on le presse entre les mains pour en exprimer tout le liquide. On remet le tabac dans le même vase. On verse dessus un demi-litre d'eau chaude, on le fait de nouveau bouillir, puis on le presse encore une fois. De ces deux opérations on obtient un litre de jus. On met ce jus dans une bouteille que l'on ferme avec un bouchon de liége traversé par un tuyau de plume qui ne laisse sortir le liquide que par un très-petit filet. Dès que le berger s'aperçoit qu'une bête se frotte et cherche à se gratter, il la prend, et la tenant par la tête entre ses jambes, il entr'ouvre la laine et répand du jus dans les endroits où il le juge nécessaire.

C'est ainsi qu'on opère en Allemagne. Je vais maintenant indiquer, d'après le *Livre de la ferme*, de Stephens, comment procèdent les fermiers anglais. Je ne pense pas que tous le fassent, mais je crois que c'est une manière de procéder qui serait bonne à imiter et que, pour ma part, je me propose d'adopter.

Pour délivrer complétement les bêtes des poux qui souvent les font tant souffrir pendant l'hiver, et pour prévenir les éruptions cutanées, on doit laver tout le troupeau. Il y a deux manières de le faire.

Par l'une, on répand le liquide qui doit faire périr les poux, dans la toison; par l'autre, on plonge les bêtes dans un bain.

Pour la première opération, on a obtenu le jus de tabac comme je viens de le dire : 1 kilogr. suffit pour vingt bêtes. On prend un demi-kilogr. de savon vert, on le fait dissoudre dans une suffisante quantité d'eau; on verse le tout, jus de tabac et eau de savon dans un baquet, on y ajoute 60 grammes de fleur de soufre et on mêle parfaitement. Enfin on ajoute encore par litre un demi-verre d'esprit de goudron.

Ce mélange a la propriété de conserver la couleur blanche de la laine qui serait altérée par l'emploi du jus de tabac seul, il est en outre favorable à la peau.

Voici maintenant la manière de l'employer. On a un chevalet, sorte de cadre triangulaire, supporté par quatre pieds et muni de traverses latérales ou barreaux. Le berger est assis à l'extrémité de ce chevalet, disposée en forme de siége; la longueur du chevalet, non compris le siége, est de 1 mètre et sa largeur à l'extrémité la plus large est de 0m.90. Les pieds ont 0m.22 de hauteur. La brebis à laver est placée sur le chevalet, sur le ventre, et de manière que ses jambes soient pendantes entre les barreaux et que sa tête soit tournée du côté du berger. Celui-ci, avec les pouces des deux mains, ouvre la laine en commençant à la tête et suivant l'épine dorsale jusqu'à la queue, alors un aide verse le liquide dans la rigole ainsi ouverte, suivant avec le bec de la burette les mains du berger qui remontent de la queue jusqu'à la tête, en tenant toujours ouverte cette rigole qu'il a faite dans la toison.

La première rigole étant suffisamment imbibée du liquide, le berger couche la bête alternativement sur les deux côtés, puis sur le dos, et il ouvre d'autres rigoles qui sont arrosées de la même manière, de sorte que toute la toison soit imbibée du liquide. On doit particulièrement soigner le dessous du cou et les épaules, comme les parties où s'amasse la plus grande quantité de poux. Le berger, avec un aide, peut traiter ainsi 40 bêtes dans une journée.

Stephens (*The Book of the farm*) dit que quand on met en automne les bêtes aux turneps et qu'elles commencent à engraisser, on les voit bientôt couvertes de poux. C'est avant ce moment que l'opération doit avoir lieu, mais pour *les brebis*, il faut attendre que la monte soit terminée. Stephens pense que si l'opération avait lieu avant la monte, l'odeur forte de la liqueur pourrait avoir une fâcheuse influence sur la chaleur des brebis et sur l'accouplement.

Cette manière de traiter les bêtes pour les délivrer des poux prend beaucoup de temps, aussi a-t-on cherché à la simplifier en plongeant d'un coup chaque bête dans un liquide préparé pour obtenir le même résultat, la destruction des poux. Comme je n'ai jamais vu faire cette opération, et qu'aucun auteur ni français ni allemand n'en parle, j'en emprunte encore la description au *Livre de la ferme*[1].

On peut employer la liqueur de Bigg, dont la composition est un secret, et qui se vendait à l'époque où Stephens a publié son livre 9 deniers la livre anglaise, ou 85 francs un tonneau de 100 livres, quantité suffisante pour 500 bêtes. M. Wilson, chimiste à Coldstream, est inventeur d'un mélange qui n'a pas seulement selon lui la propriété de tuer les poux, mais qui doit aussi améliorer la laine. On le vend par paquets; on fait dissoudre un de ces paquets pendant 10 minutes dans 2 gallons (environ 9 litres) d'eau bouillante; on verse dans une cuve, et on ajoute 40 gallons,

[1] *The Book of the farm*, II, 4769.

d'eau froide, puis environ 40 livres (20 kil.) de savon vert. On obtient ainsi une quantité de liquide suffisante pour baigner 50 antenais, et au bout d'une demi-heure tous les poux doivent être morts. On n'indique pas le prix de cette drogue.

Le liquide est contenu dans une caisse en bois qui, à sa partie supérieure, est longue de 1 mètre et large de 0m.65 et à sa partie inférieure, longue de 1 mètre et large de 0m.40, de sorte que en haut elle est plus large qu'en bas de 0m.25. Elle contient facilement 450 litres de liquide. Au côté droit de cette caisse, et à la hauteur de son bord, il y a une grille de 0m.50 de largeur, faite de lattes de bois, et sous cette grille un plancher en pente, entaillé dans la caisse, de telle sorte que le liquide qui coule au travers des lattes est ramené dans la caisse. Après qu'une brebis a été plongée dans le liquide, elle est placée sur la grille, on presse avec les mains la laine pour en exprimer le liquide qu'elle contient, puis on laisse glisser la bête sur un plan incliné, dans un petit parc qui, long de 2m.50 et large de 1m.35, peut contenir 10 antenais. Le sol de ce parc est garni de planches avec des interstices par lesquels passe le liquide qui s'égoutte encore des toisons, et qui est reçu dans un réservoir d'où on peut le prendre pour le remettre encore une fois dans la caisse.

Pour baigner les brebis, trois hommes et une femme sont nécessaires, et voici comment ils opèrent. Un homme prend l'une après l'autre les bêtes, qui sont enfermées dans le parc que l'on voit du côté gauche et il les donne aux deux hommes placés aux deux côtés de la caisse, vis-à-vis l'un de l'autre. L'un, de la main gauche, tient la bête par la tête, et de la main droite, il lui tient les deux pieds de devant. L'autre tient les deux pieds de derrière, un dans chaque main. Ils plongent ainsi la bête dans le liquide, le dos en bas, les pieds en haut, et l'y tiennent pendant quelques secondes, de manière que la tête seule reste dehors. Ils la couchent ensuite sur la grille, où la femme placée là, la reçoit et la laisse ensuite glisser dans le parc après avoir pressé la toison avec ses mains.

A Parton, dans le comté de Roxbourgh, trois hommes et un gamin ont ainsi baigné 500 antenais dans sept heures de temps. On voit que l'opération se fait rapidement, on n'a que peu de perte de liquide, et cette manière d'opérer est préférable à celle précédemment décrite.

Telle est la description que donne le *Livre de la ferme* (*the Book of the farm*) des bains employés pour la destruction des poux des brebis, et il ajoute que l'emploi de l'un ou de l'autre moyen est indispensable pour les moutons achetés à l'automne pour être engraissés avec des turneps. Il ajoute encore que l'on doit prendre des précautions avec la poudre de Wilson, dont la composition n'est pas connue, mais qui contient du poison.

Je ferai à cet égard une observation, c'est que si l'on doit avoir dans la caisse une hauteur suffisante de liquide pour y plonger un mouton tout entier, il doit, après que l'opération est terminée, en rester une quantité assez considérable qui est perdue, et dont on doit se débarrasser de manière à éviter tout danger d'empoisonnement.

J'ai donné précédemment le prix auquel la liqueur de Bigg se vendait il y a quelques années; la *Revue agricole de l'Angleterre* par F. R. de La Théhonnais, contient dans la 18e livraison, p. 74, une annonce qui indique les prix suivants en 1863 :

Thomas Bigg, pharmacien agricole et vétérinaire, Leicester house, Great dover street, Borough, Londres. 4 livres pour 20 moutons, 2 fr. 50 vase inclus.

1 liv. angl. = 0 gramme 453. — 100 livres pour 500 moutons valent 58 fr.

1 gallon. (4 l. 1/2) quantité suffisante pour 30 moutons coûte 6f.50

1 bouteille contenant 1 litre. 1f.50

Th. Bigg vend aussi l'appareil pour laver les moutons, 80 à 350 francs.

Dans les montagnes de l'Ecosse, non-seulement pour détruire les poux, mais aussi pour protéger, contre le froid et la pluie, les brebis qui passent tout l'hiver dehors, on les enduit à l'automne avec un mélange de goudron et de beurre. Stephens blâme fortement cet usage, parce que le

Grav. 54. — Couvertures des moutons en Écosse.

but qu'on se propose de garantir les bêtes n'est pas atteint et que la laine perd par là beaucoup de sa valeur. Après avoir indiqué plusieurs mélanges qu'il condamne également, parce qu'il y entre de l'arsenic, il conseille un mélange d'huile et de suif.

On a encore dans les montagnes de l'Ecosse un autre moyen de protéger les bêtes à laine contre les intempéries auxquelles elles sont exposées, c'est de leur mettre sur le dos une couverture qu'on leur laisse depuis l'automne jusque vers le 15 avril.

Ces couvertures (grav. 54) sont faites, ou avec de la toile à sacs, ou avec une étoffe de laine fabriquée avec les débris qui tombent dans les fabriques de couvertures de laine. Ces dernières coûtent un peu plus cher, mais durent plus longtemps; elles peuvent servir pendant quatre à cinq hivers. Pour les rendre imperméables à la pluie, on les trempe dans du goudron de houille. On les fixe sur la bête comme on le voit dans la gravure au moyen de cordons cousus après la couverure. (*The book of the farm, I.-1040.*)

§ 13. — DE LA SAIGNÉE

Les brebis n'ont pas beaucoup de sang, comparativement aux autres animaux domestiques et à l'homme. Voici, selon Youatt, la quantité de sang de l'homme et des principaux animaux domestiques.

La proportion est pour un homme maigre en bonne santé d'environ le cinquième de son poids total, mais si cet homme augmente de poids en engraissant, la proportion de son sang au poids total, diminue jusqu'à être enfin réduite au dixième. — Le cheval a environ un dix-huitième de son poids en sang. — Un bœuf en bon état un peu plus d'un vingtième. — Un mouton en bon état seulement un vingt-deuxième. — Les moutons gras tués à Londres aux fêtes de Noël, n'ont donné en moyenne qu'au plus un vingt-huitième.

Cette diminution dans la proportion du sang, est dit

Youatt, une sage disposition de la nature qui éloigne ainsi les causes de maladies inflammatoires, auxquelles sont plus exposés des animaux gras, privés d'exercice et nourris abondamment d'aliments substantiels et excitants.

Les bergers sont disposés à abuser de la saignée, tout comme beaucoup d'éleveurs et d'engraisseurs en abusent pour les chevaux et les bêtes à cornes. — Peu de gens sont assez raisonnables pour comprendre que souvent on peut faire du mal en voulant faire du bien à une bête malade, et que, dans le doute, on doit s'abstenir, c'est-à-dire que si on n'a pas la certitude de connaître la maladie et le remède avec lequel on peut la combattre, on doit laisser agir la nature et s'abstenir de tout remède. Je répéterai ici ce que j'ai déjà dit ailleurs, que souvent on se donne l'honneur d'une guérison que l'on attribue aux remèdes qu'on a administrés, tandis que c'est la bonne nature qui a seule opéré la guérison, *malgré les remèdes*.

Les maladies des bêtes à laine par défaut de sang sont bien plus fréquentes que celles par excès de sang. Il y a cependant des maladies, par excès, comme un coup de sang, où la saignée est indispensable. Ici les bergers sont tous disposés à abuser de la saignée, et dès qu'il se présente des symptômes d'une maladie autre que la pourriture, ils saignent. Mais comme ils ne peuvent tirer qu'une très-petite quantité de sang, l'opération n'a guère d'autre résultat que la douleur qu'ils ont causée à une bête qu'ils voulaient soulager. Ils font, avec la pointe d'un couteau, une incision dans le creux qui existe au-dessus de chaque œil, et comme ils n'agissent pas délicatement, ils font une entaille plus ou moins grande et enfoncent la pointe de leur couteau jusque sur l'os.

Les moutons, à cause de leur laine, ne sont pas faciles à saigner; Daubenton prescrit la saignée à la joue, et voici comment il la décrit :

« Cette saignée se fait sur le bas de la joue du mouton à l'endroit de la racine de la quatrième dent mâchelière, qui est la plus épaisse de toutes; sa racine est aussi la plus grosse. L'espace qu'elle occupe est marqué sur la face externe de l'os de la mâchoire de dessus par un tubercule assez saillant pour être très-sensible au doigt, lorsqu'on touche la peau de la joue, ce tubercule est un indice très-certain pour trouver la veine angulaire, qui passe au-dessous. Cette veine s'étend depuis le bord inférieur de la mâchoire de dessous, près de son angle jusqu'au dessous du tubercule qui est à l'endroit de la racine de la quatrième dent mâchelière; plus loin la veine se recourbe et se prolonge jusqu'au trou sourcilier.

« Pour faire la saignée, le berger commence par mettre entre ses dents une lancette ouverte; ensuite il place le mouton entre ses jambes et il le serre pour l'arrêter. Il tient son genou gauche un peu plus avancé que le droit. Il passe la main gauche sous la tête de l'animal, et il empoigne la mâchoire de dessous de manière que ses doigts se trouvent sur la branche droite de cette mâchoire, près de son extrémité postérieure, pour comprimer la veine angulaire qui passe dans cet endroit et pour la faire gonfler. Le berger touche de l'autre main la joue droite du mouton à l'endroit qui est à peu près à égale distance de l'œil et de la bouche. Il y trouve le tubercule qui doit le guider, il peut aussi sentir la veine angulaire gonflée au-dessous de ce tubercule. Alors il prend de la main droite la lancette, qu'il tient dans sa bouche, et il fait l'ouverture de la saignée de bas en haut, à un demi-travers de doigt au-dessous du milieu de l'éminence qui lui sert de guide. »

Cette saignée, comme le dit Daubenton, est facile à faire, le berger n'a pas besoin pour cela d'un aide, et elle ne salit pas la laine, mais elle ne fournit pas toujours assez de sang.

Si l'on veut obtenir une plus grande quantité de sang il faut saigner à la jugulaire, comme on saigne les chevaux et les bœufs. Pour cette opération, il faut que le berger ait un aide qui tienne la bête. On coupe la laine sur le trajet de la veine. au milieu de la longueur de l'encolure; on fait une ligature, comme à un cheval, au bas du cou et on ouvre la veine, avec une petite flamme ou une lancette. Quand on a obtenu une suffisante quantité de sang, on ferme la plaie avec une épingle. Selon la *Maison Rustique*, on ne doit pas tirer à un mouton plus de 8 à 12 onces de sang, ou 250 à 375 grammes. Cette quantité me parait supposer des bêtes de très-forte taille. Si une brebis qui pèse 22 kil. a 1 kil. de sang et qu'on lui en tire 250 grammes. C'est le quart de la totalité de son sang, et cette quantité est trop considérable.

On peut encore saigner à la veine saphène, qui passe à la partie inférieure de la cuisse. Pour la pratiquer, on couche la bête sur le dos, on lui lie ensemble trois jambes, en laissant libre seulement la jambe de derrière sur laquelle la saignée doit être faite. Cette jambe est tenue par un aide. On fait une ligature avec une corde qui entoure la partie supérieure de la cuisse, et la veine étant suffisamment gonflée, on l'ouvre avec la flamme ou avec la lancette. On ferme la plaie comme à la jugulaire.

Si l'on a le bonheur d'avoir un berger assez raisonnable pour se laisser instruire, et ne pas abuser de la saignée, on devra lui apprendre à saigner à la joue dans le cas d'un coup de sang, et lui donner un couteau avec une lame qui remplacera la lancette.

On peut encore saigner une brebis en lui fendant une, même deux oreilles, ou en lui coupant une ou deux vertèbres à l'extrémité de la queue; mais ces saignées doivent être laissées aux bergers les plus grossiers.

Telles sont les maladies qui se présentent le plus souvent dans les troupeaux et que le cultivateur peut lui-même traiter et surtout prévenir. J'ai déjà dit que je n'ai nullement l'intention d'écrire un traité des maladies des bêtes à laine, j'ai surtout voulu donner aux cultivateurs les indications nécessaires pour prévenir les maladies et donner à leurs bêtes les soins indispensables lorsqu'ils ne peuvent pas avoir l'aide d'un vétérinaire.

Je n'ai pas indiqué toutes les maladies, en voici une effrayante liste d'après un ouvrage anglais *l'Encyclopédie* de Morton.

Maladies affectant la tête.

Phrénésie, ou inflammation du cerveau.
Apoplexie.
Epilepsie.
Paralysie.
Convulsions, tremblement.
Tétanos.
Rage.
Tournis.
Hydrocéphale, eau dans le cerveau.

Maladies des organes digestifs.

Obstructions dans l'æsophage.
Météorisation.
Distension du rumen par les aliments.
Empoisonnement.
Concrétions dans l'estomac.
Dissenterie.
Colique spasmodique.
Inflammation d'entrailles.
Vers.
Eau rouge, épanchement de sérum en dehors des intestins.

Maladies des organes urinaires.

Inflammation de la vessie.
Calculs dans la vessie.

Maladies de la peau.

Gale.
Erysipèle.
Museau noir.
Claveau.
Pous.
Maladie du foie, pourriture.

A quoi il faut ajouter :

Consomption.
Pourriture des pieds.
Catarrhe.
Bronchite.
Pneumonie.
Pleurésie.
Enflure par le sarrasin.
Aphthes.
Noir museau.
Œstres.
Fractures.
Plaies, morsures des chiens.

CHAPITRE XV

MALADIES DES AGNEAUX

Les agneaux sont sujets à des maladies qui souvent entrainent des pertes sensibles, et auxquelles il n'est pas facile de porter remède. Il est difficile de donner des remèdes à d'aussi jeunes bêtes, surtout quand on en a un certain nombre.

La première condition pour élever de beaux agneaux, c'est que les brebis soient saines et bien nourries. Si les mères ont abondance de lait, alors on a toute chance de voir prospérer les agneaux.

J'ai lu, je ne sais plus où, que des béliers anglais avaient été introduits pour faire des croisements avec des brebis du pays, et qu'on avait éprouvé des pertes considérables d'agneaux provenant de ces croisements. Je suis disposé à croire qu'il y avait une autre cause que la race étrangère des béliers. Chez moi et chez plusieurs cultivateurs de ma connaissance où l'on a introduit des béliers southdowns, les agneaux qui en sont provenus se sont élevés aussi facilement que ceux provenant de brebis et béliers de la race du pays.

Constipation

Le premier mal qui peut affecter les agneaux peu après leur naissance, c'est une constipation, non dans le sens ordinaire de ce mot, mais qui provient de ce que les premières évacuations, gluantes de leur nature, s'attachent à la laine et s'y collent de manière que le passage est fermé et que la pauvre petite bête ne peut plus se vider. Si le berger remarque qu'un agneau est triste et n'est pas dans son état normal, il doit le prendre, le visiter, et si c'est là la cause du mal il y remédiera facilement en coupant la laine et les ordures qui y sont attachées.

Les agneaux peuvent aussi être réellement constipés, ce qui ne peut provenir que du lait de leurs mères. Si on le peut, on change la nourriture des brebis, en les nourrissant d'aliments relâchants, au lieu de les nourrir uniquement de fourrages secs, et si l'on veut tenter un remède avec les agneaux, on leur donne un peu de sel de Glauber.

Diarrhée

Un mal bien plus fréquent que la constipation, c'est la diarrhée. Elle provient aussi du lait des mères, et le changement de régime de celles-ci est le premier, peut-être le seul remède à employer

Boiterie

Les agneaux sont sujets à une boiterie particulière qui en enlève quelquefois un grand nombre. Je n'ai jamais eu occasion de l'observer.

Voici la description qu'en donne l'auteur d'un ouvrage estimé[1] :

[1] Vieharzeneibuch, von Dr L. Wagenfeld.

La maladie attaque ordinairement les agneaux de l'âge de 2 à 8 semaines, dans les mois de février, mars et avril. Elle attaque particulièrement les mérinos et les métis, et souvent elle enlève la moitié des agneaux d'un troupeau. Les agneaux sont d'abord tristes, bientôt ils restent couchés et ne peuvent plus se lever. Leurs membres sont raides, quelquefois ceux de devant ou de derrière seulement; quelquefois cette raideur existe dans tout le corps. Il paraît ensuite des enflures, particulièrement aux articulations, quelquefois mais rarement une éruption qui donne à la peau une apparence galeuse, enfin la diarrhée survient et elle est bientôt suivie de la mort.

On ne connaît jusqu'à présent ni les causes de la maladie, ni les moyens de la prévenir, ou de la guérir. On a essayé de frictionner les membres avec de l'eau-de-vie, d'envelopper les malades dans des couvertures de laine, de leur faire avaler une infusion de fleurs de sureau, à laquelle on ajoute un peu de camphre; on a aussi essayé de plonger les malades dans de l'eau froide, on a passé au travers des tumeurs un fil de laine imbibée d'essence de térébenthine, on y a même appliqué le feu. Tous ces moyens n'ont eu que très-peu ou point de succès.

D'autres disent avoir été plus heureux dans le traitement de cette maladie.

A l'institut agricole de Lutschéna, qui possède un des plus beaux troupeaux mérinos de la Saxe, on a employé avec succès les remèdes suivants :

Homéopathiquement, dès que l'on remarque la plus légère boiterie, on donne à l'agneau, trois fois par jour, une goutte de teinture de *Cocculus*. Alléopatiquement, on emploie l'émétique (tartarus emeticus), dont on fait avaler à l'agneau malade deux grains (0gr. 125).

Des bains répétés, dans une décoction de fleurs de foin sont très-salutaires; seulement il faut avoir soin de mettre les agneaux, après le bain, à l'abri des refroidissements.

Ces remèdes ont toujours été employés à Lutschéna avec un entier succès.

Schmalz donne les indications suivantes sur une boiterie des agneaux qui me semble devoir être une autre maladie. « Quelques agneaux, dit-il, devenaient chaque année boiteux, sans que l'on pût connaître la cause de leur mal; ne pouvant tenir sur leurs pieds, ils donnaient beaucoup d'embarras et souvent mouraient. Enfin, j'ai employé avec succès un remède en usage pour un mal à peu près semblable à celui occasionné par les poux. — Camphre, 3 onces (90 gram.); savon de Venise, 1/2 once (15 gram.), dissous dans une quarte d'alcool (1, litre 14). On en lave deux à trois fois par jour les pieds des agneaux malades. »

Paralysie des agneaux.

Une maladie des agneaux, heureusement peu commune, a reçu le nom de paralysie des agneaux *Lähme-Krankheit*. Voici ce qu'en dit le docteur Grouven dans le compte rendu des travaux de la ferme expérimentale de Salzmünpen, 1862.

Il naît chaque année chez M. Jacobs environ 900 agneaux, dont près de 200 sont attaqués de la maladie. De ces 200 la moitié succombe en très-peu de temps, les 100 autres végètent jusqu'à l'âge de neuf mois; alors une enflure paraît à diverses articulations. Ils tombent dans le marasme et finissent par périr.

La maladie, à son début et dans sa plus grande intensité, présente les symptomes du tétanos. Les agneaux sont raides dans tous leurs membres, leur bouche est fermée de manière qu'on ne peut pas l'ouvrir, et il est impossible de les sauver.

La santé des brebis ne montre aucune altération, mais si à une brebis dont l'agneau a péri on donne un autre agneau, celui-ci ne tarde pas à être attaqué de la même maladie.

M. Jacobs a envoyé au docteur Grouven du lait de brebis dont les agneaux étaient malades et du lait d'autres brebis dont les agneaux étaient en bonne santé; l'ana lyse a fait voir que le premier lait était beaucoup plus consistant, qu'il contenait beaucoup plus de caséine et presque trois fois autant de beurre que l'autre.

On en a conclu que cette maladie des agneaux doit provenir de ce que le lait de leur mère est trop nourrissant.

La ration journalière d'une brebis du troupeau de M. Jacobs se compose de :

750 grammes de foin de première qualité, de la vallée de l'Elbe, sol d'alluvion.

1 kilogramme de betteraves.

120 grammes de tourteaux de colza.

Paille de blé et de pois à discrétion.

Cette ration est très-forte. M. Grouven ne dit pas si en la diminuant on a essayé de prévenir la maladie.

Muguet.

On désigne ainsi une maladie de la bouche : il s'y forme des ampoules qui crèvent et laissent à découvert des plaies. La bouche laisse écouler une bave puante.

On croit que ce mal provient de la mauvaise qualité du lait des mères, et que le premier moyen est de purger celles-ci avec du sel de Glauber dissous dans de l'eau.

Il est bon de nettoyer la bouche des agneaux avec un linge trempé dans du vin dans lequel on a fait cuire de la sauge.

La *Maison Rustique* dit qu'on peut aussi cautériser les plaies.

Wagenfeld conseille de donner aux agneaux, 4 fois par jour, un mélange de rhubarbe et de magnésie dans du lait, et chaque fois autant qu'on peut en prendre sur la pointe d'un couteau. La difficulté est d'administrer le remède aux agneaux, surtout si on en a beaucoup à traiter.

Telles sont les principales maladies auxquelles sont exposés les agneaux ; je dis les principales, car il arrive quelquefois qu'on en perd sans qu'on puisse savoir par quelle cause ils ont péri.

Je dois mentionner encore une cause de pertes qui, je crois, n'a pas été assez observée, c'est l'hérédité.

Je l'ai dit, je ne crois pas à la génération spontanée, mais je crois à l'existence non-seulement des parasites microscopiques, mais à l'existence d'animalcules si infiniment petits qu'ils échappent au microscope ; je pense que ces animalcules passent des mères à leurs agneaux, c'est-à-dire que les agneaux naissent avec le germe des maladies dont les mères sont atteintes.

J'ai eu occasion d'observer un troupeau qui avait été en totalité atteint de la pourriture. Les mêmes causes avaient agi sur toutes les bêtes, les plus faibles avaient succombé, les plus fortes avaient résisté. Pendant quatre années, on eut à réformer des bêtes qui, sans être précisément attaquées de pourriture, étaient douteuses, et pendant ces quatre années on eut surtout des antenais ou antenaises à réformer. Des agneaux, qui avaient paru sains et bien portants, commençaient à languir au commencement de l'hiver ; on en perdait, et il fallait une nourriture exceptionnelle pour conserver les autres. Pendant que les uns étaient languissants, d'autres, qui avaient été exactement soumis au même régime, étaient vigoureux et bien portants.

Mon opinion pourra être contestée ; mais le fait, quelle qu'en soit la cause, doit engager les éleveurs à ne pas conserver de bêtes douteuses, et surtout à n'employer comme mères que des bêtes parfaitement saines. J'espère, en outre, qu'il sera un motif de plus pour engager propriétaires de troupeaux et vétérinaires à étudier bien des questions importantes et encore obscures. Je souhaite encore, en terminant ce livre, qu'il puisse être utile aux propriétaires de troupeaux, et surtout faire profiter les jeunes gens d'une expérience que j'ai acquise souvent à mes dépens.

FIN

APPENDICE

—

Le sang de rate (Voir chapitre XIV, § 3, p. 268).

Le sang de rate exerce chaque année ses ravages et occasionne de grandes pertes sur les troupeaux, particulièrement sur ceux de la Beauce ; jusqu'à présent, on n'y a pas trouvé de remède. Un médecin-vétérinaire prussien, M. Haselbach, dit avoir trouvé un remède pour les bêtes à cornes et pour les brebis, et il est si simple, si peu coûteux, qu'il mérite au moins d'être essayé. Ce remède, c'est la *créosote*. On donne, dès qu'on remarque les premiers symptômes de la maladie, à une brebis, une cuillière à café de créosote, avec autant d'eau-de-vie camphrée, dans un quart de litre d'eau, et avec cela on verse sur la bête de l'eau froide, ou mieux on la baigne dans l'eau froide. — Malheureusement, l'eau manque dans les plaines de Beauce. Peut-être le remède agira-t-il sans le secours de l'eau.

TABLE DES MATIÈRES

FIN DE LA TABLE DES MATIÈRES.

TABLE DES GRAVURES

FIN DE LA TABLE DES GRAVURES.

EXTRAIT DU CATALOGUE DE LA LIBRAIRIE AGRICOLE

AGRICULTURE (Cours d'), par *de Gasparin*. 6 vol. in-8 et 233 gravures. . . . 39 60
BON FERMIER (Le), par *Barral*. 1 vol. in-12 de 1,400 p. et 200 grav. . . . . 7 [illegible]
BON JARDINIER (Le), almanach horticole, par MM. *Poiteau, Vilmorin, Bailly, Naudin, Neuman, Pépin*. 1 vol. in-12 de 1,650 pages et 15 gravures. . . . 7 [illegible]
VIGNE (la), par *Carrière*. 1 vol. in 18 de 396 pages. . . . . 3 [illegible]
DRAINAGE DES TERRES ARABLES, par *Barral*. 2 vol. in-12, 960 p., 443 gr. 7 [illegible]
JOURNAL D'AGRICULTURE PRATIQUE, rédacteur en chef : M. *Lecouteux*. Une livraison de 64 pages in-4, paraissant les 5 et 20 du mois, avec de nombreuses gravures noires et une gravure coloriée par numéro. — Un an. . . . . . 19 [illegible]
LAITERIE, BEURRE ET FROMAGES, par *Villeroy*. 1 vol in-18 de 586 p. et 54 gr. 3 [illegible]
MAISON RUSTIQUE DU 19e SIÈCLE, 5 vol. in-4 et 2,500 gravures. 39 50
POULAILLER (Le), par *Charles Jacque*. 1 vol. in-12 et 120 gravures. . . . 3 50
REVUE HORTICOLE, rédacteur en chef : M. *Carrière*. — Un n° de 24 pages in-4, les 1er et 16 du mois, et 48 gravures coloriées. — Un an. . . . . . . 20 [illegible]

BIBLIOTHÈQUE DU CULTIVATEUR, publiée avec le concours du Ministre de l'Agriculture.

EN VENTE : 25 VOLUMES IN-12, A 1 FR. 25 LE VOLUME, SAVOIR :

AGRICULTEUR COMMENÇANT, par *Schwerz*, traduit par *Villeroy*. 1 vol de 332 pages. 1 25
TRAVAUX DES CHAMPS, par *Borie*. 230 pages et 130 gravures. 1 25
CULTURE GÉNÉRALE et Instruments aratoires, par *Lefour*. 1 vol. in-18 de 160 pages et 132 grav. 1 25
FERMAGE (estimation, plans d'améliorations, bail), par *Gasparin*. 3e édit., 384 p. 1 25
SOL ET ENGRAIS, par *Lefour*. 180 pages et 54 gravures. 1 25
MÉTAYAGE (contrats, effets, améliorations), par *Gasparin*. 2e édition, 166 pages. 1 25
FUMIERS DE FERME ET COMPOSTS, par *Fouquet*, 2e édit., 270 pages et 19 gravures. 1 25
NOIR ANIMAL, par *Bobierre*, 156 pages et 7 gravures. . . . . 1 [illegible]
CHAMPS ET LES PRÉS (Les) par *Joigneaux*. 1 vol. in-18 de 154 pages. . . 1 [illegible]
CHOUX, culture et emploi, par *Joigneaux*. 1 vol. de 180 pages et 7 gravures. 1 [illegible]
HOUBLON, par *Erath*, traduit de l'allemand par *Nicklès*. 128 pages et 22 gravures. 1 [illegible]
ANIMAUX DOMESTIQUES, par *Lefour*. 1 vol. in-18 de 133 pages et 176 gravures. 1 [illegible]
[illegible], par *Lefour*. 1 vol. de 162 pages et 300 gravures. . . . . 1 [illegible]
CHEVAL (Achat du), par *Gayot*. 1 vol de 216 pages et 25 gravures. . . . 1 [illegible]
CHOIX DES VACHES LAITIÈRES, par *Magne*. 3e édition, 144 pages et 30 gravures. 1 [illegible]
RACES BOVINES, par le marquis *de Dampierre*. 2e édition. 192 pages et 28 gravures. 1 [illegible]
BÊTES A CORNES, par *Villeroy*. 4e édition, 300 pages et 60 gravures. . . 1 25
ENGRAISSEMENT DU BŒUF, par *Vial*. 1 vol. in-18 de 180 pages. 1 25
BASSE-COUR. — PIGEONS. — LAPINS, par Mme *Millet-Robinet*, 4e éd., 180 p., 31 gr. 1 25
LIÈVRES, LAPINS ET LÉPORIDES, par *Gayot*. 216 pages et 15 gravures. . . 1 25
POULES ET ŒUFS, par *E. Gayot*. 1 vol. in-18 de 216 pages et 35 gravures. . 1 25
MÉDECINE VÉTÉRINAIRE (Notions usuelles de), par *Sanson*. 1 vol. de 180 pages. 1 25
ECONOMIE DOMESTIQUE, par Mme *Millet-Robinet*. 2e édition, 324 pages et 106 grav. 1 25
CONSTRUCTIONS ET MÉCANIQUES AGRICOLES, par *Lefour*. 216 pages et 151 gravures. 1 25
COMPTABILITÉ ET GÉOMÉTRIE AGRICOLES, par *Lefour*. 214 pages et 104 gravures. 1 25

CHACUN DE CES VOLUMES EST VENDU SÉPARÉMENT, 1 FR. 25 C.

BIBLIOTHÈQUE DU JARDINIER, publiée avec le concours du Ministre de l'Agriculture.

EN VENTE : 12 VOLUMES IN-12 A 1 FR. 25 LE VOLUME, SAVOIR :

ARBRES FRUITIERS (taille et mise à fruit), par *Puvis*, 2e édit., 220 pages. . 1 25
PÉPINIÈRES, par *Carrière*, 144 pages et 16 gravures. 1 25
CONFÉRENCES SUR LE JARDINAGE, par *Joigneaux*, 100 pages et 12 tableaux. . 1 25
POTAGER (LE), par *Charles Naudin*, 188 pages et 34 gravures. 1 25
ASPERGE (culture naturelle et artificielle), par *Loisel*, 2e édit., 108 pages et 6 grav. 1 25
MELON, (culture sous cloches, sur buttes et sur couches), par *Loisel*, 3e éd., 112 pag. 1 25
DAHLIA (bouture, taille, multiplication), par *Pirolle*, 148 pages 1 25
PENSÉE (Culture de la), par *de Ponsort*, 1 vol. 1 25
PÉLARGONIUM, par *Thibault*, 108 pages et 10 gravures 1 25
PLANTES DE SERRE FROIDE, par *de Puydt*, 158 pages et 15 gravures. . . . 1 25
ROSIER. — VIOLETTE. — PENSÉE. — PRIMEVÈRE. — AURICULE. — BALSAMINE. — PÉTUNIA. — PIVOINE, Espèces, Culture, Variétés, par *Marx-Lepelletier*. 104 p. 1 25
PARCS ET JARDINS, par *de Céris*. 1 vol. in-18 avec 50 grav. 1 25

CHACUN DE CES VOLUMES EST VENDU SÉPARÉMENT, 1 FR. 25 C.

MONTEREAU. — IMP. DE L. ZANOTE

www.ingramcontent.com/pod-product-compliance
Ingram Content Group UK Ltd.
Pitfield, Milton Keynes, MK11 3LW, UK
UKHW020159250726
13967UKWH00003B/1157

9 782011 917720